高等教育“十三五”规划教材
新编安全科学与工程专业系列教材

危险源辨识与评价

（修订版）

主　编　马尚权
副主编　张　超　杨　涛　赵军伟

中国矿业大学出版社
·徐州·

内容提要

全书共分为两篇。第一篇危险源辨识基础理论部分包括：绪论、危险源辨识与评价理论基础、危险源辨识分析技术、危险源评价技术、重大危险源危害后果数值模拟及监控技术、应急管理与事故控制概述；第二篇典型行业危险源辨识与案例分析部分包括：典型行业危险源辨识与防治、案例分析。

本书可作为安全科学与工程专业本科教学用书，也可供相关科研人员、管理人员参考使用。

图书在版编目(CIP)数据

危险源辨识与评价/马尚权主编. —徐州：中国矿业大学出版社，2017.2(2024.5重印)

ISBN 978-7-5646-2932-8

Ⅰ. ①危… Ⅱ. ①马… Ⅲ. ①危险源—辨识 Ⅳ. ①X928

中国版本图书馆CIP数据核字(2015)第297129号

书　　名 危险源辨识与评价
主　　编 马尚权
责任编辑 陈红梅
出版发行 中国矿业大学出版社有限责任公司
(江苏省徐州市解放南路　邮编 221008)
营销热线 (0516)83885307　83884995
出版服务 (0516)83885767　83884920
网　　址 http://www.cumtp.com　**E-mail**:cumtpvip@cumtp.com
印　　刷 徐州中矿大印发科技有限公司
开　　本 787×1092　1/16　**印张** 15.5　**字数** 387千字
版次印次 2017年2月第1版　2024年5月第3次印刷
定　　价 45.00元

《新编安全科学与工程专业系列教材》编审委员会

前言

危险源辨识和评价工作是降低事故发生的前提和首要因素，也是保证安全生产的决定性条件，在社会经济中起到非常大的作用。这项工作不仅是保证国民经济目标的基础，也是衡量整个国家社会经济发展水平的标志性因素。例如，《中华人民共和国安全生产法》等安全生产方面的法律法规对企业风险评价也提出了明确的要求。危险源辨识与风险评价作为提高企业安全管理的重要手段越来越引起各方面的重视，很多企业通过危险源辨识与风险评价，减少了企业生产中的危险，控制有害因素，降低生产中的事故风险，有效地保护了企业的财产及其相关人员的健康和生命安全，且全面提高了企业的本质安全程度和安全管理水平。本书旨在为安全科学与工程、工程管理等专业的学生提供多行业危险源辨识和评价有关的理论知识，为将来的实际工作奠定良好的基础。

本书的主要内容分为危险源辨识基础理论篇和典型行业危险源辨识与案例分析篇两大部分。第一篇：第1章绪论由马尚权编写；第2章危险源辨识与评价理论基础由张超编写；第3章危险源辨识分析技术由张超、张跃兵编写；第4章危险源评价技术由何宁编写；第5章重大危险源危害后果数值模拟及监控技术由赵军伟编写；第6章应急管理与事故控制概述由杨涛编写。第二篇：第7章典型行业危险源辨识与防治由杨莉娜、宋富美编写；第8章案例分析由何宁、宋富美编写。全书由马尚权担任主编，并负责全书的统稿、定稿工作。

本书内容深入浅出，以传授基础理论和基本知识为主，并适当阐述典型的应用技术及相关案例，以求理论与实践相结合。

由于编者水平有限，加之时间紧迫，难免有错误和不妥之处，恳请读者不吝指正。

编者

2016年6月

目　录

第一篇　危险源辨识基础理论

第二篇 典型行业危险源辨识与案例分析

第一篇
危险源辨识基础理论

1 绪　论

1.1 引　言

随着现代科学技术和化学工业的迅猛发展，化学物质的种类和数量显著增加，现代的化工生产也呈现设备多样化、复杂化、化工装置大型化以及过程连接管道化的特点，这使得大量化学品在工业生产过程中处于工艺过程和储存状态。工业生产中的很多化工物料、中间产物、产品都具有易燃性、反应性和毒性，如果管线破裂、设备损坏或反应器、压力容器发生爆炸，将有大量易燃、易爆、有毒物质瞬间泄放。有毒物质的泄漏后扩散可能造成大范围的中毒和环境污染；易燃、易爆物质泄漏后遇到点火源，可能造成难以想象的火灾爆炸灾难。

20 世纪六七十年代后，发生了许多震惊世界的火灾、爆炸、有毒物质泄漏事故。例如：1961 年日本富山市一家化工厂因管道破裂造成氯气外泄，使 900 多人受害，532 人中毒，大片农田被毁；1974 年英国林肯郡弗利克斯堡(Flixborough)化工厂发生的环己烷蒸气爆炸事故，造成 29 人死亡、109 人受伤，直接经济损失达 700 万美元；1975 年荷兰国营矿业公司 10 万 t 乙烯装置中的烃类气体逸出，发生蒸气爆炸，死亡 14 人，受伤 10 人，损坏大部分设备；1976 年意大利塞维索工厂环己烷泄漏事故，造成 30 人伤亡，迫使 22 万人紧急疏散；1978 年西班牙巴塞罗那市和巴伦西亚市之间的通道上，一辆充装过量的丙烷槽车发生爆炸，烈火浓烟造成 150 人被烧死，120 多人被烧伤，100 多辆汽车和 14 幢建筑物被烧毁的惨剧；1984 年墨西哥城液化石油气供应中心站发生爆炸，事故中约有 490 人死亡，4 000 多人受伤，另有 900 多人失踪，供应站内所有设施毁损殆尽。

近 30 年来，我国不断发生火灾、爆炸、毒物泄漏等重大、特大事故。例如：1997 年 6 月 27 日，北京东方化工厂储罐区发生火灾爆炸事故在较短的时间内，整个罐区一片火海，造成 9 人死亡，39 人受伤，直接经济损失 1.1 亿元；1998 年 3 月 5 日，西安煤气公司的液化石油气储罐发生泄漏事故，引起储罐区的液化石油气罐发生火灾并爆炸，造成 11 人死亡，27 人受伤，迫使 10 万人紧急疏散；2000 年 3 月 3 日，江西萍乡上栗县鞭炮厂发生爆炸事故，造成 33 人死亡；2002 年 7 月 8 日，山东聊城莘县化肥有限责任公司发生液氨泄漏事故，这起事故泄漏液氨约 20.1 t，造成 13 人死亡，重度中毒 24 人，直接经济损失约 72.62 万元；2003 年 12 月 23 日，中石油重庆川东北气矿突然发生井喷事故，大量含硫化氢的天然气喷涌而出，使下风向距离气井较近的开县 4 个乡镇的 243 人死亡，1 万余人不同程度中毒，数万人受灾，10 万余名群众紧急疏散；2015 年 8 月 12 日 23:30 左右，位于天津市滨海新区天津港的瑞海公司危险品仓库发生火灾爆炸事故，造成 165 人遇难，798 人受伤(伤情重及较重的伤员 58 人、轻伤员 740 人)，304 幢建筑物、12 428 辆商品汽车、7 533 个集装箱受损。截至 2015 年 12 月 10 日，依据《企业职工伤亡事故经济损失统计标准》等标准和规定统计，已核定的直接经济损失 68.66 亿元。

这些事故尽管起因和危害程度不尽相同，但它们都有一些共同特征：属于失控的偶然事件；造成工厂内外大批人员伤亡，或是造成大量的财产损失或环境破坏，或者兼而有之；发生事故的根源都是设施或系统中储存或使用了大量的易燃、易爆或有毒的危险有害物质，而且潜在能量很大。

恶性事故造成了严重的人员伤亡和巨大的财产损失，特别是工业重大危险源对人类社会安全与环境日益突出的负面影响，促使各国政府、议会立法或颁布法令，强化对重大危险源的安全管理，降低安全风险程度。同时，各国以及国际组织对工业重大危险源进行了大量的科学研究，人们对于工业重大危险源的了解逐步深入。20 世纪 70 年代以来，预防重大工业事故已经成为各国社会、经济和技术发展的重点研究对象之一，并引起国际社会的广泛重视。目前，我国安全生产形势非常严峻，重大、特大事故不断发生，对重大危险源辨识和评价已成为当今公众和政府共同关心的问题，也成为我国经济和技术发展的重要研究对象之一。

1.2 危险源辨识与评价概述

1.2.1 危险源的概念与分类

1) 危险源的概念

20 世纪 70 年代以来，预防重大工业事故已成为各国社会、经济和技术发展的重点研究对象之一，引起国际社会的广泛重视。1993 年 6 月，第 80 届国际劳工大会通过的《预防重大工业事故公约》将“重大事故”定义为：在重大危害设施内的一项活动工程中出现意外的突发性的事故，其中涉及一种或多种危险物质，并导致对工人、公众或环境造成即刻的或延期的严重危害。

由于重大事故频繁发生，预防和控制事故也成为各国广泛关注的对象，与此同时，伴随出现了“危险源”、“重大危险源”等概念，但究竟什么是危险源，到目前为止在理论上还没有确切的界定。

危险源的英文为“hazard”，英文词典给出其词义为“危险的源头（a source of danger)”。安全科学技术方面的文献资料关于危险源概念主要有以下几种：

(1) W. 哈默(Willie Hammer)将危险源定义为：可能导致人员伤害或财务损失事故的、潜在的不安全因素。危险源具有“潜在”和“能导致事故”两个重要属性。

(2) 危险源是指一个系统中具有潜在能量和物质释放危险的、在一定的触发因素作用下可转化为事故的部位、区域、场所、空间、岗位、设备及其位置。危险源是能量、危险物质集中的核心，是能量从哪里传出来或爆发的地方。这种危险源概念的解释使用的是更贴近实际生产活动的语言，但远未揭示危险源概念的本质。

(3) 危险源是导致伤害、损害或危害的潜在因素。实际上，危险源经常与状态、疾病、财产损失或环境破坏(即事故后果)有关。该危险源定义与上述(1)的含义相近，它的补充说明指出了其存在条件及其对控制的需求，但它仍停留在对危险源的基本属性的界定，未涉及对危险源施加控制的环节。

(4) 危险源是可能导致伤害或疾病、财产损失、工作环境破坏或这些情况组合的根源或状态。在此基础上，有人将危险源进一步划分为"根源危险源"和"状态危险源"两类。根源危险源是指能量或危险物质；状态危险源通常是针对特定的根源危险源而言的，也就是说，某些条件或状态（或情形、境遇、形势、状况）可能会使特定的根源危险源发生能量或危险物质的异常转移，并可能最终导致事故或未遂事件的发生。

(5) 危险源是产生事故或安全问题的根源，包括危险因素和有害因素，有时也叫隐患。危险因素是指能对人造成伤亡或对物造成突发性损坏的因素；有害因素是指能影响人的身体健康，导致疾病（含职业病），或对物造成慢性损坏的因素；隐患是指隐藏的祸患，事故隐患即隐藏的、可能导致事故的祸患。隐患是一个在长期工作实践中人们形成的通俗性用语，一般是指那些有明显缺陷的事物。危险源的含义非常广泛，它可以是物质的，有确定的物理位置；也可以是意识上的，没有确定的物理位置，可能存在于人们的思想上。管理安排不当、违章指挥、缺乏安全意识、培训不充分等都可以看做危险源。将危险源分为物质性和非物质性两大类，只反映了危险源的存在形式。

2) 危险源的分类

目前，许多学者对危险源的分类进行过研究，通常有根源危险源和状态危险源、物质性危险源和非物质性危险源、第一类危险源和第二类危险源、固有型危险源和触发型危险源以及固有危险源和变动危险源等类别。

第一类危险源和第二类危险源即两类危险源理论，是东北大学陈宝智教授根据危险源在事故发生、发展中的作用提出来的。第一类危险源：根据能量释放论，事故是能量或危险物质的意外释放，作用于人体的过量能量或干扰人体与外界能量交换的物质是造成人身伤害的直接原因。于是根据能量意外论，把系统中存在的、可能发生意外释放的能量或危险物质称为第一类危险源。第二类危险源：导致能量或物质约束或限制措施破坏或失效的各种原因，通常包括人的失误、物的障碍、环境因素。人的失误即人的行为的结果偏离了预定的目的；物的障碍即是由于性能低下不能实现预定功能的现象；环境因素包括温度、湿度、照明、粉尘、噪声、振动等物理因素。

在两类危险源的基础上，西安科技大学田水承教授提出第三类危险源。第三类危险源是指管理决策失误、管理缺陷、组织失误、系统扰动等，并造成生产系统畸变、破损失调、运行无序等的不安全因素。第三类危险源是潜藏在第一类危险源和第二类危险源背后的组织因素。

1.2.2 危险源辨识与评价

危险源辨识（hazard identification）是发现、识别系统中危险源的工作。以前，人们主要根据以往的事故经验进行危险源辨识。例如，海因里希建议通过与操作人员交谈或到现场安全检查、查阅以往的事故记录等方式发现危险源；日本中央劳动灾害防治协会推广危险预知活动进行危险源辨识。

重大危险源辨识是危险评价的首要任务，也就是明确评价对象，确认高危险性的危险源（工业区设施），也是防止重大工业事故发生的第一步。由政府主管部门或权威机构在物质毒性、燃烧、爆炸特性基础上，确定危险物质及其临界量标准（即重大危险源辨识标准）。通过危险物质及其临界量标准，就可以确定哪些是可能发生重大事故的需优先控制的潜在危险源。

危险性评价（risk assessment）是评价危险源导致事故、造成人员伤亡或财产损失的危险程度的工作。一般地，危险性涉及危险源导致事故的可能性和一旦发生事故造成人员伤亡、财产损失的严重程度两方面的问题。

系统中危险源的存在是绝对的,任何工业生产系统中都存在许多危险源。受实际人力、物力等方面因素的限制,不可能彻底消除或完全控制危险源,只能集中有限的人力、物力消除或控制危险性较大的危险源。当危险源的危险性很小且可以被忽略时,不必采取控制措施。在危险性评价的基础上,按其危险性的大小把危险源排序,为确定采取控制措施的优先次序提供依据。

1.3 国内外危险源辨识与评价发展现状

1.3.1 危险源辨识的发展现状

工业生产中往往存在各式各样的潜在危险,在不同行业、不同生产规模、不同的原料储存方式的情况下,其潜在风险又各有不同。作为政府、企业的管理部门以及安全评价人员,应该重点关注的是可能造成群死群伤事故发生的场所和这些场所发生事故的概率。只有对这些可能发生重大危险的场所进行有效控制,才能做到真正意义上的本质安全。进行重大危险源辨识最重要的目的和意义就是保证安全管理的有序和有效地进行。

英国是最早系统地研究重大危险源控制技术的国家。1974 年 6 月英国发生严重的弗利克斯堡化工厂爆炸事故后,英国卫生与安全委员会设立了重大危险咨询委员会(Advisory Committee on Major Hazards,ACMH),负责研究重大危险源辨识、评价技术和控制措施,该机构分别于 1976 年、1979 年和 1984 年向英国卫生与安全监察局提交了 3 份重大危险源控制技术研究报告。

1982 年欧共体颁布了《塞韦索法令》,该法令列出了 180 种物质及其临界量标准。根据《塞韦索法令》提出的重大危险源辨识标准,英国已确定了 1 650 个重大危险源,其中 200 个为一级重大危险源。为实施《塞韦索法令》,除英国外,荷兰、德国、法国、意大利、比利时等欧共体国家颁布了有关重大危险源控制规程,要求对工厂的重大危害设施进行辨识、评价,提出相应的事故预防和应急计划措施,并向主管当局提交详细描述重大危险源状况的安全报告。

1984 年印度博帕尔事故发生后,1985 年 6 月国际劳工大会通过了《关于危险物质应用和工业过程中事故预防措施的决定》。1985 年 10 月,国际劳工组织(ILO)组织召开了重大工业危险源控制方法的三方讨论会,并于 1988 年和 1991 年先后出版了《重大危险源控制手册》和《预防重大工业事故实施细则》,对重大危险源辨识方法和控制措施提出了建议。

1993 年第 80 届国际劳工大会通过《预防重大工业事故公约》。该公约要求各成员国制定并实施重大危险源辨识、评价和控制的国家政策,预防重大工业事故发生。为促进亚太地区的国家建立重大危险源控制系统,国际劳工组织于 1991 年 1 月在曼谷召开了重大危险源控制区域性讨论会。在国际劳工组织的支持下,印度、泰国、马来西亚和巴基斯坦等国都建立了国家重大危险源辨识标准;1996 年 9 月,澳大利亚国家职业安全卫生委员会颁布了重大危险源控制国家标准,各州将用该标准作为控制工业重大危险源的立法依据。

纵观各国有关标准,虽然不是所有的国家,但绝大多数国家均是采用限定某种物质及其数量的方法,但是危险物质的临界量有较大区别。这不仅取决于生产水平,还与各个标准的立足点有关。国际劳工组织认为,各国应根据具体的工业生产情况制定适合国情的重大危险源辨识标准。标准的定义应能反映出当地亟须解决的问题以及一个国家的工业模式;可能需有一个特指的或是一般类别或是两者兼有的危害物质一览表,并列出每种物质的限额或是允许的数量,设施现场的有害物质超过这个数量,就可以定为重大危害设施。任何标准一览表都必须是明确的和毫不含糊的,以便使雇主能迅速地鉴别出他控制下的哪些设施在这个标准定义的范围内。要把所有可能会造成伤亡的工业过程都定义为重大危害是不现实的,因为由此得出的一览表会太广泛,现有的资源无法满足其要求。标准的定义需要根据经验和对有害物质不断加深了解并进行修改。

我国研究重大危险源辨识技术起步较晚。20 世纪 90 年代初,我国开始重视对重大危险源的评价和控制,“重大危险源评价和宏观控制技术研究”列入国家“八五”科技攻关项目,该课题提出了重大危险源的控制思想和评价方法,为我国开展重大危险源的普查、分级监控和管理提供了良好的技术依托。1997 年,原劳动部在北京、上海、天津、深圳、青岛和成都 6 个城市开展了重大危险源普查试点工作,取得了良好的成果。继上述城市实施重大危险源普查之后,重庆市、泰安市以及南京化学工业集团公司也进行了重大危险源普查和监控工作。

由于我国的生产技术和规模以及管理水平与国外尚有差距,因此在临界量的确定上目前比国外的相关标准要低。我国这方面的工作于 20 世纪 90 年代开始起步,对重大危险源及物质和物质临界量进行了不断的修改,国家安全科学技术研究中心于 2000 年提出了《重大危险源辨识》(GB 18218—2000),2009 年修改为《危险化学品重大危险源辨识》(GB 18218—2009)。此标准的出台也是与我国目前生产力发展水平相适应的。该标准的名称由《重大危险源辨识》修改为《危险化学品重大危险源辨识》,同时把“术语和定义”章节中的“重大危险源”修改成“危险化学品重大危险源”,并定义为“长期地或临时地生产、加工、使用或储存危险化学品,且危险化学品的数量等于或超过临界量的单元”。此次修改更加明确了标准的使用范围,从中也可以看出国家安全生产监督管理部门已经从法规的层面上将危险化学品与工程建设这两个领域中“重大危险源”的概念进行了区分。该标准除了更新危险物质的种类和临界量外,还规定了爆炸品、气体、易燃液体、易燃固体、易于自燃的物质、遇水放出易燃气体的物质、氧化性物质、有机过氧化物、毒性物质的临界量。

使用《危险化学品重大危险源》进行重大危险源辨识时强调的是危险物质及其存在量,但是许多工业企业生产过程中虽然危险物质较少,但是其固有危险较大,如大型锅炉、大型尾矿库、高瓦斯矿井、压力容器群、长距离输送压力管道等。为弥补此种情况的重大危险源辨识空白,通常使用《关于开展重大危险源监督管理工作的指导意见》(安监管协调字〔2004〕56 号)(以下简称 56 号文)进行重大危险源辨识。

56 号文中重大危险源分类遵循以下原则:从可操作性出发,以重大危险源所处的场所或设备、设施对重大危险源进行分类;再按相似相容性原则,依据各大类重大危险源各自的特征有层次地展开。按上述原则,重大危险源分为 9 大类:储罐区(储罐);库区(库);生产场所;压力管道;锅炉;压力容器;煤矿(井工开采);金属、非金属地下矿山;尾矿库。

在重大危险源控制领域,我国虽然取得了一些进展,发展了一些实用新技术,对促进企业安全管理,减少和防止伤亡事故起到了良好的作用,但由于我国工业基础薄弱,生产设备老化日益严重,超期服役、超负荷生产的设备大量存在,形成了我国工业生产中众多的事故隐患,而我国重大危险源控制的有关研究和应用起步较晚,尚未形成完整的系统,同其他工业发达国家的差距较大。

1.3.2 危险源评价的发展现状

危险源评价技术属于危险性评价技术的一部分，危险性评价起源于20世纪30年代，是随着保险业的发展而发展起来的。保险公司为客户承担各种风险，就产生了一个衡量风险程度的问题，这个衡量风险程度的过程就是当时的美国保险协会所从事的风险评价，而风险评价技术是安全评价技术的起步。安全评价技术在20世纪60年代得到了很大的发展，首先应用于美国军事工业。20世纪80年代初期，安全系统工程引入我国，受到许多大中型企业和行业管理部门的高度重视。安全系统工程的发展和应用为预测、预防事故的系统安全评价奠定了可靠的基础。安全评价的现实作用又促使许多国家政府、企业集团加强对安全评价的研究，开发自己的评价方法，对评价系统进行事先、事后评价，分析、预测评价系统的安全可靠性，尽可能避免不必要的损失。由于安全评价技术的发展，安全评价已在现代企业管理中占有优先地位。目前，国内外安全评价方法主要有美国道(DOW)化学公司法、英国帝国化学公司蒙德(MOND)法和易燃易爆有毒重大危险源辨识评价方法。

1964年，美国道化学公司根据化工生产的特点，首先开发出“火灾、爆炸危险指数评价方法”，用于对化工装置进行安全评价。在物质指数作为化工生产及其储运的系统安全工程评价方法基础上，历经29年的不断补充、修改完善，于1993年发表了第七版，这是一种比较成熟和可靠的方法。该方法在评价工程中的合成原则为：

$$\text{火灾爆炸指数} = MF(1+SMH/100)(1+GPH/100)(1+SPM/100) \tag{1-1}$$

式中，MF为物质指数；SMH为特定物质危险指数；GPH为一般工艺过程危险指数；SPM为特殊工艺过程危险指数。其特点是以系统中的危险物质和危险能量为主要评价对象，除此之外对影响系统安全的其他因素只考虑特殊工艺对危险物质的影响。由于该评价方法日趋科学、合理、切合实际，在世界工业界得到一定程度的应用，引起各国的广泛研究、探讨，极大地推动了世界范围内化工行业以至于所有工业系统的安全评价技术的发展。

1974年，英国帝国化学公司(ICI)蒙德(MOND)部在道化学公司评价方法的基础上引进了毒性概念，并发展了某些补偿系数，提出了“蒙德火灾、爆炸、毒性指标评价方法”，并于当年设立了重大危险源咨询委员会，研究重大危险源辨识评价技术和控制措施。该方法在评价工程中的合成原则为：

$$D = B(1+M/100)(1+P/100)[1+(S+Q+L)/100+T/400] \\ (1+F\times U\times E\times A/1\,000) \tag{1-2}$$

式中，D为系统总危险性指数；B为物质指数值；M为特殊物质危险指数值；P为一般工艺危险值；S为特殊工艺危险指数值；Q为能量危险值；L为设备布置危险值；T为毒性危险指数值；F为火灾系数；U为单元毒性指数；E为爆炸指数；A为空气爆炸指数。该方法可对较广范围的工程及存储设备进行危险水平分析。它是一种更加全面、有效、接近实际的评价方法。

1976年，日本劳动省参照上述思路，开发出日本劳动省“化工厂六步骤安全评价法”。这种方法除对评价的程序、内容做了进一步的完善以外，其定量评价则是通过把装置分成工序，再分成单元，根据具体的情况给单元的危险指标赋以危险程度指数值，以其中的最大危险程度作为本工序的危险程度。在分析阶段引入了系统工程的有关技术，使分析过程比以前的方法更全面、更系统。

1981年，我国开始进行安全评价的研究工作。根据指数法的思想，冶金工业部开发颁布了“冶金工厂危险程度分级”方法。1991年我国“八五”科技攻关课题中，提出了重大危险源的控制思想和评价方法，并把安全评价方法研究列为重点攻关项目。由原劳动部劳动保护科学研究所等单位完成了"易燃、易爆、有毒重大危险源辨识、评价技术研究"。易燃、易爆、有毒重大危险源辨识评价方法的提出，填补了我国跨行业重大危险源评价方法的空白。该方法将危险性评价分为固有危险性评价和现实危险性评价。固有危险性评价分为事故易发性评价和事故严重度评价两部分。其中事故易发性评价吸收了各种方法的优点，在建立火灾、爆炸、毒物泄漏模型的基础上，考虑了人口密度、财产分布密度和气象、环境条件等因素，可达到定量评价事故后果严重度的水平。此外，在事故严重度评价中还建立了伤害模型库，采用定量的计算方法，使我国工业安全评价方法的研究从定性评价进入定量评价阶段。

1992 年，我国化工部化工劳动保护研究所在蒙德指数法的基础上把厂房因子、设备因子、管理因子、安全装置设备因子、环境因子等多种因素以修正系数的形式引入评价模型之中，制定出化工厂危险程度分级方法。评价过程中该方法的合成原则为：

$$G = \left(\sum_{i=1}^{5} g_i^2 / 5\right)^2 \tag{1-3}$$

式中，G 为工厂固有危险指数；i 为工厂内依次最危险的 5 个单元的次序号；g_i 为第 i 个单元的危险指数值。

与英国帝国化学公司的火灾、爆炸、毒性指数评价方法（蒙德法）相比，该方法较多地纳入了除危险物质、危险能量以外对危险程度有影响的其他因子，且在因子的设置上能较大程度地反映客观系统的安全结构组成。然而，该方法的实质仍然以危险能量为主要评价对象，对危险源系统中的安全保障子系统及环境因素均根据其物性、存在状态及数量等的等级赋予一定的指数，并以修正系数的形式予以考虑，由于因子的设置和量级划分上的原因，这种方法也具有指数法共有的评价结果灵敏度低、适用范围差的缺点。

随着生产系统的大型化和复杂程度的提高，重大恶性事故不断发生。人类迫切希望能对生产系统的危险性做到定量、科学的评价，以便于客观地了解系统的危险状态，及时处理系统中存在的隐患，把事故损失控制在最小限度内。在这种情况下，系统安全思想和概率统计理论逐渐被引入安全评价的方法研究之中。1975 年，美国的拉姆斯教授采用概率风险方法对核电站的安全状态进行了概率分析评价。用于系统危险性评价的风险值可以表示为：

$$R = C \times P \tag{1-4}$$

式中，C 为系统灾变后果的严重程度；P 为系统灾变发生的概率。

系统工程及相关学科的理论和方法也被广泛地应用于生产系统的安全评价之中。如系统工程中常用的分析方法——事故树分析法（FTA）、事件树分析法（ETA）、预先危险性分析方法（PHA）、故障类型及后果分析方法（FMEA）、可操作性分析方法（HOS）等作为安全评价过程中具体的技术被开发和利用。目前，概率风险评价技术被广泛用于航空、航天、核能等领域。安全检查表方法作为一种简单易行的静态方法被广泛地应用于安全评价与系统安全管理之中。

近年来，为了适应安全评价的需要，世界各国开发了包括危险源辨识、事故后果模型、事故频率分析、综合危险定量分析等内容的商用化安全评价计算软件包。应用较多的有 SAFETY Ⅰ、SAFETY Ⅱ、SIGEM、WHAZAN、EFFECTS、IRMSS、PHAST、RJSKCURVES、SAFEMODE、STRA 等系统，随着信息处理技术和事故预防技术的进步，新的实用安全评价软件不断地进入市场。计算机安全评价软件包可以帮助人们找出导致事故发生的主要原因，认识潜在事故的严重程度，并确定降低危险的方法等。

1.4 危险源辨识与评价在社会经济中的作用

整个国民经济是由一个个相互联系、相互制约、相对独立的生产企业经济组织组成的。企业经济是构成国民经济的基础,企业经济目标的完成和发展需要安全生产的保障。因此,企业安全生产同国民经济是不可分割的整体。没有安全生产的保证体系,就不可能有企业的经济效益;没有企业的经济效益,国民经济目标就不可能实现。所以安全生产是实现国民经济目标的主要途径和基石。除此之外,安全生产状况还是衡量一个国家社会经济发展水平的标志。安全生产状况取决于事故的发生率,若事故发生频繁,则安全生产状况较差;若事故极少发生,则安全生产状况良好。因此,保证事故低发生概率的先决条件:对生产中的危险源的辨识和正确评价,若生产过程中的危险源准确地辨识出来并进行正确地评价,找出控制危险的措施,则危险事故的发生将会降至最低。

下面从事故成本和企业的角度来分析危险源辨识与评价在社会经济中的作用。

(1) 从事故成本方面考虑,若企业存在的危险源没有辨识清楚,更没有相应的评价和控制措施,则发生工伤事故后,个人的事故会影响到其他人,形成社会成本。事故对社会总生活标准也会形成不良影响,包括:① 由事故造成的费用和损失将加到产品的成本上,使产品的价格形成非正常的上升;② 事故对人和物质生产产生不良影响,国民经济总产值会下降。

(2) 从企业方面考虑,若未对危险源进行辨识和评价,使得危险没有得到很好的控制,将导致企业发生事故,其损失的费用包括:① 人身伤亡所支出的费用,即医疗护理费、补助救济费、丧葬抚恤费和歇工工资;② 善后处理费,即处理事故的事务性费用、现场抢救费用、清理现场费用、事故罚款、赔偿费用;③财产损失价值,包括固定资产损失价值和流动资产损失价值;④ 停产减产损失价值;⑤ 工作损失价值;⑥ 资源损失价值;⑦ 处理环境污染费用,包括排污费、治理费、赔偿费;⑧ 补充新工人培训费等。

这些费用和损失的总额在不同的企业不尽相同。最明显的差别取决于各个工业部门或各个行业的危险状况,以及种种适当的安全措施的实施程度。因此,企业前期的危险源辨识和评价工作是保证安全生产的前提,也是降低经济损失的关键因素。

综上所述,危险源辨识和评价工作是降低事故发生的前提和首要因素,是保证安全生产的决定性条件,在社会经济中起到非常大的作用,这项工作是保证国民经济目标的基础,也是衡量整个国家社会经济发展水平的标志性因素。

本章思考题

1. 什么叫作危险源?
2. 危险源辨识与评价在社会经济中的作用有哪些?

2 危险源辨识与评价理论基础

安全科学主要是研究安全与危险矛盾运动规律的科学，是以研究安全与危险的发生、发展过程关系，揭示事故原因及其防治技术为目标的。从根源上看，事故灾害是人、技术、环境综合或部分欠缺的产物，危险源辨识是采用安全科学理论与技术，发现系统中产生事故或安全问题根源的工作。

2.1 危险与安全的哲学基础

科学理论是系统化的科学知识，是关于客观事物的本质及其规律性的相对正确的认识，也是经过逻辑论证和实践检验并由一系列概念、判断和推理表达出来的知识体系。科学方法是人们为了达到某种目的，或者在认识世界与改造世界的各种活动中所遵循的正确道路和采用的手段与操作的总和。

安全科学的基本理论就在是马克思主义哲学的指导下，应用现阶段各基础学科的成就，建立事物共有的安全本质规律。

2.1.1 安全与事故的关系

安全和事故是两个截然不同的概念。安全与事故的关系是对立统一、相互依存的。也就是说，有了事故发生的可能性，才需要安全；有了安全的保证，才可能避免事故的发生。某一安全性在某种条件下认为是安全的，但在另一条件下就不一定被认为仍是安全的，甚至可能被认为是很危险。绝对的安全是不可能达到的，但却是社会和人们追求的目标。在实践中，人们客观上自觉或不自觉地认可或接受了某一安全水平，当实际情况达到这一水平，人们就认为是安全的，低于这一水平，则认为是危险的。

1）安全的极向性

这一属性有如下几层含义：

(1) 安全科学的研究对象（事故、危害与安全保障）是一种“零—无穷大”事件，或者称为“稀少事件”。即事故或危害具有如下特点：一是事故发生的可能性很小（趋于零），而一旦发生后果却十分严重（趋向于无穷大），如煤矿瓦斯爆炸、烟花爆竹厂的爆炸等；二是危害事件的作用强度有时是很小的，但具有累积效应，主要表现为对人体健康的危害，危害涉及的范围广、人数多，如煤矿井下粉尘、水泥厂的粉尘等。

(2) 描述安全特征的两个参量——安全性与危险性——具有互补关系，即：安全性＝1－危害性。当安全性趋于极大值时，危害趋于极小值；反之亦然。

(3) 人类从事的安全活动，总是希望以最小的投入获得最大的安全。

2）避免事故或危害有限性

避免事故或危害有限性这一属性包含两层含义：

(1) 各种生产和生活活动过程中事故或危害事件是可以避免的，但难以完全避免。

(2) 各种事故或危害事件的不良作用、后果及影响可能避免，但难以完全避免。

3）安全与事故的辩证关系

综上所述，安全与事故的辩证关系可以综合如下：

(1) 安全与事故是一对矛盾体。

(2) 系统在安全状态时并不能保证不发生事故，事故不发生也不能否认系统处于危险状态。

因此，安全与事故是密切相关的，有了事故，才需要安全，安全是为了不发生事故。要认识安全的规律，首先就要了解事故的基本特征、事故的原理及事故的预防原则。

4）安全与事故的自然生存规律

安全与事故的自然生存规律，是指安全与事故普遍存在于自然界和人类社会活动之中，具有与客观事物规律相依而生的自然属性。但是，二者又有本质上的区别：安全是客观事物规律运动的产物，事故是客观事物异常运动的产物。在日常生产实践和社会活动中，人们之所以常把隐患称之为安全隐患，把事故称之为意外事件、突发事件，也有的称之为意外的变故或灾祸。把安全称之为没有危险、不受威胁、不发生事故，安全等于无事故等，说明人们对安全、隐患、事故的认识处于感性认识阶段，并没有揭示出安全、隐患、事故的本质。感性知识只能解决事物的现象问题，理性认识才能解决事物的本质问题。因此，要想从本质上超前有效预防事故的发生，必须认识并掌握安全与事故的运动规律。

5）安全与事故的发展变化规律

安全与事故的发展变化规律，是指在生产系统中，安全与事故既相互联系，又相互排斥，并在一定条件下相互转化，且具有促进客观事物向高层次发展的社会属性。下面就以安全与事故在生产中的变化规律为例进行判断。

安全、隐患、事故在生产系统中，各自占有一定的动态变化范围(图 2-1)。

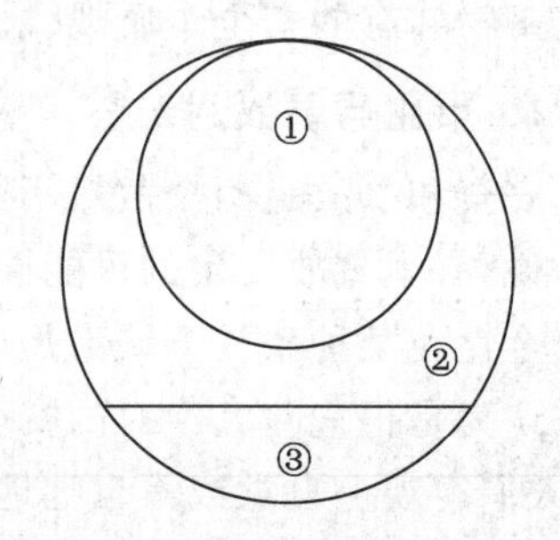

图 2-1　安全、隐患、事故关系示意图

图 2-1 中，内接圆①是指生产实践规律运动，即安全占有的范围；外圆与内圆之间的月牙部分②是指生产实践异常运动，即隐患占有的范围；月牙下部的弓形③是指生产实践发生的异常灾变，即事故占有的范围。这三者在生产中各自占有的范围，既不是等分的，也不是固定不变的。当人们改变了生产实践的异常运动，即消除一部分隐患时，安全就随着生产实践规律运动的含量增加而扩大了占有的范围。这时隐患也就随着生产实践异常运动含量的减少而缩小了所占有的范围。反之，当生产实践的异常运动失去了控制，发生了灾变时就是事故占有的范围。但是，在发生事故后，人们吸取了事故教训，制定了防范措施再用来指导生产实践时，安全又随着生产规律含量的增加而扩大了占有范围。安全与隐患、事故是对立统一的，三者随着生产实践规律运动与异常运动在不断地发生变化。

综上所述，在探索安全与事故运动规律中发现，如果生产实践符合规律运动，则生产处于安全状态；反之，如果生产实践异常运动，则可导致事故的发生。所以，促使生产实践的规律运动具有预防事故的必然性，改变生产实践的异常运动具有控制事故的必然性。因而促使生产实践的规律运动是从本质上对事故的超前预防，改变生产实践的异常运动是对事故的超前控制。

2.1.2 安全与危险的辩证关系

人类活动中的安全问题，伴随着人类的诞生而产生，是人类生存和发展最基本的需要，具有自然和社会双重属性。安全科学是一门跨门类、综合性很强的横断科学，也是一门典型的交叉科学。它具体体现为：安全条件与自然科学有关；安全机制与人体科学和思维科学有关；安全管理与系统科学和社会科学有关。

1）安全与危险的统一性和矛盾性

安全与危险在所要研究的系统中是一对矛盾，它们相伴存在。安全是相对的，而危险是绝对的。

（1）安全的相对性。绝对的安全状态是不存在的，系统的安全是相对于危险而言的；安全标准是相对于人的认识和社会经济的承受能力而言，抛开社会环境讨论安全是不能实现的；安全对于人的认识具有相对性，人的认识是无限发展的，对安全机理和运行机制的认识也在不断深化。

（2）危险的绝对性。事物一诞生危险就存在，中间过程中危险可能变大或变小，但不会消失；危险存在于一切系统的任何时间和空间中，不论人们的认识多么深刻，技术多么先进，设施多么完善，危险始终不会消失，人、机、环境综合功能的残缺始终存在。

（3）安全与危险是一对矛盾，具有矛盾的所有特性。

双方相互反对、相互排斥、相互否定，安全度越高，危险就越小；安全与危险二者相互依存，共同处于一个统一体中，存在着向对方转化的趋势。

安全与危险这对矛盾的运动、变化和发展推动着安全科学的发展和人类安全意识的提高。

2）安全科学的联系观和系统观

客观世界普遍联系的观点是唯物辩证法总的特征之一。安全科学要反映对安全与危险造成影响的因素的内在规律性，必须全面地分析各要素，利用各个学科已取得的成果，对开放的大系统进行分析和综合，找出安全的客观规律和实现途径。

在安全领域中，各种安全和危险要素很多，叠加在一起整体影响力会大大增加。所以，为了实现系统总体功能向有利的方向发展，人们必须对各要素统筹兼顾，增加安全因子的整体功能，削弱危险因子的整体功能，决不能头痛医头、彼此隔离，那样会大大降低系统的安全功能。

3）安全中的质变和量变

哲学中的量变与质变，在安全科学中表现为流变与突变。安全流变是事物损伤随时间的渐变积累演化的描述。安全突变是事物缺陷随时间的渐变积累演化达到事物自身极限后的瞬变过程描述。

流变—突变理论承认世界的物质性和物质对意识的根源性，认为世界的统一性在于它自身的物质性。物质世界是互相联系并发展变化的客观实在，流变—突变理论就是对客观物质世界的反映。从“一切皆流，一切皆变”出发，认识物质的具体形态、具体表现、具体关系。

4）安全问题的简单性和复杂性、精确性和模糊性

（1）简单性和复杂性

简单性是指复杂系统可分解成简单要素、单元；复杂系统内外部的联系遵循简单的规律；复杂性是指安全系统中包含无穷多层次的矛盾，形成极为复杂的结构和机制，与外部世界又有多种多样的联系，存在多种相互作用。

（2）精确性和模糊性

安全科学的认识总是从模糊走向精确，而模糊与精确是辩证统一的。模糊性可以说明精确性，适当的模糊反而精确。但是，模糊定性描述的边界太广，将会降低安全程度。在具体情况下，有必要处理好精确性和模糊性的关系。

5）安全事件的必然性和偶然性

必然性就是客观事物联系和发展过程中的合乎规律的确定不移的趋势，是在一定条件下的不可避免性和确定性。偶然性是在事物发展过程中由于非本质的原因而产生的事件，它在事物的发展过程中可能出现，也可能不出现，可以这样出现，也可以那样出现。两者相互联系、相互依赖，在一定条件下相互转化。

2.1.3 危险与事故的关系

根据系统安全中的定义，事故是已经发生而且造成人员伤亡或系统损失的实际事件，而危险则是可能造成人员伤亡或系统损失的潜在条件。这些定义引出的基本原理就是：危险是事故的先兆；一个危险确定了某一起潜在事件（如事故）。而引起事故则是已发生的事件。

如图 2-2 所示，危险和事故是同一个现象的两种不同状态，通过必然发生的状态转移相连。可以把这些状态理解为“事前状态”和“事后状态”。危险是位于图 2-2 左端的“潜在事件”，基于状态转移，可以转变为位于图的另一端的“现实事件”（事故）。可以用水进行类比：水作为一个实体，可以处于液体或固体两种形态，而温度是使其转变的因素。

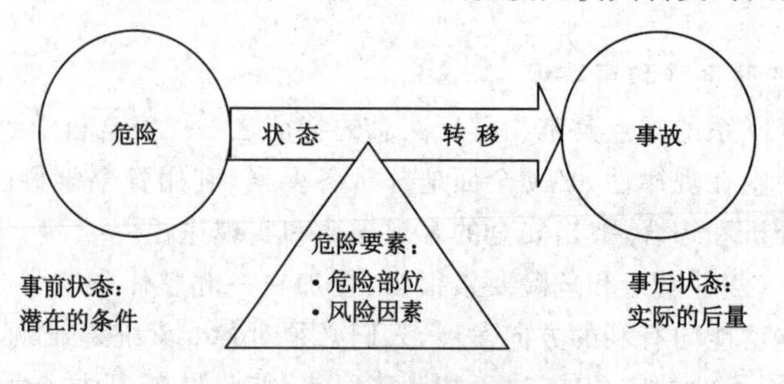

图 2-2 危险和事故的关系

图 2-3 从一个实体的不同角度来说明危险和事故的关系，即危险和事故位于同一个实体的两端。同样，一些转移事件导致从有条件的危险状态转变为现实的事故状态。两种状态看起来几乎是相同的，区别于动词的时态由提及未来可能的事件转变为描述显示事件，这一转变过程经历了一些损失和伤害。危险和事故是相同的实体，仅仅是状态发生了改变，从假设转变成现实。

事故是现实危险的直接结果。从危险到事故的状态转移基于两个因素：一是涉及一组特定的危险要素；二是由危险要素带来的事故风险。危险要素是构成危险的元素，事故风险是事故发生的可能性和事故所导致损失的严酷度。

事故风险是个很直观的概念，可以定义为：

风险＝可能性×严酷度

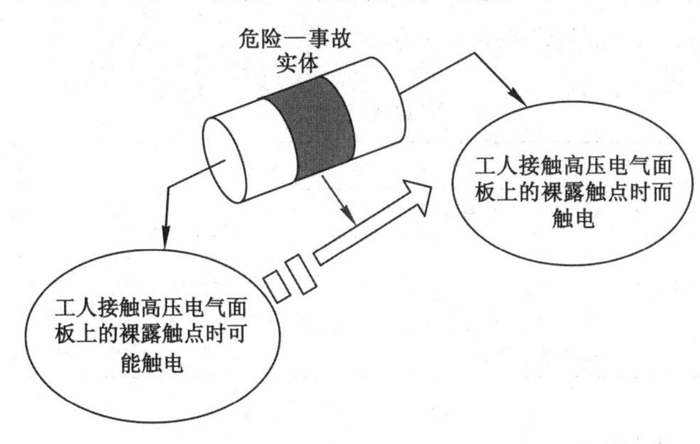

图 2-3　相同的实体—不同情况

事故的可能性因子是危险要素发生并转变成事故的概率。事故的严酷度因子是事故所导致的总后果，通常就事故所造成的损失而言(也就是不接受的输出结果)。可能性和严酷度可以用定性或定量方式进行确定和评价。通过故障事件的概率计算，时间因素也被考虑到风险概念中。例如，$P_{故障}=1.0-e^{-\lambda T}$。这里 T 是暴露时间，λ 是故障率。

危险要素的概念定义要稍微复杂一些。危险是一个只包含导致事故的充要元素的实体。危险的要素确定了事故的必然条件和事故的最后结果或影响。

危险由下列三个基本要素组成：

(1) 危险元素(HE)：构成危险的基本危险源。例如，有危险性的能源，诸如系统中使用的爆炸物。

(2) 触发机制(IM)：引起危险发生的触发或引发事件。触发机制导致危险从潜在的状态向实际事故状态实现或转变。

(3) 对象和威胁(T/T)：易受到伤害和/或破坏的人或物，描述了事故的严重程度。

危险的三个要素构成了系统安全领域中所谓的危险三角形，如图 2-4 所示。

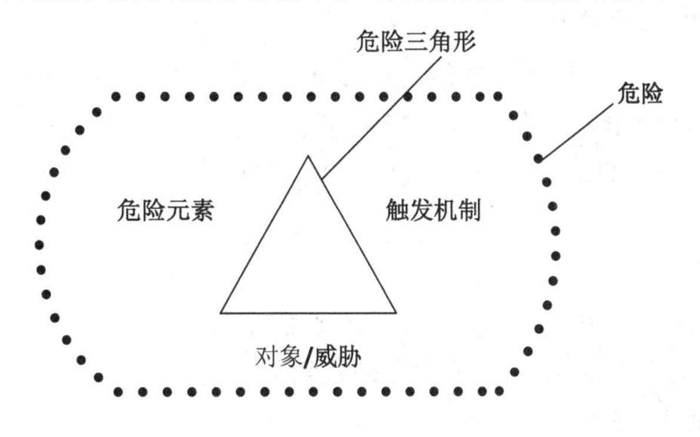

图 2-4　危险三角形

危险三角形说明了危险是由三个必要且耦合的要素组成的，每个要素构成了三角形的一条边。危险存在的前提是三角形的三个要素都必须具备，移除三角形的任何一边就可以消除危险，无法再造成事故(也就是三角形不完整)。减小触发机制所在那一边的可能性，则事故的可能性就会降低。减少危险元素边或威胁对象边的要素，事故的严酷度就会降低。危险的这一特性在决定从哪里着手降低危险时非常有用。

表 2-1 所列为每一个危险要素给出了示例和条件。

表 2-1　　危险要素示例

危险元素	触发机制	对象/威胁
武器弹药	误发信号；射频(RF)能量	爆炸；致死/致伤
高压罐	罐体破裂	爆炸；致死/致伤
燃料	燃料泄漏和点火源	着火；系统损失；致死/致伤
高压电	接触裸露的触电	触电；致死/致伤

应牢记的危险原理关键概念有：

(1) 危险导致(也就是造成)事故；

(2) 危险(不可避免)存在于系统中；

(3) 危险可通过其要素来识别；

(4) 一个设计缺陷可能导致一个事故发生；

(5) 危险的发生取决于其设计的危险要素；

(6) 危险是一个确定性的实体而非一个随机性事件；

(7) 危险(和事故)是可预测的，也是可以预防和控制的。

2.2　危险源、重大危险源辨识法律基础

危险源、重大危险源辨识工作与我国安全生产法律体系密切相关。一方面，安全生产法律对我国的危险源、重大危险源辨识作了明确要求，提出具体标准；另一方面，我国的安全生产法律体系很多条款都是在以往安全生产工作实践中总结出来的，对于违反法律、法规和部门规章等有关条款，或违反标准、规范、规程的事项必须列为危险源。

2.2.1　我国安全生产法律体系

安全生产法律体系是一个包含多种法律形式和法律层次的综合性系统，从法律规范的形式和特点来讲，既包括作为整个安全生产法律法规基础的宪法规范，也包括行政性法律规范、技术性法律规范、程序性法律规范。按法律地位及效力同等原则，安全生产法律体系分为以下 6 个门类：

1) 宪法

《中华人民共和国宪法》是安全生产法律体系框架的最高层级，“加强劳动保护，改善劳动条件”是有关安全生产方面最高法律效力的规定。

2) 安全生产方面的法律

(1) 基础法

我国有关安全生产的法律包括《中华人民共和国安全生产法》(以下简称《安全生产法》)及与它平行的专门法律和相关法律。《安全生产法》是综合规范安全生产法律制度的法律，它适用于所有生产经营单位，是我国安全生产法律体系的核心。

(2) 专门法律

专门安全生产法律是规范某专业领域安全生产法律制度的法律。我国在专业领域的法律有《中华人民共和国矿山安全法》、《中华人民共和国海上交通安全法》、《中华人民共和国消防法》、《中华人民共和国道路交通安全法》。

(3) 相关法律

与安全生产有关的法律是安全生产专门法律以外的其他法律中涵盖有安全生产内容的法律，如《中华人民共和国劳动法》《中华人民共和国建筑法》《中华人民共和国煤炭法》《中华人民共和国铁路法》《中华人民共和国民用航空法》《中华人民共和国工会法》《中华人民共和国全民所有制企业法》《中华人民共和国乡镇企业法》《中华人民共和国矿产资源法》等，还有一些与安全生产监督执法工作有关的法律，如《中华人民共和国刑法》《中华人民共和国刑事诉讼法》《中华人民共和国行政处罚法》《中华人民共和国行政复议法》《中华人民共和国国家赔偿法》和《中华人民共和国标准化法》等。

3) 安全生产行政法规

安全生产行政法规是由国务院组织制定并批准公布的，是为实施安全生产法律或规范安全生产监督管理制度而制定并颁布的一系列具体规定，是我们实施安全生产监督管理和监察工作的重要依据。我国已颁布了多部安全生产行政法规，如《国务院关于特大安全事故行政责任追究的规定》和《煤矿安全监察条例》等。

4) 地方性安全生产法规

地方性安全生产法规是指由有立法权的地方权力机关——人民代表大会及其常务委员会和地方政府制定的安全生产规范性文件，是由法律授权制定的，是对国家安全生产法律、法规的补充和完善，以解决本地区某一特定的安全生产问题为目标，具有较强的针对性和可操作性。目前，我国有 17 个省(自治区、直辖市)的人民代表大会制定了《劳动保护条例》或《劳动安全卫生条例》，有 26 个省(自治区、直辖市)的人民代表大会制定了《矿山安全法》实施办法。

5) 部门和地方政府安全生产规章

根据《中华人民共和国立法法》(以下法律名称采用简称)的有关规定，部门规章之间、部门规章与地方政府规章之间具有同等效力，在各自的权限范围内施行。

国务院部门安全生产规章由有关部门为加强安全生产工作而颁布的规范性文件组成，从部门角度可划分为交通运输业、化学工业、石油工业、机械工业、电子工业、冶金工业、电力工业、建筑业、建材工业、航空航天业、船舶工业、轻纺工业、煤炭工业、地质勘探工业、农村和乡镇工业、技术装备与统计工作、安全评价与竣工验收、劳动保护用品、培训教育、事故调查与处理、职业危害、特种设备、防火防爆和其他部门等。部门安全生产规章作为安全生产法律法规的重要补充，在我国安全生产监督管理工作中起着十分重要的作用。

地方政府安全生产规章，一方面从属于法律和行政法规，另一方面又从属于地方法规，并且不能与它们相抵触。

6) 安全生产标准

安全生产标准一般有两种形式：一是专门的安全标准；二是产品标准或工艺标准中列出有关安全的要求和指标。

安全系统工程有关事故形成的理论认为，事故是由人、物、环境、管理 4 个要素引起的，事故预防应从影响系统的 4 个因素，即人、物、环境、管理出发进行综合治理，劳动安全卫生应用标准都用来防止事故和职业病的发生，因此它必须包含针对人的不安全行为、物的不安全状态、环境因素、管理因素 4 个方面的标准。根据这个原理，安全生产标准分为基础标准、管理标准、技术标准、方法标准和产品标准 5 类。

(1) 基础标准

基础类标准主要指在安全生产领域的不同范围内，对普遍的、广泛通用的共性认识所做的统一规定，是在一定范围内作为制定其他安全标准的依据和共同遵守的准则。其内容包括：制定安全标准所必须遵循的基本原则、要求、术语、符号；各项应用标准、综合标准赖以制定的技术规定；物质的危险性和有害性的基本规定；材料的安全基本性质以及基本检测方法等。

(2) 管理标准

管理类标准是指通过计划、组织、控制、监督、检查、评价与考核等管理活动的内容、程序、方式，使生产过程中人、物、环境各个因素处于安全受控状态，直接服务于生产经营科学管理的准则和规定。

安全生产方面的管理标准主要包括安全教育、培训和考核等标准，重大事故隐患评价方法及分级等标准，事故统计、分析等标准，安全系统工程标准，人机工程标准以及有关激励与惩处标准等。

(3) 技术标准

技术类标准是指对于生产过程中的设计、施工、操作、安装等具体技术要求及实施程序中设立的必须符合一定安全要求以及能达到此要求的实施技术和规范的总称。

这类标准有《金属非金属矿山安全规程》《石油化工企业设计防火规范》《烟花爆竹工厂设计安全规范》《烟花爆竹作业安全技术规程》《民用爆破器材工厂设计安全规范》《建筑设计防火规范》等。

(4) 方法标准

方法类标准是对各项生产过程中技术活动的方法作出规定。安全生产方面的方法标准主要包括两类：一类以试验、检查、分析、抽样、统计、计算、测定、作业等方法为对象制定的标准，例如试验方法、检查方法、分析方法、测定方法、抽样方法、设计规范、计算方法、工艺规程、作业指导书、生产方法、操作方法等；另一类是为合理生产优质产品，并在生产、作业、试验、业务处理等方面为提高效率而制定的标准。

这类标准有《安全帽测试方法》《防护服装机械性能材料抗刺穿性及动态撕裂性的试验方法》《安全评价通则》《安全预评价导则》《安全验收评价导则》《安全现状评价导则》等。

(5) 产品标准

产品类标准是对某一具体安全设备、装置和防护用品及其试验方法、检测检验规则、标志、包装、运输、储存等方面所做的技术规定。它是在一定时期和一定范围内具有约束力的技术准则，是产品生产、检验、验收、使用、维护和洽谈贸易的重要技术依据，对于保障安全、提高生产和使用效益具有重要意义。产品标准的主要内容包括：① 产品的适用范围；② 产品的品种、规格和结构形式；③ 产品的主要性能；④ 产品的试验、检验方法和验收规则；⑤ 产品的包装、储存和运输等方面的要求。

这类标准主要是对某类产品及其安全要求做出的规定，如煤矿安全监控系统、煤矿用隔离式自救器等。

(6) 已批准的国际劳工安全公约

国际劳工组织自 1919 年创立以来，一共通过了 185 个国际公约和为数较多的建议书，这些公约和建议书统称为国际劳工标准，其中70%的公约和建议书涉及职业安全卫生问题。我国政府为国际性安全生产工作已签订了国际性公约。当我国安全生产法律与国际公约有不同时应优先采用国际公约的规定(除保留条件的条款外)。目前，我国政府已批准的公约有23个，其中4个是与职业安全卫生相关的。

2.2.2 危险源、重大危险源辨识的适用法律范畴

我国的安全生产法律体系比较复杂，它覆盖整个安全生产领域，包含多种法律形式。可以按涵盖内容的不同分成8个类别，包括：综合类安全生产法律、法规和规章，矿山类安全法律法规，危险物品类安全法律法规，建筑业安全法律法规，交通运输安全法律法规，公众聚集场所及消防安全法律法规，其他安全生产法律法规，国际劳工安全卫生标准。

1）综合类安全生产法律、法规和规章

综合类安全生产法律、法规和规章是指同时适用于矿山危险物品、建筑业和其他方面的安全生产法律、法规和规章，它对各行各业的安全生产行为都具有指导和规范作用。主导性的法律是《劳动法》《安全生产法》，由安全生产监督检查类、伤亡事故报告和调查处理类、重大危险源监管类、安全中介管理类、安全检测类、安全培训考核类、劳动防护用品管理类、特种设备安全监督管理类和安全生产举报奖励类通用安全生产法规和规章组成。

2）矿山类安全法律法规

矿山类安全生产法律法规规范的行业和部门主要包括：煤矿、金属和非金属矿山、石油、天然气开采业。我国的矿山安全立法工作已取得了很大成绩，先后颁布实施了《矿山安全法》《煤炭法》《矿山安全法实施条例》和《煤矿安全监察条例》；相关部门先后颁布了一批矿山安全监督管理规章；有26个省(自治区、直辖市)制定了《矿山安全法》实施办法，目前已初步形成了矿山安全法律子体系。

3）危险物品类安全法律法规

在危险物品安全管理方面已经颁布实施了《危险化学品安全管理条例》《民用爆炸物品安全管理条例》《使用有毒物品作业场所劳动保护条例》《放射性同位素与射线装置放射安全和防护条例》《核材料管制条例》《放射性药品管理办法》等法规。

4）建筑业安全法律法规

规范建筑业安全行为的法律有《安全生产法》《建筑法》。行业规章包括：《建筑业安全和卫生公约》《建筑施工安全检查标准》《施工企业安全生产评价标准》《建设工程安全生产管理条例》等。

5）交通运输安全法律法规

交通运输安全法律法规包括铁路、道路、水路、民用航空运输行业的法律、法规和规章，《安全生产法》原则上也适用于这些行业。目前，这些行业都有自己专门的法律法规。例如，铁路运输业有《铁路法》《铁路运输安全保护条例》等；民航运输业有《民用航空法》《民用航空器适航条例》《民用航空安全保卫条例》等，此外民用航空运输安全还执行国际公约和相关的规则；道路交通管理方面有《道路交通安全法》《道路交通管理条例》和《道路交通事故处理办法》；海上交通运输业有《海上交通安全法》《海上交通事故调查处理条例》和《渔港水域交通安全条例》；内河交通运输业有《内河交通安全管理条例》。另外，各交通运输业主管部门和公安部门还制定了不少交通运输安全方面的规章、标准等。

6）公众聚集场所及消防安全法律法规

公众聚集场所及消防安全生产法律所涉及的范围主要是公众聚集场所、娱乐场所、公共

建筑设施、旅游设施、机关团体及其他场所的安全及消防工作。目前，这方面的法律、法规和规章主要有《消防法》以及与之相配套的《公共娱乐场所消防安全管理规定》《消防监督检查规定》《机关团体企业事业单位消防安全规定》《集贸市场消防安全管理规定》《仓库防火安全管理规则》《火灾统计管理规定》等，这方面还需要制定和完善相关的法律法规。

7）其他安全生产法律法规

其他类包括的内容是前面5个专业领域以外的行业安全管理规章，主要有石化、电力、机械、建材、造船、冶金、轻纺、军工、商贸等行业规章，如《危险化学品建设项目安全许可实施办法》《烟花爆竹经营许可实施办法》《尾矿库安全监督管理规定》《生产经营单位安全培训规定》《煤矿建设项目安全设施监察规定》《非煤矿矿山企业安全生产许可证实施办法》《建筑施工企业安全生产许可证管理规定》等。这些行业和部门都有一些规章和规程，但均未制定专门的安全行政法规，因此《安全生产法》是规范这些部门安全生产行为的主导性法律。

8）国际劳工安全卫生标准

在国际劳工公约中，我国政府批准的有23个，其中4个是有关职业安全卫生方面的公约。当前，国际上将贸易与劳工标准挂钩是发展趋势，随着我国加入WTO，参与世界贸易必须遵守国际通行的规则。我国的安全生产立法和监督管理工作也需要逐步与国际接轨。

2.3 事故致因理论

危险源是导致事故发生的根本原因。自古以来，人们就一直从理论上探究事故发生的原因，以便采取措施消除、控制这些原因因素，达到防止事故的目的。

在科学技术落后的古代，人们往往把事故的发生看作是人类无法违抗的“天意”或“命中注定”而祈求神灵保佑。随着社会的发展，科学技术的进步，特别是工业革命以后，人们在与各种工业事故斗争的实践中不断总结经验，探索事故发生的规律，相继提出了许多阐明事故为什么会发生，事故是怎样发生的，以及如何防止事故发生的理论。由于这些理论着重解释事故发生的原因(事故致因因素)，以及针对这些事故致因因素如何采取措施防止事故，所以把它们叫作事故致因理论。

事故致因理论是一定生产力发展水平的产物。在生产力发展的不同阶段，出现的安全问题不同，为了解决这些问题，人们努力探讨事故发生机理，不断加深对危险源及其控制的认识，形成了带有时代特征的事故致因理论。

2.3.1 早期事故致因理论

1919年，英国的格林伍德(M. Greenwood)和伍兹(H. H. Woods)对许多工厂事故进行了统计分析，发现工人中的某些人(重点人)更容易发生事故。

美国的法默(Farmer)提出事故频发倾向理论：认为工厂中少数人具有稳定的、内在的、容易发生事故的倾向。

20世纪的二三十年代，美国最著名的安全工程师海因里希(W. H. Heinrich)把当时英国工业安全实际经验总结、概括，上升为理论(即因果连锁理论，也称为多米诺骨牌理论)，提出了所谓的“工业安全公理”，出版了流传全世界的《工业事故预防》一书。在这本书中，海因里希阐述了工业事故发生的因果连锁论，这是最早提出的事故因果连锁的概念，以事故因果连锁模型来表述对事故发生机理的认识(图2-5)。他认为，事故的发生不是一个孤立的事件，而是一系列互为因果的原因事件相继发生的结果。

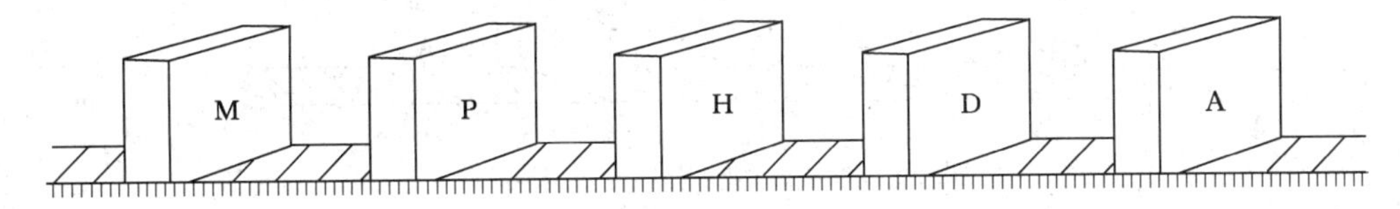

图 2-5　事故致因连锁理论示意图(一)

多米诺骨牌理论建立了“事故致因的事件链”这一重要概念，并为后来者研究事故机理提供了一种有价值的方法。事故因果连锁共包括事故的基本原因、事故的间接原因、事故的直接原因、事故、事故后果五个互为因果的事件(图 2-6)。

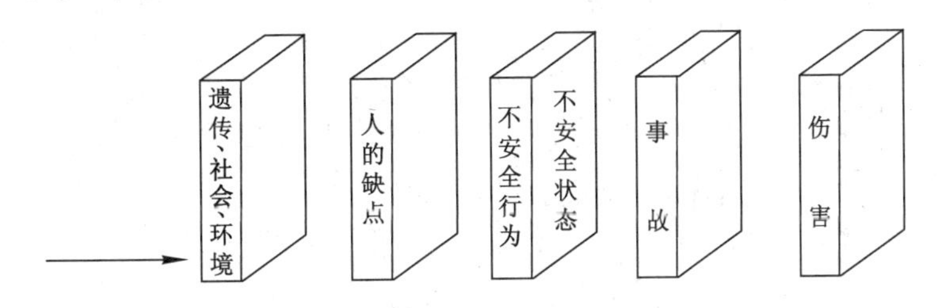

图 2-6　事故致因连锁理论示意图(二)

其中，M 代表遗传及社会环境，即遗传因素及社会环境是造成人的性格上缺点的原因。遗传因素可能导致鲁莽、固执等不良性格；社会环境可能妨碍教育、助长性格上弱点的发展。

P 代表人的缺点：它包括鲁莽、固执、过激、神经质、马虎等性格的先天性缺点，以及缺乏安全知识和技能等后天的缺点。这些缺点是使人产生不安全行为或造成机械、物质的不安全状态的原因。

H 代表人的不安全行为和物的不安全状态：所谓人的不安全行为，是指那些曾经引起事故或可能引起事故的人的行为，物的不安全状态是指系统中各种机械、设备、材料等物质的不安全状态，它们是造成事故的直接原因。

D 代表事故。

A 代表伤害：直接由于事故产生的人身伤害。

在多米诺骨牌系列中，一颗骨牌被碰倒，则将发生连锁反应，其余的骨牌将相继被碰倒(图 2-7)。

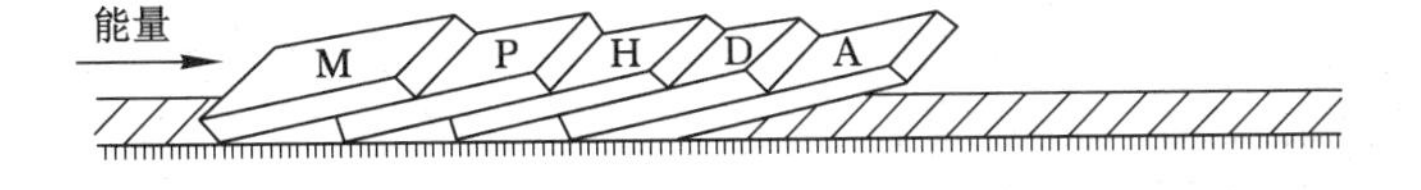

图 2-7　事故致因连锁理论示意图(三)

海因里希认为一种可防止的伤亡事故发生是一系列事件顺序发生的结果。欲使代表事故(D)和伤害(A)的骨牌不倒，方法就是从骨牌顺序中移走某一个中间骨牌。遗传和社会因素(M)是个人和企业不能够控制的，由此导致的人的缺陷(P)也就不能控制，但是尽一切可能消除人的不安全行为和物的不安全状态(H)是可行的，即只要控制了人的不安全行为和物的不安全状态则伤害就不会发生(图 2-8)。

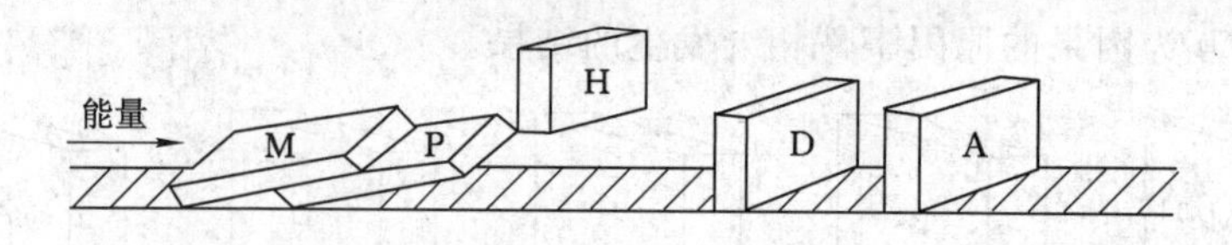

图 2-8　事故致因连锁理论示意图(d)

在海因里希事故因果连锁的基础上,博德提出了反映现代安全观点的事故因果连锁(图 2-9)。博德认为,尽管人的不安全行为和物的不安全状态是导致事故的重要原因,必须认真追究,却不过是其背后原因的征兆,是一种表面现象。它们的产生是由于个人原因,如缺乏知识、技能,态度不端正,身体或精神方面的问题等,以及工作条件方面的原因,如操作规程不合适、设备材料不合适、不良的环境因素等。

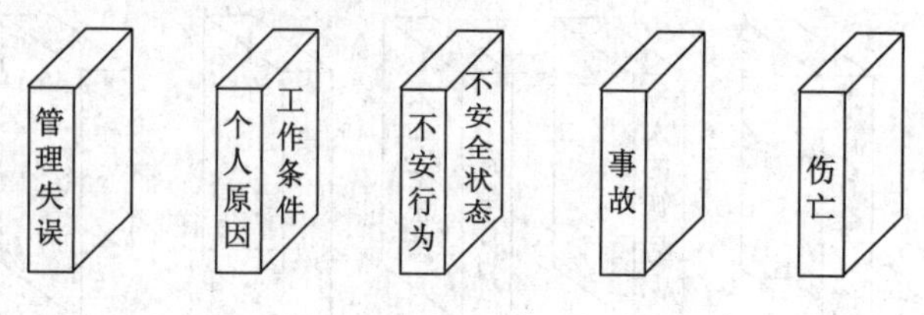

图 2-9　博德事故因果连锁理论

博德事故因果连锁中最具特色的是把事故的根本原因归结于管理失误。管理失误主要表现为对导致事故的各种原因因素控制不足,也可以说是对危险源控制不足。

当前国内外进行事故原因调查和分析时,广泛采用图 2-10 所示的事故因果连锁模型。该模型着眼于事故的直接原因——人的不安全行为和物的不安全状态,以及基本原因——管理失误。值得注意的是,该模型进一步把物的问题划分为起因物和加害物,前者为导致事故发生的物(机械、物体、物质),后者为事故发生时直接作用于人体,使人体遭受伤害的物(机械、物体、物质)。在人的问题方面,区分为行为人和被害者,前者为引起事故发生的人(肇事者),后者为事故发生时受到伤害的人。针对不同的物和人,需要采取不同的控制措施。

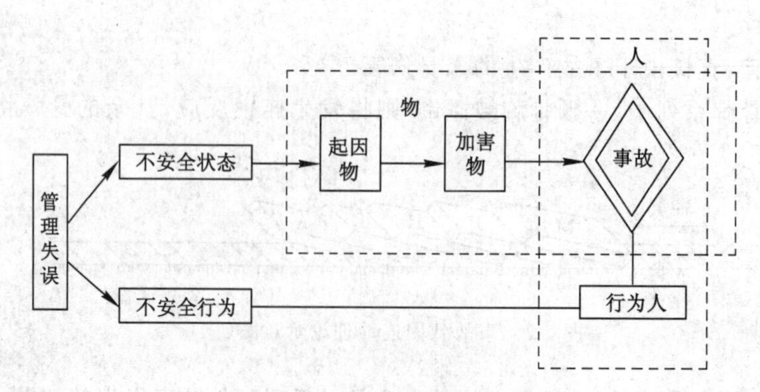

图 2-10　事故因果连锁模型

2.3.2　第二次世界大战后的事故致因理论

为了有效采取安全技术措施控制危险源,人们对事故发生的物理本质进行了深入的探讨。1961 年吉布森(Gibson)、1966 年哈登(Hadden)等人提出了解释事故发生机理的能量意外释放论，认为事故是一种不正常的或不希望的能量释放。

生产、生活中经常遇到各种形式的能量，如机械能、热能、电能、化学能、电离及非电离辐射、声能、生物能等，它们的意外释放都会威胁安全。意外释放的机械能是导致事故时人员伤害或财物损坏的主要类型的能量。机械能包括势能和动能，其中处于高处的人体、物体、岩体或结构的一部分具有较高的势能。当人体具有的势能意外释放时，会发生坠落事故；当物体具有的势能意外释放时，会发生物体撞击事故；当岩体或结构的一部分具有的势能意外释放时，会发生冒顶、坍塌等事故。运动着的物体都具有动能，意外释放的动能作用于人体或物体，则可能发生车辆伤害、机械伤害、物体打击、财物损坏等事故。失去控制的热能可能会灼烫人体、损坏财物，甚至引起火灾。火灾是热能意外释放造成的最典型的事故。应该注意的是，在利用机械能、电能、化学能等其他形式能量时，均可能产生热能。火灾中化学能转变为热能，爆炸中化学能转变为机械能和热能。

工业生产过程中，常见的电焊、熔炉等高温热源放出的紫外线、红外线等非电离辐射会伤害人的视觉器官。电离辐射主要有 X 射线、γ 射线和中子射线等，会造成人体急、慢性损伤。

美国矿山局的札别塔基斯依据能量转移理论建立了新的事故因果连锁模型，如图 2-11 所示。

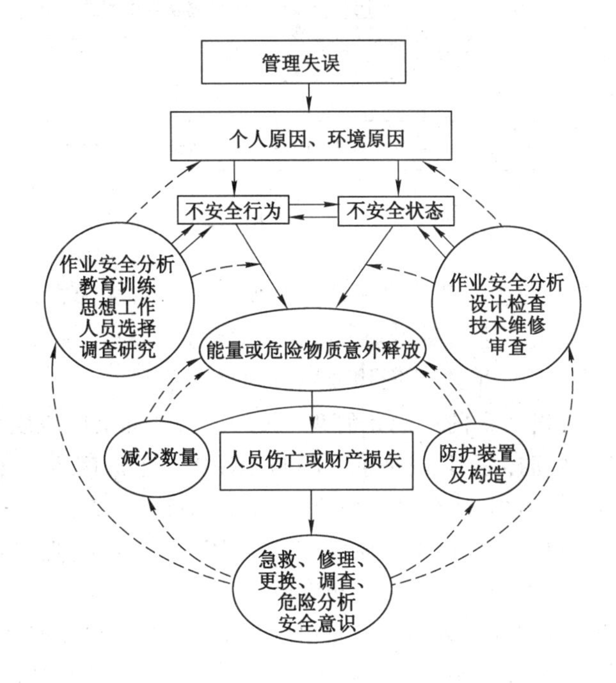

图 2-11　能量转移理论观点的事故连锁模型

（1）事故

事故是能量或危险物质的意外释放，也是伤害的直接原因。

为防止事故的发生，可以通过技术改进来防止能量意外释放，通过教育训练提高职工识别危险的能力，佩戴个体防护用品来避免伤害。

（2）不安全行为和不安全状态

人的不安全行为和物的不安全状态是导致能量意外释放的直接原因，它们是管理欠缺、控制不力、缺乏知识、对存在的危险估计错误或其他个人因素等基本原因的征兆。

（3）基本原因

① 企业领导者的安全政策及决策。它涉及生产及安全目标，职员的配置，信息利用，责任及职权范围，职工的选择、教育训练、安排、指导和监督、信息传递、设备、装置及器材的采购、维修，正常时和异常时的操作规程，设备的维修保养等。

② 个人因素。它包括能力、知识、训练、动机、行为、身体及精神状态、反应时间等。

③ 环境因素。

综合论认为，事故的发生是社会因素、管理因素、生产中各种危险源被偶然事件触发所造成的结果，其关系如图 2-12 所示。

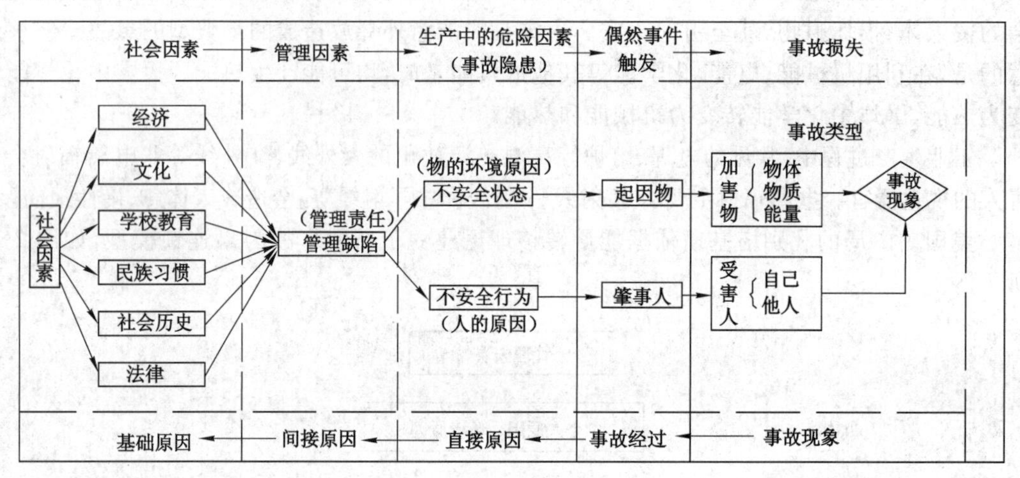

图 2-12 综合论事故模型

事故的事实经过是由起因物和肇事人偶然触发了加害物和受害人而形成的灾害现象。偶然事件之所以触发，是由于生产中环境条件存在着危险源的各种隐患（物的不安全状态）和人的某种失误（人的不安全行为）共同构成事故的直接原因。

这些无知的、环境的以及人的原因是管理上的失误、管理上的缺陷和管理责任所导致的，这是形成直接原因的间接原因，也是重要的基本原因。形成间接原因的因素，包括社会的经济、文化、教育、习惯、历史、法律等基础原因，统称为社会因素。

事故的发生过程可以表述为由基础原因的“社会因素”产生“管理因素”，进一步产生“生产中的危险因素”，通过人与物的偶然因素触发而发生伤亡和损失。

调查分析事故的过程则与上述经历方向相反。如逆向追踪：通过事故现象，调查事故经过，进而了解物的环境和人等直接造成事故的原因，依次追查管理责任（间接原因）和社会责任（基础原因）。

2.3.3 现代系统安全理论

20 世纪 50 年代后，随着战略武器的研制、宇宙开发和核电站的建设等作为现代科学技术标志的复杂巨系统相继问世，以瑟利、安德森为代表的众多学者提出了系统安全理论。他们认为任何活动都可归结为由人、机（机器、物）、环境组成的一个系统，事故是由人的不安全行为、物的不安全状态和不良的环境造成的，也即事故三要素理论。

系统安全理论全面考虑了引起事故的各方面因素，而且特别关注其中人的因素，强调应通过加强管理，促进人—机—环境的匹配与协调来预防事故。

系统安全是对系统、子系统、设备、材料和设施的研制、测试、生产、使用和处置过程中面临的系统、人员、环境及健康事故风险的管理过程。

系统安全的目的是保护生命、系统、设备和环境,其基本目标是消除导致人员伤亡、系统损失、环境破坏的危险。如果危险不能被消除,那么接下来的目标就是通过设计控制手段以降低事故风险。通过降低事故的可能性或事故的严重程度可达到降低事故风险的目的。

系统安全工程是系统工程的一部分,运用科学和工程原理及时识别危险并且采取一些必要措施,以预防或控制系统中的危险。利用数学以及其他学科领域中的专业知识和专门技术,结合工程设计与分析的原理和方法,从而确定、预测、评价记录系统的安全性。

系统安全管理是项目管理的一部分,能够确保各种系统安全任务得以完成。这包括识别系统安全要求;规划、组织和控制为达到安全目标而开展的各种工作;协调其他项目要素;分析、审核和评价项目,以保证及时有效地实现系统安全目标。

如图 2-13 所示,建立了一个包含 8 个主要步骤的系统安全核心过程,从系统安全核心过程可以看出安全一直围绕着危险。该过程的关键是危险识别和消除或降低,系统安全的关键是对危险的管理。为了有效地控制危险,人们必须理解危险的原理和危险识别。当危险被识别和理解后,才能被正确地消除或降低。

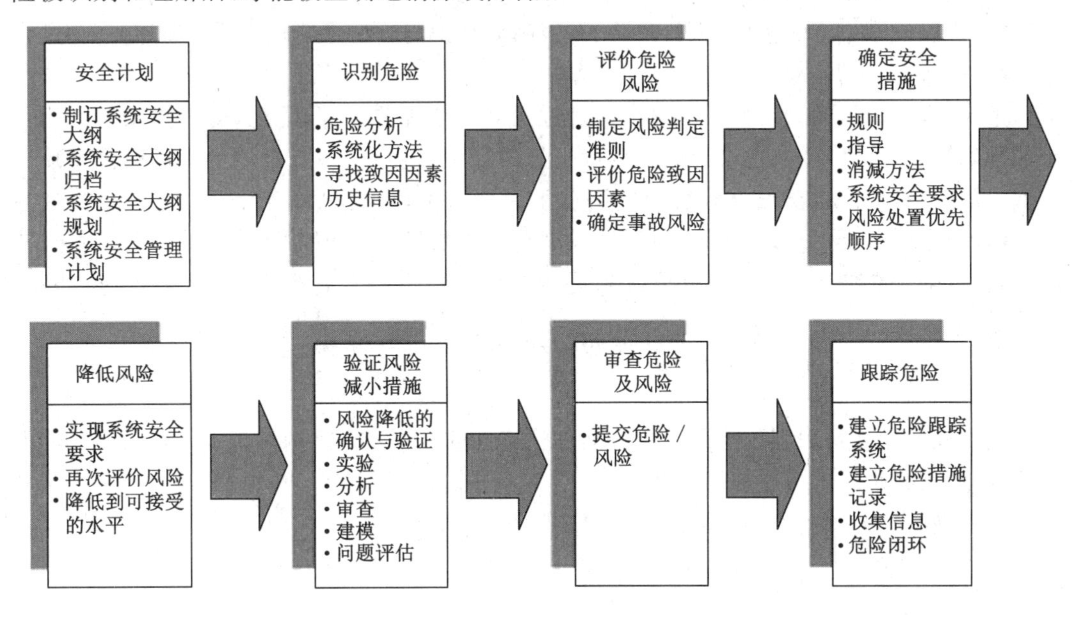

图 2-13 系统安全核心过程

系统安全的核心过程是一个事故风险管理过程,通过危险源辨识、危险事故风险评价以及对风险不可接受的危险行为控制,从而获得安全。这是一个闭环过程,通过分析和跟踪危险,直至采取可接受的闭环措施并得以验证。为了在系统设计过程中就影响系统设计方案,而非在系统研制完成后再试图强迫更改设计,该过程应与系统实际研制过程相结合。

本章思考题

1. 安全与危险之间是什么样的辩证关系?
2. 事故致因理论有哪些?

3 危险源辨识分析技术

在生产活动中，由于工业毒物、不良气象条件、生物因素、不合理的劳动组织以及一般卫生条件恶劣的职业性毒害而引起的疾病称为职业病。在劳动过程中发生的人身伤害、急性中毒事故称为伤亡事故。而能对人造成伤亡，对物造成突发性损坏或影响人的身体健康导致疾病，对物造成慢性损坏的因素称为危险、有害因素(危险因素是指突发性和瞬间作用；有害因素强调在一定时间范围内的积累作用)。为了保护劳动者在劳动生产过程中的安全、健康，必须改善劳动条件，预防工伤事故及职业病，实现劳逸结合，需要采取各种组织措施和技术措施，确保安全生产。因此，进行危险、有害因素辨识与分析是消除事故隐患、预防事故发生、保障生产安全的必要举措。

危险、有害因素辨识与分析是安全评价过程的一个重要步骤，危险、有害因素辨识与分析的准确性、客观性、预测性决定安全评价报告的质量优劣，反映安全评价人员业务素质的高低。危险、有害因素辨识与分析的作用在于为被评价单位找出生产过程中的主、次要危险、有害因素的种类、分布情况、严重程度及潜在的事故隐患，以便提出客观、可行的对策、措施与建议，确保企业的生产活动在安全条件、安全环境中运行。

3.1 危险源、重大危险源辨识

危险源辨识就是识别危险源并确定其危险特性的过程。危险源辨识不但包括对危险源的识别，而且必须对其性质加以判断。

3.1.1 危险、有害因素辨识

1) 设备或装置的危险、有害因素辨识

(1) 工艺设备、装置的危险、有害因素辨识

工艺设备、装置的危险、有害因素一般从以下几个方面辨识：

① 设备本身是否能满足工艺的要求。这包括标准设备是否由具有生产资质的专业工厂所生产、制造；特种设备的设计、生产、安装、使用是否具有相应的资质或许可证。

② 是否具备相应的安全附件或安全防护装置，如安全阀、压力表、温度计、液压计、阻火器、防爆阀等。

③ 是否具备指示或警示性安全技术措施，如各种安全警示标牌、超限报警、故障报警、状态异常报警等。

④ 是否具备紧急停车的装置。

⑤ 是否具备检修时不能自动投入、不能自动反向运转的安全装置。

(2) 专业设备的危险、有害因素辨识

① 化工设备的危险、有害因素辨识。此类辨识一般需分析以下4点：

a. 是否有足够的强度。

b. 是否密封安全可靠。

c. 安全保护装置是否配套。

d. 适用性是否强。

② 机械加工设备的危险、有害因素辨识。机械加工设备的危险、有害因素辨识，可以根据以下的标准、规程进行查对：《机械加工设备一般安全要求》《磨削机械安全规程》《剪切机械安全规程》《起重机械安全规程》《电机外壳防护等级》《蒸汽锅炉安全技术监察规程》《热水锅炉安全技术监察规定》《特种设备质量监督与安全监察规定》等。

③ 电气设备的危险、有害因素辨识。电气设备的危险、有害因素辨识，应紧密结合工艺的要求和生产环境的状况来进行，一般可从以下几个方面进行辨识：

a. 电气设备的工作环境是否属于爆炸和火灾危险环境，是否属于粉尘、潮湿或腐蚀环境。在这些环境中工作时，对电气设备的相应要求是否满足。

b. 电气设备是否具有国家指定机构的安全认证标志，特别是防爆电器的防爆等级。

c. 电气设备是否为国家颁布的淘汰产品。

d. 用电负荷等级对电力装置的要求。

e. 电气火花引燃源种类。

f. 触电保护、漏电保护、短路保护、过载保护、绝缘、电气隔离、屏护、电气安全距离等是否可靠。

g. 是否根据作业环境和条件选择安全电压，安全电压值和设施是否符合规定。

h. 防静电、防雷击等电气连接措施是否可靠。

i. 管理制度方面是否完善。

j. 事故状态下的照明、消防、疏散用电及应急措施用电的可靠性。

k. 自动控制系统的可靠性，如不间断电源、冗余装置等。

④ 特种机械的危险、有害因素辨识

a. 起重机械。有关机械设备的基本安全原理对于起重机械都适用。这些基本原理有：设备本身的制造质量应该良好，材料坚固，具有足够的强度而且没有明显的缺陷；所有的设备都必须经过测试，而且进行例行检查，以保证其完整性；应使用正确的设备。

对于起重机械，主要识别以下危险、有害因素：

(a) 翻倒：由于基础不牢、超机械工作能力范围运行和运行时碰到障碍物等原因造成。

(b) 超载：超过工作载荷、超过运行半径等。

(c) 碰撞：与建筑物、电缆线或其他起重机相撞。

(d) 基础损坏：设备置放在坑或下水道的上方，支撑架未能伸展，未能支撑于牢固的地面。

(e) 操作失误：由于视界限制、技能培训不足等造成。

(f) 负载失落：负载从吊轨或吊索上脱落。

b. 厂内机动车辆。厂内机动车辆应该制造良好、没有缺陷，载重量、容量及类型应与用途相适应。车辆所使用的动力的类型应当是经过检查的，因为作业区域的性质可能决定了应当使用某一特定类型的车辆。在不通风的封闭空间内不宜使用内燃发动机的动力车辆，因为发动机要排出有害气体。车辆应加强维护，以免重要部件（如刹车、方向盘及提升部件）

发生故障。任何损坏均需报告并及时修复。操作员的头顶上方应有安全防护措施。应按制造者的要求来使用厂内机动车辆及其附属设备。

对于厂内机动车辆主要识别以下危险、有害因素：

(a) 翻倒：提升重物动作太快，超速驾驶，突然刹车，碰撞障碍物，载已有重物时使用前铲，在车辆前部有重载时下斜坡，横穿斜坡或在斜坡上转弯、卸载，在不适的路面或支撑条件下运行等，都有可能发生翻车。

(b) 超载：超过车辆的最大载荷。

(c) 碰撞：与建筑物、管道、堆积物及其他车辆之间的碰撞。

(d) 楼板缺陷：楼板不牢固或承载能力不够。在使用车辆时，应查明楼板的承重能力(地面层除外)。

(e) 载物失落：如果设备不合适，会造成载荷从叉车上滑落的现象。

(f) 爆炸及燃烧：电缆线短路、油管破裂、粉尘堆积或电池充电时产生氢气等情况下都有可能导致爆炸及燃烧。运载车辆在运送可燃气体时，本身也有可能成为着火源。

(g) 乘员：在没有乘椅及相应设施时，不应载有乘员。

c. 传送设备。最常用的传送设备有胶带输送机、滚轴和齿轮传送装置，对其主要识别以下危险、有害因素：

(a) 夹钳：肢体被夹入运动的装置中。

(b) 擦伤：肢体与运动部件接触而被擦伤。

(c) 卷入伤害：肢体绊卷到机器轮子、带子之中。

(d) 撞击伤害：不正确的操作或者物料高空坠落造成的伤害。

⑤ 锅炉及压力容器的危险、有害因素识别

a. 锅炉及压力容器的分类。锅炉及压力容器是广泛用于工业生产、公用事业和人民生活的承压设备，包括锅炉、压力容器、有机载热体炉和压力管道。我国政府将锅炉、压力容器、有机载热体炉和压力管道等定为特种设备，即在安全上有特殊要求的设备。为了确保特种设备的使用安全，国家对其设计、制造、安装和使用等各环节实行国家劳动安全监察。

(a) 锅炉及有机载热体炉：都是一种能量转换设备。其功能是用燃料燃烧(或其他方式)释放的热能加热给水或有机载热体，以获得规定参数和品质的蒸汽、热水或热油等。锅炉的分类方法较多，按用途可分为工业锅炉、电站锅炉、船舶锅炉、机车锅炉等；按出口工作压力的大小可分为低压锅炉、中压锅炉、高压锅炉、超高压锅炉、亚临界压力锅炉和超临界压力锅炉。

(b) 压力容器：广义上的压力容器就是承受压力的密闭容器，因此广义上的压力容器包括压力锅、各类储罐、压缩机、航天器、核反应罐、锅炉和有机载热体炉等。但为了安全管理上的便利，往往对压力容器的范围加以界定。在《特种设备安全监察条例》(国务院令373号)中规定：最高工作压力大于或等于0.1 MPa，容积大于或等于25 L，且最高工作压力与容积的乘积不小于20 MPa·L的容器为压力容器。因此，狭义的压力容器不仅不包括压力很小、容积很小的容器，也不包括锅炉、有机载热体炉、核工业和军事上的一些特殊容器。压力容器的分类方法也很多，按设计压力的大小分为常压容器、低压容器、中压容器、高压容器和超高压容器；根据安全监察的需要分为第一类压力容器、第二类压力容器和第三类压力容器。

(c) 压力管道:是在生产、生活中使用,用于输送介质,可能引起燃烧、爆炸或中毒等危险性较大的管道。压力管道的分类方法也较多,按设计压力的大小分为真空管道、低压管道、中压管道和高压管道;从安全监察的需要分为工业管道、公用管道和长输管道。

b. 锅炉与压力容器危险、有害因素及其辨识。对于锅炉与压力容器,主要从以下几个方面对危险、有害因素进行识别:

(a) 锅炉压力容器内具有一定温度的带压工作介质是否失效。

(b) 承压元件是否失效。

(c) 安全保护装置是否失效。

由于安全防护装置失效或(和)承压元件的失效,锅炉压力容器内的工作介质失控,从而导致事故的发生。

常见的锅炉压力容器失效有泄漏和破裂爆炸。所谓泄漏是指工作介质从承压元件内向外漏出或其他物质由外部进入承压元件内部的现象。如果漏出的物质是易燃、易爆、有毒物质,不仅可以造成热(冷)伤害,还可能引发火灾、爆炸、中毒、腐蚀或环境污染。破裂爆炸是承压元件出现裂缝、开裂或破碎现象。承压元件最常见的破裂形式有韧性破裂、脆性破裂、疲劳破裂、腐蚀破裂和蠕变破裂等。

⑥ 登高装置的危险、有害因素识别

a. 登高装置的危险、有害因素。主要的登高装置有梯子、活梯、活动架、脚手架(通用的或塔式的)、吊笼、吊椅、升降工作平台、动力工作平台,其主要有以下危险、有害因素:

(a) 登高装置自身结构方面的设计缺陷。

(b) 支撑基础下沉或毁坏。

(c) 不恰当地选择了不够安全的作业方法。

(d) 悬挂系统结构失效。

(e) 因承载超重而使结构损坏。

(f) 因安装、检查、维护不当而造成结构失效。

(g) 因为不平衡造成的结构失效。

(h) 所选设施的高度及臂长不能满足要求而超限使用。

(i) 由于使用错误或者理解错误而造成的不稳。

(j) 负载爬高。

(k) 攀登方式不对或脚上穿着物不合适、不清洁造成跌落。

(l) 未经批准使用或更改作业设备。

(m) 与障碍物或建筑物碰撞。

(n) 电动、液压系统失效。

(o) 运动部件卡住。

b. 登高装置危险、有害因素识别方法。下面选择几种装置说明危险、有害因素识别,其他有关装置的危险、有害因素识别可查阅相关的标准规定。

——梯子。

(a) 首先,要考虑有没有更加稳定的其他代用方法。其次,要考虑工作的性质、持续的时间及作业高度,如何才能达到作业高度,在作业高度上需要何种装备及材料,作业的角度及立脚的空间以及梯子的类型及结构是否合理。

(b) 用肉眼检查梯子是否完好而且不滑。

(c) 在高度不及 5 m 且需要用登高设备时，由一个人检查梯子顶部的防滑保障设施，由另一人检查梯子底部或腿的防滑措施。

(d) 是否能够保证由梯子登上作业平台时或者到达作业点时其踏脚板与作业点的高度相同，而梯子是否至少高过这一点 1 m(除非有另外的扶手)。

(e) 是否每间隔 9 m 设有一个可供休息的立足点。

(f) 梯子的立足角是否大致为 75°(相当于水平及垂直长度的比例为 1∶4)。

(g) 梯子竖框是否平衡，其上、下两方的支持是否合适。

(h) 是否对梯子定期进行检查，除了标志处，是否还有喷漆之处。

(i) 不能修复后再使用的梯子应当销毁。

(j) 金属的(或木头已湿的)梯子导电，不应当将其置于或者拿到靠近动力线的地方。

——通用脚手架。脚手架有 3 种主要类型，其结构是由钢管或其他型材制作成。这 3 种类型分别是：独立扎起的脚手架，它是一个临时性的结构，与它所靠近的结构之间是独立的，如系于另一个结构也仅是为了增加其稳定性；要依靠建筑物(通常是正在施工的建筑物)来提供结构支撑的脚手架；鸟笼状的脚手架，它是一个独立的结构，空间较大，有一个单独的工作平台，通常是用于内部工作的。

安装及使用通用脚手架时，主要从以下几个方面考虑危险、有害因素：

(a) 设计的机构能否保证其承载能力。

(b) 基础能否保证承担所加的载荷。

(c) 脚手架结构元件的质量及保养情况是否良好。

(d) 脚手架的安装是否由有资格的人或者是在其主持下完成的，是否其安装与设计相一致、设计与要求的负载相一致，符合有关标准。

(e) 是否所有的工作平台铺设完整的地板；在平台的边缘是否有扶手、防护网或者其他防止坠落的保护措施；是否能够防止人员或物料从平台上落下。

(f) 是否提供合适的、安全的方法，使人员、物料等到达工作平台。

(g) 所有置于工作平台上的物料是否安全堆放，且不超载。

(h) 对于已完成的结构，是否未经允许就改动。

(i) 对结构是否有检查，首次检查是在建好之后，然后是在适当的时间间隔内，通常是周检；检查的详情是否有记录并予以保存。

——升降工作平台。一般来说，此类设施由 3 个部分组成：柱或塔，用来支持平台或箱体；平台，用来载人或设备；底盘，用来支持塔或柱。

升降工作平台在安装及使用时主要从以下几个方面识别危险、有害因素：

(a) 未经培训的人员不得安装、使用或拆卸设备。

(b) 要按照制造商的说明来检查、维护及保养设备。

(c) 要有水平的、坚实的基础面，在有外支架时，在测试及使用前，外支架要伸开。

(d) 只有经过认证的人员才能从事维修及调试工作。

(e) 设备的安全工作载荷要清楚标明在操作人员容易看见的地方，不允许超载。

(f) 仅当有足够空间时，才能启动升降索。

(g) 作业平台四周应有防护栏，并提供适当的进出装置。

(h) 只能因紧急情况而不是工作目的来使用应急系统。

(i) 使用地面围栏，禁止未经批准人员进入作业区。

(j) 要防止接触过顶动力线，为此要事先检查，并与其保持规定的距离。

2）作业环境的危险、有害因素辨识

作业环境中的危险、有害因素主要有危险物品、工业噪声与振动、温度与湿度和辐射等。

(1) 危险物品的危险、有害因素辨识

生产中的原料、材料、半成品、中间产品、副产品以及储运中的物质分别以气、液、固态存在，危险物品的危险、有害因素应从其理化性质、稳定性、化学反应活性、燃烧及爆炸特性、毒性及健康危害等方面进行分析与识别。乙烷的危险、有害因素识别见表 3-1。

表 3-1　　乙烷的特性

标识	英文名:Ethane	分子式:C_2H_6	分子量:30.07	
	危险货物编号:21009	UN 编号:1035		
	RTECS 号:KH3800000	IMDG 规则页码:	CAS 号:74-84-0	
理化性质	外观与性状:无色无臭气体			
	熔点:−183.3 ℃		相对空气密度:1.04	
	沸点:−88.6 ℃		临界温度:32.2 ℃	
	相对水的密度:0.45(−88 ℃)		临界压力:4.87 MPa	
	饱和蒸气压:53.32 kPa(−99.7 ℃)		燃烧热:1 558.3 kJ/mol	
	最小引燃能量:0.25 mJ			
	溶解性	微溶于水，溶于乙醇、乙醚、苯		
毒性及健康危害	接触限值	中国 MAC:未制定标准	美国 TLV-TWA:未制定标准	
		苏联 MAC:300 mg/m³	美国 TLV-STEL:未制定标准	
	侵入途径:吸入		毒性:无资料	
	健康危害	空气中乙烷浓度过高，使人窒息，当空气中浓度大于 6%时，出现眩晕、轻度恶心、麻醉症状，浓度达到 40%以上时，可引起惊厥甚至窒息死亡；小于 5%时，不致引起全身症状		
燃烧爆炸危险性	燃烧性:易燃		闪点:小于−50 ℃	
	燃温度:472 ℃		爆炸极限:3.0%～16.0%	
	危险特性:与空气形成爆炸性混合物，遇到明火、高热引起燃烧爆炸，与氟氯等能发生剧烈反应			
	燃烧分解产物:一氧化碳、二氧化碳			
	稳定性:稳定			
	聚合危害:不会出现			
	禁忌物:强氧化剂、卤素			
	灭火方法:切断气源。若不能切断气源，则不允许熄灭正在燃烧的气体，需对容器喷水冷却，可用雾状水、泡沫、二氧化碳、干粉灭火			

危险物品的物质特性可从危险化学品安全技术说明书中获取。危险化学品安全技术说明书主要由“成分/组成信息、危险性概述、理化特性、毒理学资料、稳定性和反应活性”等16项内容构成。

进行危险物品的危险、有害性识别与分析时，危险物品分为以下10类：

① 易燃、易爆物质：引燃、引爆后在短时间内释放出大量能量的物质，由于其具有迅速释放能量的能力而产生危害，或者是因其爆炸或燃烧而产生的物质造成危害（如有机溶剂）。

② 有害物质：人体通过皮肤接触或吸入、咽下后，对健康产生危害的物质。

③ 刺激性物质：对皮肤及呼吸道有不良影响（如丙烯酸酯）的物质。有些人对刺激性物质反应强烈，且可引起过敏反应。

④ 腐蚀性物质：用化学的方式伤害人身及材料的物质（如强酸、碱）。

腐蚀性物质的危险有害性包括两个方面：一是对人的化学灼伤，腐蚀性物质作用于皮肤、眼睛或进入呼吸系统、食道而引起表皮组织破坏，甚至死亡；二是腐蚀性物质作用于物质表面，如设备、管道、容器等而造成腐蚀、损坏。

腐蚀性物质可分为无机酸、有机酸、无机碱、有机碱、其他有机和无机腐蚀物质等五类。腐蚀的种类则包括电化学腐蚀和化学腐蚀两大类。

腐蚀的危险与有害因素主要包括以下4类：

a. 腐蚀造成管道、容器、设备、连接部件等损坏，轻则造成跑、冒、滴、漏，易燃易爆及毒性物质缓慢泄漏，重则由于设备强度降低发生破裂，造成易燃易爆及毒性物质大量泄漏，导致火灾爆炸或急性中毒事故的发生。

b. 腐蚀使电气仪表受损，动作失灵，使绝缘损坏，造成短路，产生电火花导致事故发生。

c. 腐蚀性介质对厂房建筑、基础、构架等会造成损坏，严重时可发生厂房倒塌事故。

d. 当腐蚀发生在内部表面时，肉眼不能发现，会形成更大的隐患。例如，石油化工设备由于测厚漏项，因而造成设备或管道破裂导致火灾爆炸事故的发生。

⑤ 有毒物质：以不同形式干扰、妨碍人体正常功能的物质，它们可能加重器官（如肝脏、肾）的负担，如氯化物溶剂及重金属（如铅）。

a. 毒物：是指以较小剂量作用于生物体，即能使生物体的生理功能或机体正常结构发生暂时性或永久性病理改变甚至死亡的物质。毒性物质的毒性与物质的溶解度、挥发性和化学结构等有关。一般而言，溶解度越大，其毒性越大，因其进入体内溶于体液、血液、淋巴液、脂肪及类脂质的数量多、浓度大，生化反应强烈所致；挥发性强的毒物挥发到空气中的分子数多，浓度高，与身体表面接触或进入人体的毒物数量多，毒性大；物质分子结构与其毒性也存在一定关系，如脂肪族烃系列中碳原子数越多，毒性越大；含有不饱和键的化合物化学流行性（毒性）较大。

b. 工业毒物：工业毒物按化学性质分类，这在物质危险识别过程中是经常采用的分类方法。工业毒物的基本特性可以查阅相应的危险化学品安全技术说明书。

工业毒物的危害程度在《职业性接触毒物危害程度分级》（GB 5044—85）中分为：Ⅰ级为极度危害；Ⅱ级为高度危害；Ⅲ级为中度危害；Ⅳ级为轻度危害。

列入我国国家标准中的常见毒物有56种，其中Ⅰ级13种，Ⅱ级26种，Ⅲ级12种，Ⅳ级5种。

工业毒物危害程度分级标准是以急性毒性、急性中毒发病情况、慢性中毒患病情况、慢性中毒后果、致癌性和最高容许浓度等6项指标为基础的定级标准。

c. 335种剧毒化学品：国家安全生产监督管理总局、工业和信息化部、公安部、环境保护部、交通运输部、农业部、国家卫生和计划生育委员会、国家质量监督检验检疫总局、国家铁路局、中国民用航空局于2015年2月27日联合公告了2015年第5号《危险化学品目录》(2015年版)，共收录了335种剧毒化学品。

⑥ 致癌、致突变及致畸物质：阻碍人体细胞的正常发育生长，致癌物造成或促使不良细胞(如癌细胞)的发育，造成非正常胎儿的生长，产生死婴或先天缺陷；致突变物质干扰细胞发育，造成后代的变化。

⑦ 造成缺氧的物质：蒸气或其他气体，造成空气中氧气成分的减少或者阻碍人体有效地吸收氧气(如二氧化碳、一氧化碳及氰化氢)。

⑧ 麻醉物质：如有机溶剂等，麻醉作用使脑功能下降。

⑨ 氧化剂：在与其他物质尤其是易燃物接触时导致放热反应的物质。

《常用危险化学品的分类及标志》(GB 13690—2009)将145种常用的危险化学品分为爆炸品、压缩气体和液化气体、易燃液体、易燃固体(含自燃物品)和遇湿易燃物品、氧化剂和有机过氧化物、有毒品、放射性物品、腐蚀品等8类。

⑩ 生产性粉尘：主要产生在开采、破碎、粉碎、筛分、包装、配料、混合、搅拌、散粉装卸及输送除尘等生产过程中的粉尘。

生产过程中，如果在粉尘作业环境中长时间工作吸入粉尘，就会引起肺部组织纤维化、硬化，丧失呼吸功能，导致肺病。尘肺病是无法治愈的职业病；粉尘还会引起刺激性疾病、急性中毒或癌症；爆炸性粉尘在空气中达到一定的浓度(爆炸下限浓度)时，遇火源会发生爆炸。

生产性粉尘危险、危害因素辨识包括以下内容：

a. 根据工艺、设备、物料、操作条件，分析可能产生的粉尘种类和部位。

b. 用已经投产的同类生产厂、作业岗位的检测数据或模拟实验测试数据进行类比识别。

c. 分析粉尘产生的原因、粉尘扩散传播的途径、作业时间、粉尘特性，确定其危害方式和危害范围。

d. 分析是否具备形成爆炸性粉尘的环境及其爆炸条件。

爆炸性粉尘属于生产性粉尘，其危险性主要表现为以下几个方面：

a. 与气体爆炸相比，其燃烧速度和爆炸压力均较低，但因其燃烧时间长、产生能量大，所以破坏力和损害程度大。

b. 爆炸时粒子一边燃烧、一边飞散，可使可燃物局部严重碳化，造成人员严重烧伤。

c. 最初的局部爆炸发生之后，会扬起周围的粉尘，继而引起二次爆炸、三次爆炸，扩大伤害。

d. 与气体爆炸相比，易于造成不完全燃烧，从而使人发生一氧化碳中毒。

(2) 工业噪声与振动的危险、有害因素辨识

噪声能引起职业性噪声聋或引起神经衰弱、心血管疾病及消化系统等疾病的高发，会使操作人员的失误率上升，严重的会导致事故发生。

工业噪声可以分为机械噪声、空气动力性噪声和电磁噪声等3类。

噪声危害的识别主要根据已掌握的机械设备或作业场所的噪声确定噪声源、声级和频率。

振动危害有全身振动和局部振动,可导致中枢神经、自主神经功能紊乱、血压升高,也会导致设备、部件的损坏。

振动危害的识别则应先找出产生振动的设备,然后根据国家标准,参照类比资料确定振动的危害程度。

(3) 温度与湿度的危险、有害因素辨识

① 温度、湿度的危险、危害。温度、湿度的危险、危害主要表现为以下几种情况:

a. 高温除能造成灼伤外,高温、高湿环境可影响劳动者的体温调节、水盐代谢及循环系统、消化系统、泌尿系统等。当劳动者的热调节发生障碍时,轻者影响劳动能力,重者可引起其他病变,如中暑。劳动者水盐代谢的失衡,可导致血液浓缩、尿液浓缩、尿量减少,这样就增加了心脏和肾脏的负担,严重时引起循环衰竭和热痉挛。在比较分析中发现,高温作业工人的高血压发病率较高,而且随着工龄的增加而增加。高温还可以抑制人的中枢神经系统,使工人在操作过程中注意力分散等,有导致工伤事故的危险。低温可引起冻伤。

b. 温度急剧变化时,因热胀冷缩,造成材料变形或热应力过大,会导致材料破坏,在低温下金属会发生晶型转变,甚至引起破裂而引发事故。

c. 高温、高湿环境会加速材料的腐蚀。

d. 高温环境可使火灾危险性增大。

② 生产性热源。生产性热源主要有以下几种:

a. 工业炉窑,如冶炼炉、焦炉、加热炉、锅炉等。

b. 电热设备,如电阻炉、工频炉等。

c. 高温工件(如铸锻件)、高温液体(如导热油、热水)等。

d. 高温气体,如蒸汽、热风、热烟气等。

③ 温度、湿度危险、危害因素的辨识方法。温度、湿度危险、危害因素的辨识应主要从以下几个方面进行:

a. 了解生产过程的热源、发热量、表面绝热层的有无、表面温度、与操作者的接触距离等情况。

b. 是否采取了防灼伤、防暑、防冻措施,是否采取了空调措施。

c. 是否采取了通风(包括全面通风和局部通风)换气措施,是否有作业环境温度、湿度的自动调节、控制。

(4) 辐射的危险、有害因素辨识

随着科学技术的进步,在化学反应、金属加工、医疗设备、测量与控制等领域,接触和使用各种辐射能的场合越来越多,存在着一定的辐射危害。辐射主要分为电离辐射(如 α 粒子、β 粒子、γ 粒子和中子、X 粒子)和非电离辐射(如紫外线、射频电磁波、微波等)两类。

电离辐射伤害则由 α、β、X、γ 粒子和中子极高剂量的放射性作用所造成。

射频辐射危害主要表现为射频致热效应和非致热效应两个方面。

3) 与手工操作有关的危险、有害因素辨识

在从事手工操作,搬、举、推、拉及运送重物时,有可能导致的伤害有:椎间盘损伤,韧带或筋损伤,肌肉损伤,神经损伤,挫伤、擦伤、割伤等。其危险、有害因素辨识分述如下:

(1) 远离身体躯干拿取或操纵重物。

(2) 超负荷推、拉重物。

(3) 不良的身体运动或工作姿势,尤其是躯干扭转、弯曲、伸展取东西。

(4) 超负荷的负重运动,尤其是举起或搬下重物的距离过长,搬运重物的距离过长。

(5) 负荷有突然运动的风险。

(6) 手工操作的时间及频率不合理。

(7) 没有足够的休息及恢复体力的时间。

(8) 工作的节奏及速度安排不合理。

4) 运输过程的危险、有害因素辨识

原料、半成品及成品的储存和运输是企业生产不可缺少的环节。这些物质中,有不少是易燃、可燃等危险品,一旦发生事故,必然造成重大的经济损失。

危险化学品包括爆炸品、压缩气体和液化气体、易燃液体、易燃固体、自燃物品和遇湿易燃物品、氧化剂、有机过氧化物、有毒品和腐蚀品等,其危险、有害因素辨识分述如下。

(1) 爆炸品的危险性及其储运危险因素辨识

① 爆炸品的危险特性:

a. 敏感易爆性。通常能引起爆炸品爆炸的外界作用有热、机械撞击、摩擦、冲击波、爆轰波、光、电等。某一爆炸品的起爆能越小,则敏感度越高,其危险性也就越大。

b. 遇热危险性。爆炸品遇热达到一定的温度即自行着火爆炸。一般爆炸品的起爆温度较低,如雷汞为165 ℃,苦味酸为200 ℃。

c. 机械作用危险性。爆炸品受到撞击、震动、摩擦等机械作用时就会爆炸着火。

d. 静电火花危险性。爆炸品是电的不良导体。在包装、运输过程中容易产生静电,一旦发生静电放电,便会引起爆炸。

e. 火灾危险性。绝大多数爆炸都伴有燃烧。爆炸时可形成数千摄氏度的高温,会造成重大火灾。

f. 毒害性。绝大多数爆炸品爆炸时会产生CO、CO_2、NO、NO_2、HCN、N_2等有毒或窒息性气体,从而引起人体中毒、窒息。

② 爆炸品储运危险因素辨识。爆炸品储运危险因素主要根据以下几个方面进行辨识:

a. 从单个仓库中最大允许储存量的要求进行识别。

b. 从分类存放的要求方面去识别。

c. 从装卸作业是否具备安全条件的要求去识别。

d. 从铁路运输的安全要求是否具备进行识别。

e. 从公路运输的安全条件是否具备进行识别。

f. 从水上运输的安全条件是否具备进行识别。

g. 从爆炸品储运作业人员是否具备资质、知识进行识别。

(2) 易燃液体分类及其储运危险因素辨识

① 易燃液体的分类

a. 根据易燃液体的储运特点和火灾危险性的大小,《建筑设计防火规范》(GB 50016—2014)将其分为甲、乙、丙3类:甲类,闪点<28 ℃;乙类,28 ℃≤闪点<60 ℃;丙类,闪点≥60 ℃。

b. 根据易燃液体闪点高低，依据《危险货物分类和品名编号》(GB 6944—2012)将易燃液体分为 3 类。

第 1 类：低闪点液体，闪点＜－18 ℃；

第 2 类：中闪点液体，－18 ℃≤闪点＜23 ℃；

第 3 类：高闪点液体，闪点≥23 ℃。

② 易燃液体的危险特性

a. 易燃性。闪点越低，越容易点燃，火灾危险性就越大。

b. 易产生静电。易燃液体中多数都是电解质，电阻率高，易产生静电积聚，火灾危险性较大。

c. 流动扩散性。

③ 易燃液体储运危险因素辨识

a. 整装易燃液体的储存危险从以下两个方面识别：

(a) 从易燃液体的储存状况、技术条件方面去识别其危险性；

(b) 从易燃液体储罐区、堆垛的防火要求方面去识别其危险性。

b. 散装易燃液体储存危险识别：宜从防泄漏、防流散、防静电、防雷击、防腐蚀、装卸操作、管理等方面识别其危险性。

c. 整装易燃液体运输危险识别：主要识别装卸作业中的危险、公路运输中的危险、铁路运输中的危险、水路运输中的危险等 4 类。

其中，整装易燃液体水路运输危险主要应从装载量、配装位置、桶与桶之间、桶与舱板和舱壁之间的安全要求方面进行识别。

(3) 易燃物品分类及其储运危险因素辨识

① 易燃物品的分类。易燃物品包括易燃固体、自燃物品及遇湿易燃物品。其易燃固体种类繁多、数量极大，根据其燃点的高低分为易燃固体和可燃固体。自燃物品根据氧化反应速度和危险性大小分为一级自燃物品和二级自燃物品。遇湿易燃物品按其遇水受潮后发生化学反应的激烈程度、产生可燃气体和放出热量的多少，分为一级遇湿易燃物品和二级遇湿易燃物品。

② 易燃物品的危险特性

a. 易燃固体的危险特性表现为：燃点低；与氧化剂作用易燃易爆；与强酸作用易燃易爆；受摩擦撞击易燃；本身或其燃烧产物有毒；阴燃性。

b. 自燃物品不需外界火源，会在常温空气中由物质自发的物理和化学作用放出热量，如果散热受到阻碍，就会蓄积而导致温度升高，达到自燃点而引起燃烧。其自行的放热方式有氧化热、分解热、水解热、聚合热、发酵热等。

c. 遇湿易燃物品的危险特性表现为：

(a) 活泼金属及合金类、金属氢化物类、硼氢化物类、金属粉末类的物品遇湿反应剧烈放出 H_2 和大量热，致使 H_2 燃烧爆炸；

(b) 金属碳化物类、有机金属化合物类如 K_4C，Na_4C，Ca_2C，AlC_3 等遇湿会放出 C_2H_2，CH_4 等极易着火爆炸的物质；

(c) 金属磷化物与水作用会生成易燃、易爆、有毒的 PH_3；

(d) 金属硫化物遇湿会生成有毒、可燃的 H_2S 气体；

(e) 生石灰、无水氯化铝、过氧化钠、苛性钠、发烟硫酸、氯磺酸、三氯化磷等遇水会放出大量热，会将邻近可燃物引燃。

(4) 毒害品分类及其储运危险因素辨识

① 毒害品的分类

a. 无机剧毒、有毒物品，包括：氰及其化合物，如 KCN，NaCN 等；砷及其化合物，如 As_2O_3 等；硒及其化合物，如 SeO_2 等；汞、锑、铍、氟、铯、铅、钡、磷、碲及其化合物。

b. 有机剧毒、有毒物品，包括：卤代烃及其卤化物类，如氯乙醇、二氯甲烷等；有机金属化合物类，如二乙基汞、四乙基铅等；有机磷、硫、砷及腈胺等化合物类，如对硫磷、丁腈等；某些芳香环、稠环及杂环化合物类，如硝基苯、糠醛等；天然有机毒品类，如鸦片、尼古丁等；其他有毒品，如硫酸二甲酯、正硅酸甲酯等。

② 毒害品的危险特性。毒害品主要包括以下特性：

a. 氧化性。在无机有毒物品中，汞和铅的氧化物大都具有氧化性，与还原性强的物质接触，易引起燃烧爆炸，并产生毒性极强的气体。

b. 遇水、遇酸分解性。大多数毒害品遇酸或酸雾分解并放出有毒的气体，有的气体还具有易燃和自燃危险性，有的甚至遇水会发生爆炸。

c. 遇高热、明火、撞击会发生燃烧爆炸。芳香族的二硝基氯化物、萘酚、酚钠等化合物遇高热、撞击等都可能引起爆炸并分解出有毒气体，遇明火会发生燃烧爆炸。

d. 闪点低、易燃。目前列入危险品的毒害品共 536 种，有火灾危险的为 476 种，占总数的 89%，而其中易燃烧液体为 236 种，有的闪点极低。

e. 遇氧化剂发生燃烧爆炸。大多数有火灾危险的毒害品遇氧化剂都能发生反应，此时遇火就会发生燃烧爆炸。

③ 毒害品的储存危险因素辨识。毒害品的储存危险因素主要从以下 4 个方面识别：

a. 储存技术条件方面的危险因素包括：是否针对毒害品具有的危险特性，如易燃性、腐蚀性、挥发性、遇湿反应性等采取相应的措施；是否采取分离储存、隔开储存和隔离储存的措施；毒害品包装及封口方面的泄漏危险；储存温度、湿度方面的危险；操作人员作业中失误等危险因素；作业环境空气中有毒物品浓度方面的危险。

b. 储存毒害物品库房的危险因素包括：防火间距方面的危险因素；耐火等级方面的危险因素；防爆措施方面的危险因素；潮湿的危险因素；腐蚀的危险因素；疏散的危险因素。

c. 占地面积与火灾危险等级要求方面的危险因素。

④ 毒害品运输危险因素辨识。毒害品运输危险因素主要从以下几个方面进行识别：

a. 毒害品配装原则方面的危险因素。

b. 毒害品公路运输方面的危险因素。

c. 毒害品铁路运输方面的危险因素。其中包括：溜放的危险；连挂时的速度的危险；编组中的危险。

d. 毒害品水路运输方面的危险因素。其中包括：装载位置方面的危险；容器封口的危险；易燃毒害品的火灾危险。

5）建筑和拆除过程的危险、有害因素辨识

(1) 建筑过程的危险、有害因素辨识

建筑过程中的危险、有害因素集中于“四害”，即高处坠落、物体打击、机械伤害和触电伤害。建筑行业还存在职业卫生问题。首先是尘肺病，此外还有因寒冷、潮湿的工作环境导致的早衰、短寿，因过热气候、长期户外工作导致的皮肤癌，因重复的手工操作过多导致的外伤，以及因噪声造成的听力损失。

(2) 拆除过程的危险、有害因素辨识

在拆除过程中的危险、有害因素是指建筑物、构筑物过早倒塌以及从工作地点和进入通道上坠落，其根本原因是工作不按严格、适用的计划和程序进行。

6）矿山作业的危险、有害因素辨识

由于开采方式和开采矿石性质的不同，矿山作业的危害有很大差异。一般按开采方式和开采矿石性质的不同，将矿山分为4类：煤矿井、非煤矿井、露天煤矿和非煤露天矿。煤矿井的井下作业是最危险的作业之一，煤矿井是施工作业最复杂、危险因素最多的作业场所。

采矿业中事故的普遍性和严重性随矿物的性质和类型而异。采煤业死亡事故的发生率大大高于其他矿业，采煤业的伤害率也显著高于其他采矿业。在同一采矿业中，地下采矿的事故率比地面露天开采要高，地下开采的死亡和非死亡事故率一般比地面或露天开采高1～2倍。

在矿山作业中5类最常见的危险、有害因素依次为：材料搬运、人员滑跌或坠落、机械设备、拖曳和运输、坍塌和滑坡。这5类危险、有害因素占全部危险、有害因素的80%，其余20%的危险、有害因素主要是矿井火灾、瓦斯或粉尘爆炸、水危害、炸药和爆破事故、中毒和窒息等。

(1) 材料搬运

工人在移动、提举、搬运、装载和存放材料、供应品、矿石或废料时发生的事故，主要是使用不安全的工作方法和判断失误引起的。对工人加强安全培训和教育，使用正确的提举、装载和搬运技术，是防止此类作业事故发生的最有效方法。在地下矿井、地面矿场以及选矿厂中，搬运事故是最容易发生的事故之一。

在矿山作业中，特别容易发生材料运输事故的作业有：井下的巷道支护及支护拆除作业，井下的工作面支护和支护拆除作业，材料、矿石的装卸作业，材料、矿石的运输作业，掘进作业，开采作业，狭窄空间的其他作业。

(2) 人员滑跌或坠落

人员滑跌或坠落也是采矿业中容易发生的事故之一。进行作业安全教育，检查作业场所的管理和防护措施等情况，是防止此类事故发生的重要手段。容易发生人员滑跌和坠落的场所主要有：露天矿山的台阶，立井或斜井的人行道，立井或斜井的平台，露天矿山的行人坡道，积水的采掘工作面，倾角较大的采掘工作面。

(3) 机械伤害

在操作机器、移动设备、用机械运输、在机械周围工作时发生的事故占伤残事故的第三位，这类事故既普遍又严重。随着采矿工业机械化程度的提高，特别是大型和重型机械进入采矿场所，机械对其操作和周围人员伤害的可能性在增大。因此，对工人进行细致的操作规程培训，使他们获得必要的能力和树立安全意识，自觉遵守作业操作规程，是非常必要的。同时，进行必要的技术检查和维护，以确保任何外露的转动部件都得到妥善的防护、机械的任何部分完好无缺陷，也是预防该类事故发生的必要手段。

(4) 拖曳伤害

在各类运输设备上都可能发生拖曳伤害，如胶带输送机、链条输送机、轨道矿车、提升运输机、卡车和其他车辆等。对工人进行安全运输作业教育，以及对设备进行彻底的检查和维修，都是控制这类危险所必需的。

(5) 岩层坍塌

岩层坍塌包括巷道的片帮和冒顶、露天工作面的片帮、矿井工作面的片帮和冒顶、露天的滑坡等。

片帮和冒顶是地下开采中最严重的事故,也是最普遍的事故之一。片帮和滑坡事故也发生在露天矿场和采石场。在选择井下硐室或巷道的顶板和侧壁的支护材料时,使支护材料具有一定的强度并适应岩石的特性,才能达到控制岩石片帮、冒顶的作用。安全教育、技术检查和安全可靠的井巷支撑施工方法对减少这类事故都是十分重要的。

(6) 瓦斯和粉尘爆炸

在煤炭开采过程中,特别是在井下采煤过程中,易燃和爆炸性煤尘、瓦斯的危害始终存在。瓦斯或煤尘爆炸事故一旦发生,一般会造成灾难性的后果。因此,预防瓦斯和煤尘爆炸事故是十分重要的。

防止瓦斯和煤尘爆炸事故发生的根本措施是:防止瓦斯和煤尘在空气中的浓度达到爆炸极限浓度以及严格控制引爆源。较容易发生瓦斯积聚的场所(地点)主要有:井下采煤工作面的上(下)隅角、高瓦斯煤层的煤巷掘进工作面、井下工作面的采空区、高瓦斯煤层工作面的冒落区、发生瓦斯突出后的瓦斯积聚区、井下独头掘进煤巷工作面、通风不良的井下其他场所、出现逆温气候(气温随高度增加而升高)条件时的深凹露天采煤工作面。

(7) 矿井水灾

水的涌入是井下作业区的灾难性事故,加强井下的探水和堵水、小煤矿及废井的管理和控制是控制这种事故的主要办法。

(8) 爆炸事故

每个矿山都应以国家法规为依据,对炸药制订出妥善的安全规划以及在瓦斯或煤尘危险区域进行爆破时的预防措施。

在潮湿的或含有某种爆炸性气体的环境中使用的电器或电气设备是危险因素,电气设备和装置的设计须符合特殊的安全规定。

(9) 其他危险因素

这包括手工工具使用不当、物件或材料跌落、气焊和电弧焊或切割、酸性或碱性物质的灼伤、飞溅颗粒物等。

7) 生产过程的危险、有害因素辨识

尽管现代生产过程千差万别,但如果能够通过事先对危险、有害因素的辨识,找出可能存在的危险、危害,就能够对所存在的危险、危害采取相应的措施(如修改设计、增加安全设施等),从而可以大大提高生产过程和系统的安全性。

现代科学技术高度发展的今天,由于装置的大型化、过程的自动化,一旦发生事故,后果相当严重。因此,发现问题要比解决问题更重要,亦即在过程的设计阶段就要进行危险、有害性分析,并通过对设计、安装、试车、开车、停车、正常运行、抢修等阶段的危险、有害性分析,识别出生产全过程中的所有危险、有害性,然后研究安全对策措施,这是保证系统安全的重要手段。

在进行危险、有害因素的识别时,要全面、有序地进行识别,防止出现漏项,宜按厂址、总平面布置、道路及运输、建构筑物、生产工艺、物流、主要设备装置、作业环境管理等几个方面进行识别。实际上,识别的过程就是系统安全分析的过程。

(1) 厂址

厂址方面的危险、有害因素,要从厂址的工程地质、地形地貌、水文、气象条件、周围环境、交通运输条件、自然灾害、消防支持等方面进行分析与识别。

(2) 总平面布置

总平面布置方面的危险、有害因素，要从功能分区、防火间距和安全间距、风向、建筑物朝向、危险有害物质设施、动力设施(氧气站、乙炔气站、压缩空气站、锅炉房、液化石油气站等)、道路、储运设施等方面进行分析、识别。

(3) 道路及运输

道路及运输方面的危险、有害因素要从运输、装卸、消防、疏散、人流、物流、平面交叉运输和竖向交叉运输等几个方面进行分析、识别。

(4) 建构筑物

建构筑物方面的危险、有害因素，要从厂房的生产火灾危险性分类、耐火等级、结构、层数、占地面积、防火间距、安全疏散等方面进行分析、识别；要从库房储存物品的火灾危险性分类、耐火等级、结构、层数、占地面积、安全疏散、防火间距等方面进行分析、识别。

(5) 工艺过程

① 对新建、改建、扩建项目设计阶段的危险、有害因素，应从以下 6 个方面进行分析、识别。

a. 对设计阶段是否通过合理的设计尽可能从根本上消除危险、有害因素的发生进行考查。例如，考查是否采用无害化工艺技术，以无害物质代替有害物质并实现过程自动化等，否则就可能存在危险。

b. 当消除危险、有害因素有困难时，对是否采取了预防性技术措施来预防或消除危险、危害的发生进行考查。例如，考查是否设置安全阀、防爆阀(膜)，是否具有有效的卸压面积和可靠的防静电接地、防雷接地、保护接地、漏电保护装置等。

c. 在无法消除危险或危险难以预防的情况下，对是否采取了减少危险、危害的措施进行考查。例如，考查是否设置防火堤、涂防火涂料，是否是敞开或半敞开式的厂房，防火间距、通风是否符合国家标准的要求等，是否以低毒物质代替高毒物质，是否采取了减震、消声和降温措施等。

d. 当在无法消除、预防、减弱危险的情况下，对是否将人员与危险、有害因素隔离等进行考查。例如，考查是否实行遥控，设隔离操作室、安全防护罩、防护屏，配备劳动保护用品等。

e. 当操作者失误或设备运行一旦达到危险状态时，对是否能通过联锁装置来终止危险、危害的发生进行考查。例如，考查是否有锅炉极低水位时停炉联锁和设备光电联锁保护等。

f. 在易发生故障和危险性较大的地方，对是否设置了醒目的安全色、安全标志和声、光警示装置等进行考查。例如，考查厂内铁路或道路交叉路口、危险品库、易燃易爆物质区等是否设置了安全警示标志和装置。

② 对安全现状评价时，可针对行业和专业的特点及行业和专业制定的安全标准、规程进行危险、有害因素分析、识别。

针对行业和专业的特点，利用各行业和专业制定的安全标准、规程，进行危险、有害因素分析、识别。例如，原劳动部曾会同有关部委制定了冶金、电子、化学、机械、石油化工、轻工、塑料、纺织、建筑、水泥、制浆造纸、平板玻璃、电力、石棉、核电站等一系列安全规程、规定，评价人员应依据这些规程、规定，要求对被评价对象可能存在的危险、有害因素进行分析和识别。例如，利用《涂装作业安全规程》《焊接与切割安全》《氯乙烯安全技术规程》《氧气及相关气体安全技术规程》等对相应的被评价对象可能存在的危险、有害因素进行分析和识别。

a. 以化工、石油化工为例，工艺过程的危险、有害性辨识有以下几种情况：

(a) 存在不稳定物质的工艺过程，这些不稳定物质有原料、中间产物、副产物品、添加物或杂质等；

(b) 含有易燃物料而且在高温、高压下运行的工艺过程；

(c) 含有易燃物料而且在冷冻状况下运行的工艺过程；

(d) 在爆炸极限范围内或接近爆炸性混合物的工艺过程；

(e) 有可能形成尘、雾爆炸性混合物的工艺过程；

(f) 有剧毒、高毒物料存在的工艺过程；

(g) 储存压力能量较大的工艺过程。

b. 对于一般的工艺过程，也可以按以下原则进行工艺过程的危险、有害性辨识：

(a) 有能使危险物的良好防护状态遭到破坏或者损害的工艺；

(b) 工艺过程参数(如反应的温度、压力、浓度、流量等)难以严格控制并可能引发事故的工艺；

(c) 工艺过程参数与环境参数具有很大差异，系统内部或者系统与环境之间在能量的控制方面处于严重不平衡状态的工艺；

(d) 一旦脱离防护状态后，会引起或极易引起危险物大量积聚的工艺和生产环境，例如含危险气、液的排放，尘、毒严重的车间内通风不良等；

(e) 有产生电气火花、静电危险性或其他明火作业的工艺，或有炽热物、高温熔融物的危险工艺或生产环境；

(f) 能使设备可靠性降低的工艺过程，例如有低温、高温、振动和循环负荷疲劳影响等；

(g) 存在由于工艺布置不合理较易引发事故的工艺；

(h) 在危险物生产过程中有强烈机械作用影响(如摩擦、冲击、压缩等)的工艺。

容易产生物质混合危险的工艺或者有使危险物出现配伍禁忌可能性的工艺，参见表 3-2～表 3-4。

表 3-2　　混合危险配伍

物质 A	物质 B	可能发生的某些现象	物质 A	物质 B	可能发生的某些现象
氧化剂	可燃物	生成爆炸性混合物	过氧化氢溶液	胺类	爆炸
氯酸盐	酸	混触发火	醚	空气	生成爆炸性的有机过氧化物
亚氯酸盐	酸	混触发火	烯烃	空气	生成爆炸性的有机过氧化物
次氯酸盐	酸	混触发火	氯酸盐	铵盐	生成爆炸性铵盐
铬酸	可燃物	混触发火	亚硝酸盐	铵盐	生成不稳定的铵盐
高锰酸钾	可燃物	混触发火	氯酸钾	红磷	生成对冲击、摩擦敏感的爆炸物
高锰酸钾	浓硫酸	爆炸	乙炔	铜	生成对冲击、摩擦敏感的铜盐
三氯化铁	碱金属	爆炸	苦味酸	铅	生成对冲击、摩擦敏感的铅盐
硝基化合物	碱	生成高感度物质	浓硝酸	胺类	混触发火
亚硝基化物	碱	生成高感度物质	过氧化钠	可燃物	混触发火
碱金属	水	混触发火	亚硝酸	酸	混触发火

表 3-3　　　　会发生激烈反应的不相容配伍

物质 A	物质 B	物质 A	物质 B
醋酸	铬酸、硝酸、含氢氧基的化合物、乙二醇、过氧化物、高锰酸钾	氢氟酸及氟化氢	氨或氨的水溶液
丙酮	浓硝酸和浓硫酸混合物	过氧化氢	铜、铬、铁、大多数金属或它们的盐、任何易燃液体、可燃物、苯胺、硝基甲烷
乙炔	氯、溴、铜、银、氟及汞	硫化氢	发烟硝酸、氧化性气体
碱金属和碱土金属，如钠、钾、锂、镁、钙、铝粉	二氧化碳、四氯化碳及其他烃类氯化物（火场中有物质 A 时禁用水、泡沫及干粉，可用干砂灭火）	碘	乙炔、氨（无水的或水溶液）
无水的氨	汞氯、次氯酸钙、碘、溴和氟	硝基烷烃	无机碱、胺
硝酸铵	酸、金属粉、易燃液体、氯酸盐	草酸	银、汞
苯胺	硝酸、过氧化氢	氧	油、脂、氢、易燃的液体、易燃气体和可硝化物质、纸、破布
氧化钙	水	过氯酸	酸酐、铋及其合金、醇、纸、木、酯、油
溴	氨、乙炔、丁二烯、丁烷和其他石油气、氢、钠的碳化物、松节油、苯及金属粉屑	有机过氧化物	酸（有机或无机），避免摩擦、冷藏
活性炭	次氯酸钙	黄磷	空气、氧
氯酸盐	氨、乙炔	氯酸钾	酸（同氯酸盐）
铬酸和二氧化铬	萘、樟脑、甘油、松节油、醇及其他易燃液体	过氯酸钾	酸（同氯酸盐）
氯	氨、乙炔、丁二烯、丁烷和其他石油气、氢、钠的碳化物、松节油、苯及金属粉屑	高锰酸钾	甘油、乙二醇、苯甲醛、硫酸
二氧化氯	氨、甲烷、磷化氢	银	乙炔、草酸、酒石酸、氨化合物
铜	乙炔、过氧化氢	钠	碱金属
氟	与每种物品隔离	硝酸钠	硝酸铵及其铵盐
联氨	过氧化氢、硝酸、其他氧化剂	过氧化钠	任何可氧化的物质，如乙醇、甲醇、冰醋酸、酸酐、苯甲醛、二硫化碳、甘油、乙二醇、醋酸乙酯
烃（苯、丁烷、丙烷、汽油等）	氟、氯、溴、铬酸、过氧化物	硫酸	氯酸盐、过氯酸盐、高锰酸盐
氢氰酸	硝酸、碱		

表 3-4 混合产生有毒物的不相容配伍

物质 A	物质 B	产生的有毒物	物质 A	物质 B	产生的有毒物
含砷化合物	还原剂	砷化三氢	亚硝酸盐	酸	二氧化氮
叠氮化合物	酸	叠氮化氢	磷	苛性碱或还原剂	磷化氢
氰化物	酸	氰化氢	硒化物	还原剂	硒化氢
硝酸盐	硫酸	二氧化氮	硫化物	酸	硫化氢
次氯酸盐	酸	氯或次氯酸	碲化物	还原剂	碲化氢
硝酸	铜、黄铜、重金属	二氧化氮			

③ 根据典型的单元过程(单元操作)进行危险、有害因素的识别。

典型的单元过程是各行业中具有典型特点的基本过程或基本单元,如化工生产过程的氧化还原、硝化、电解、聚合、催化、裂化、氯化、磺化、重氮化、烷基化等,石油化工生产过程的催化裂化、加氢裂化、加氢精制、乙烯、氯乙烯、丙烯腈、聚氯乙烯等,电力生产过程的锅炉制粉系统、锅炉燃烧系统、锅炉热力系统、锅炉水处理系统、锅炉压力循环系统、汽轮机系统、发电机系统等。

这些单元过程的危险、有害因素已经归纳总结在许多手册、规范、规程和规定中,通过查阅均能得到。这类方法可以使危险、有害因素的识别比较系统,避免遗漏。

单元操作过程中的危险性是由所处理物料的危险性决定的。当处理易燃气体物料时要防止爆炸性混合物的形成,特别是负压状态下的操作,要防止混入空气而形成爆炸性混合物;当处理易燃固体或可燃固体物料时,要防止形成爆炸性粉尘混合物;当处理含有不稳定物质的物料时,要防止不稳定物质的积聚或浓缩。

下列单元操作有使不稳定物质积聚或浓缩的可能:蒸馏、过滤、蒸发、分筛、萃取、结晶、再循环、旋转、回流、凝结、搅拌、升温等。举例如下:

a. 不稳定物质减压蒸馏时,若温度超过某一极限值,有可能发生分解爆炸。

b. 粉末筛分时容易产生静电,而干燥的不稳定物质筛分时,细微粉尘飞扬,可能在某些部位积聚而易发生危险事故。

c. 反应物料循环使用时,可能造成不稳定物质的积聚而使危险性增大。

d. 反应液静置过程中,以不稳定物质为主的相可能分离在上层或下层。不分层时,所含不稳定的物质也有可能在某些部位相对集中。在搅拌含有有机过氧化物等不稳定物质的反应混合物时,如果搅拌停止而处于静置状态,那么所含不稳定物质的溶液就附在壁上,若溶液蒸发,不稳定物质被浓缩,往往会成为自燃的火源。

e. 在大型设备中进行反应,如果含有回流操作时,危险物品有可能在回流操作中被浓缩。

f. 在不稳定物质的合成过程中,搅拌是重要因素。在采用间歇式的反应操作中,化学反应速度很快,在大多数情况下,加料速度与设备的冷却能力是相适应的,这时反应是一种扩散控制,应使加入的原料立刻反应掉。如果搅拌能力差,反应速度慢,加进的原料过剩,造成未反应的部分积蓄在反应系统中,若再强力搅拌,所积存的物料一起反应,使体系的温度急剧上升而造成反应无法控制,导致事故的发生。

g. 使含有不稳定物质的物料升温，则有可能引起突发性放热爆炸。如果在低温下将两种能发生放热反应的液体混合，然后再升温引发反应是很危险的。

3.1.2 危险有害因素的辨识原则和方法

1）危险有害因素辨识的原则

(1) 科学性原则

危险有害因素的辨识是分辨、识别、分析确定系统内存在的危险，而并非研究防止事故发生或控制事故发生的实际措施。它是预测安全状态和事故发生途径的一种手段，这就要求进行危险有害因素辨识必须要有科学的安全理论指导，使之能真正揭示系统安全状况，危险有害因素存在的部位、存在的方式、事故发生的途径及其变化的规律，并予以准确描述，以定性、定量的概念清楚地显示出来，用严密的合乎逻辑的理论予以解释清楚。

(2) 系统性原则

危险有害因素存在于生产活动的各个方面，因此要对系统进行全面、详细的剖析，研究系统和系统及子系统之间的相关和约束关系，分清主要危险有害因素及其相关的危险、有害性。

(3) 全面性原则

辨识危险有害因素时不要发生遗漏，要从厂址、自然条件、总平面布置、建(构)筑物、工艺过程、生产设备装置、特种设备、公用工程、安全管理系统、设施等各方面进行分析、辨识，以免留下隐患。不仅要分析正常生产运转、操作中存在的危险有害因素，还要分析、辨识开车、停车、检修、装置受到破坏及操作失误情况下的危险有害后果。

(4) 预测性原则

对于危险有害因素，还要分析其促发事件，即危险有害因素出现的条件或设想的事故模式和可能出现的各种意外情况。

2）危险有害因素辨识的方法

(1) 经验分析法

直观经验法:适用于有可供参考先例、有以往经验可以借鉴的系统。

① 对照分析法。对照分析法是对照有关标准、法规、检查表或依靠分析人员的观察能力，借助于经验和判断能力，直观地对评价对象的危险因素进行分析的方法。其优点是简便、易行；缺点是容易受到分析人员的经验、知识和占有资料局限等方面的限制。安全检查表是在大量实践经验基础上编制的，具有应用范围广、针对性强、操作性强、形式简单等特点。检查表对危险有害因素的辨识具有极为重要的作用。

② 类比推断法。类比方法是利用相同或类似工程作业条件的经验以及安全的统计来类比推断评价对象的危险有害因素，它也是实践经验的积累和总结。对那些情况相同的企业，它们在事故类别、伤害方式、伤害部位、事故概率等方面极其相近，作业环境的监测数据、尘毒浓度等方面也具有相似性，可遵守相同的规律，这就说明其危险有害因素和导致的后果是完全可以类推的。因此，新建的工程项目可以考虑借鉴现有同类规模和装备水平的同类企业，以此辨识危险和有害因素具有较高的置信度。

③ 专家评议法。专家评议法实质上集合了专家的经验、知识和分析、推理能力，特别是对同类装置进行类比分析、辨识危险有害因素不失为一种好方法。

(2) 系统安全分析方法

系统安全分析方法常用于复杂或没有事故经验的新开发系统，常用的系统安全分析方法有预先危险性分析(PHA)、危险度分析、事件树分析(ETA)、事故树分析(FTA)、材料性质和生产条件分析法。由于事件树、事故树分析法等在第四章已有介绍,此处只简单介绍材料性质和生产条件分析法。

① 了解生产或使用的物料性质。了解生产或使用的物料性质是危险辨识的基础,危险辨识中重点搞清的性质有急性毒性、慢性毒性、致癌性、诱变性、致畸性、反应性、生物退化性、水毒性、环境中的持续性、气味阈值、物理性质、化学性质、稳定性、燃烧性、爆炸性等。

通常制造商和供应商能提供产品特性及物料安全数据表(MSDS),行业、集团或协会也提供安全处置特殊化学品的信息。对毒性物料可参考相关资料。

② 了解生产条件。生产条件也会产生危险或使生产过程中材料的危险性加剧。例如,水仅就其性质来说没有爆炸危险,然而如果生产条件中的温度和压力超过了水的沸点,那么水就有蒸汽爆炸的危险。因此,在危险辨识时需考虑材料性质和生产条件。

3) 危险与有害因素辨识时应注意的问题

危险有害因素辨识应主要注意以下 4 个方面:

(1) 科学、准确、清楚

危险有害因素的辨识是分辨、识别、分析确定系统内存在的危险,而并非研究防止事故发生或控制事故发生的实际措施。它是预测安全状况和事故发生途径的一种手段,这就要求进行危险有害因素辨识必须要有科学的安全理论做指导,使之能真正揭示系统安全状况、危险有害因素存在的部位和方式、事故发生的途径等,对其变化的规律予以准确描述并以定性定量的概念清楚地表示出来,用严密的合乎逻辑的理论予以解释清楚。

(2) 分清主要危险有害因素和相关危险

不同行业的主要危险有害因素不同,同一行业的主要危险有害因素也不完全相同。所以,在进行危险有害因素辨识时,要根据企业的实际情况辨识企业的主要危险有害因素,体现项目的特点,对于其他共性的危险、有害因素可以简单分析。

(3) 防止遗漏

辨识危险有害因素时不要发生遗漏,以免留下隐患;辨识时,不仅要分析正常生产运转、操作中存在的危险有害因素,还要分析、辨识开车、停车、检修、装置受到破坏及操作失误情况下的危险有害后果。

(4) 避免惯性思维

实际上,很多情况下同一危险有害因素由于物理量不同,作用的时间和空间不同,导致的后果也不相同。所以,在进行危险有害因素辨识时应避免惯性思维,坚持实事求是的原则。

3.1.3 重大危险源的识别

1) 重大危险源的分类

重大危险源分类是重大危险源申报、普查的基础,科学、合理的分类有助于客观地反映重大危险源的本质特征,有利于重大危险源普查工作顺利进行。

综合考虑多种因素,重大危险源分类遵循以下原则:从可操作性出发,以重大危险源所处的场所或设备、设施对重大危险源进行分类;再按相似相容原则,依据各大类重大危险源各自的特征有层次地展开。按此原则可将重大危险源分为 7 大类,如图 3-1 所示。

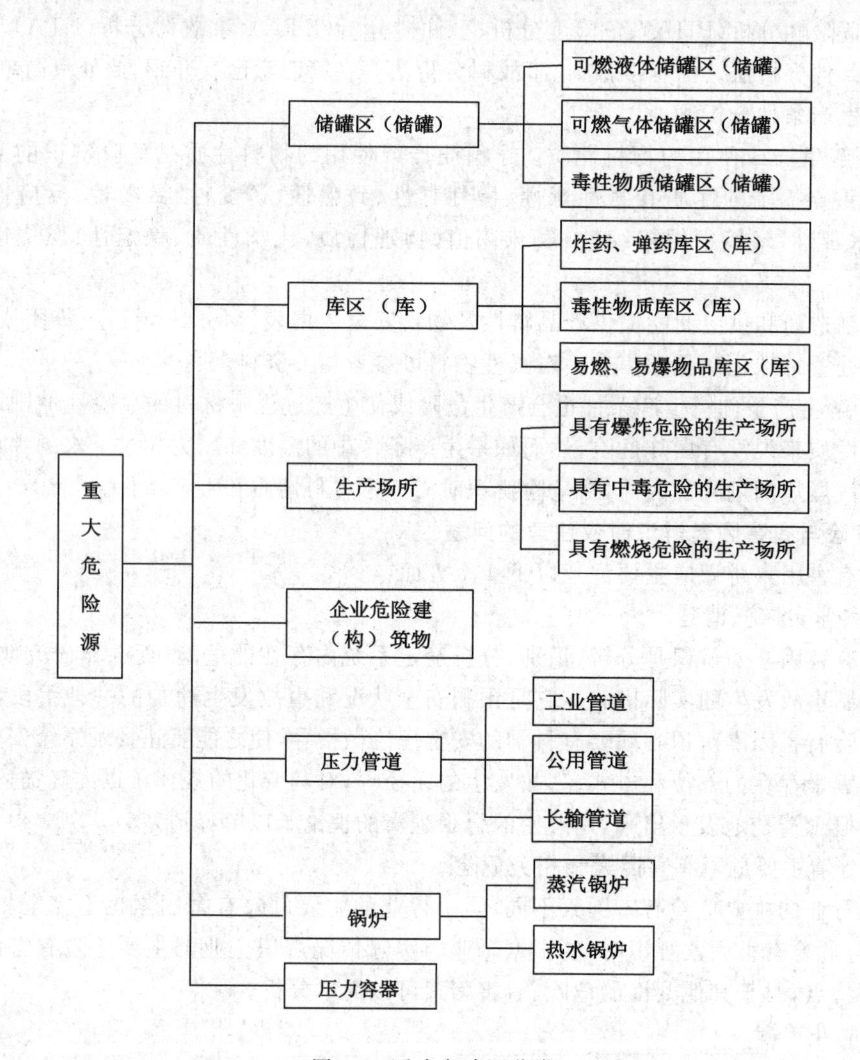

图 3-1 重大危险源分类

2）重大危险源的危险性分级

危险源分级的方法主要有两种：一种是分级的标准不变或分级结果不随参加分级的危险源的数目而变化，称为危险源静态分级方法；另一种是危险源数是可变的或分级的标准是可变的或两者皆可变，称为危险源动态分级方法。这两种分级方法的具体内容如下：

(1) 危险源静态分级主要是以打分方式来进行的，如美国道化学公司的火灾、爆炸指数法，ICI 蒙德火灾、爆炸、毒性指数法，日本化工企业六阶段评价法，以及我国的机械工厂危险程度分级方法、化工厂危险程度分级法、冶金工厂危险程度分级法等。这些危险源受主观因素的影响，不同的人所打出的分数有很大的差异。

(2) 危险源动态分级是按某种原则反复进行分级和修改的，直到分级满足某种规则为止。分级的研究对象是全体同类危险源，其包含的元素数目极大。危险源动态分级的常用方法有具有自组织功能的神经网络方法、DT 动态分级法等。

目前，我国重大危险源的危险性分级尚未制定统一的分级标准，在易燃、易爆、有毒的危险化学品生产场所常见的做法是根据重大危险源的死亡半径将重大危险源划分为四级：一级重大危险源，$R \geqslant 200$ m；二级重大危险源，$100\text{ m} \leqslant R < 200$ m；三级重大危险源，$50\text{ m} \leqslant R < 100$ m；四级重大危险源，$R < 50$ m。其中，R 为重大危险源的死亡半径。

一级重大危险源由国家主管部门直接控制；二级重大危险源由省和直辖市政府控制；三级重大危险源由县、市政府控制；四级重大危险源由企业重点管理控制。

2011 年国家安全生产监督管理总局颁布了《危险化学品重大危险源监督管理暂行规定》，该规定采用了单元内各种危险化学品实际存在（在线）量与其在《危险化学品重大危险源辨识》(GB18218)中规定的临界量比值，经校正系数校正后的比值之和 R 作为分级指标，将重大危险源分为一级、二级、三级和四级，一级为最高级别。R 的计算既考虑了危险物质量的大小，也考虑了危险物质的危险性及危险区域内人口密度。

3.2 重大危险源普查

实施重大危险源辨识、申报（普查），了解和掌握重大危险源的数量、分布及其状况，建立重大危险源信息管理系统，是建立重大危险源控制系统的基础和关键，对提高我国的重大事故预防水平具有重要意义。

早在 1996 年，我国已经在部分省市开展了重大危险源普查（申报）工作。2002 年 1 月 26 日国务院颁布了《危险化学品安全管理条例》对重大危险源登记、管理、备案及有关安全距离提出了明确要求："危险化学品生产、储存企业以及使用剧毒化学品和数量构成重大危险源的其他危险化学品的单位，应当向国务院经济贸易综合管理部门负责危险化学品登记的机构办理危险化学品登记。"这标志着重大危险源普查工作走上立法的轨道。2002 年 6 月 29 日公布的《安全生产法》又要求："生产经营单位对重大危险源应当登记建档，进行定期检测、评估、监控，并制定应急救援预案，告知从业人员和相关人员在紧急情况下应当采取的应急措施。生产经营单位应当按照国家有关规定将本单位重大危险源及有关安全措施、应急措施报有关地方人民政府负责安全生产监督管理的部门和有关部门备案"。

2004 年 1 月 9 日《国务院关于进一步加强安全生产工作的决定》要求"搞好重大危险源的普查登记，加强国家、省（区、市）、市（地）、县（市）四级重大危险源监控工作，建立应急救援预案和生产安全预警机制"。

2003 年，国家安全生产监督管理局组织有关机构起草了《重大危险源安全监督管理规定》，对重大危险源登记、评估和备案，重大危险源的管理、监控以及监督管理提出了具体要求。2004 年 4 月 27 日，国家安全生产监督管理局发布了《关于开展重大危险源监督管理工作的指导意见》，要求各级安全监管部门、煤矿安全监察机构加强对重大危险源普查、评估、监控、治理工作的组织领导和监督检查；要把强化重大危险源监督管理工作作为安全生产监督检查和考核的一项重要内容，布置好，落实好，督促辖区内存在重大危险源的生产经营单位认真落实国家有关重大危险源监督管理的规定和要求，全面开展重大危险源普查登记和监控管理工作。各地区应统一按照国家安全生产监督管理局组织开发的重大危险源信息管理系统软件，建立本地区重大危险源数据库，并根据重大危险源的分布和危险等级，有针对性地做好日常监督工作，采取措施，切实防范重、特大事故的发生，确保安全生产形势稳定、好转。

3.2.1 重大危险源申报登记的范围

1) 储罐区(储罐)

储罐区（储罐）重大危险源是指储存表 3-5 中所列类别的危险物品，且储存量达到或超过其临界量的储罐区或单个储罐。具体按照上一节界定单元是否为重大危险源。

表 3-5 储罐区(储罐)临界量表

类　别	物质特性	临界量	典型物质举例
易燃液体	闪点<28 ℃	20 t	汽油、丙烯、石脑油等
	28 ℃≤闪点<60 ℃	100 t	煤油、松节油、丁醚等
可燃气体	爆炸下限<10%	10 t	乙炔、氢、液化石油气等
	爆炸下限≥10%	20 t	氨气等
毒性物质*	剧毒品	1 kg	氰化钠(溶液)、碳酰氯等
	有毒品	100 kg	三氟化砷、丙烯醛等
	有害品	20 t	苯酚、苯肼等

*注:毒性物质分级见表 3-6。

表 3-6 毒性物质分级

分级	经口半数致死量 LD_{50}/(mg/kg)	经皮接触 24 h 半数致死量 LD_{50}/(mg/kg)	吸入 1 h 半数致死浓度 LC_{50}/(mg/L)
剧毒品	$LD_{50} \leqslant 5$	$LD_{50} \leqslant 40$	$LC_{50} \leqslant 0.5$
有毒品	$5 < LD_{50} \leqslant 50$	$40 < LD_{50} \leqslant 200$	$0.5 < LC_{50} \leqslant 2$
有害品	(固体)$50 < LD_{50} \leqslant 500$ (液体)$50 < LD_{50} \leqslant 2\,000$	$200 < LD_{50} \leqslant 1\,000$	$2 < LC_{50} \leqslant 10$

2) 库区(库)

库区(库)重大危险源是指储存表 3-7 所列类别的危险物品,且储存量达到或超过其临界量的库区或单个库房。

表 3-7 库区(库)临界量表

类　别	物质特性	临界量	典型物质举例
民用爆破器材	起爆器材*	1 t	雷管、导爆管等
	工业炸药	50 t	铵梯炸药、乳化炸药等
	爆炸危险原材料	250 t	硝酸铵等
烟火剂、烟花爆竹		5 t	黑火药、烟火药、爆竹、烟花等
易燃液体	闪点<28 ℃	20 t	汽油、丙烯、石脑油等
	28 ℃≤闪点<60 ℃	100 t	煤油、松节油、丁醚等
可燃气体	爆炸下限<10%	10 t	乙炔、氢、液化石油气等
	爆炸下限≥10%	20 t	氨气等
毒性物质	剧毒品	1 kg	氰化钾、乙撑亚胺、碳酰氯等
	有毒品	100 kg	三氟化砷、丙烯醛等
	有害品	20 t	苯酚、苯肼等

*注:起爆器材的药量应按其产品中各类装填药的总量计算。

3）生产场所

生产场所重大危险源是指生产、使用表 3-8 所列类别的危险物质量达到或超过临界量的设施或场所。

表 3-8　　生产场所临界量表

类　别	物质特性	临界量	典型物质举例
民用爆破器材	起爆器材*	0.1 t	雷管、导爆管等
	工业炸药	5 t	铵梯炸药、乳化炸药等
	爆炸危险原材料	25 t	硝酸铵等
烟火剂、烟花爆竹		0.5 t	黑火药、烟火药、爆竹、烟花等
易燃液体	闪点<28 ℃	2 t	汽油、丙烯、石脑油等
	28 ℃≤闪点<60 ℃	10 t	煤油、松节油、丁醚等
可燃气体	爆炸下限<10%	1 t	乙炔、氢、液化石油气等
	爆炸下限≥10%	2 t	氨气等
毒性物质	剧毒品	100 g	氰化钾、乙撑亚胺、碳酰氯等
	有毒品	10 kg	三氟化砷、丙烯醛等
	有害品	2 t	苯酚、苯肼等

*注：起爆器材的药量，应按其产品中各类装填药的总量计算。

4）压力管道

符合下列条件之一的压力管道：

（1）长输管道

① 输送有毒、可燃、易爆气体，且设计压力大于 1.6 MPa 的管道；

② 输送有毒、可燃、易爆液体介质，输送距离不小于 200 km 且管道公称直径不小于 300 mm 的管道。

（2）公用管道

中压和高压燃气管道，且公称直径不小于 200 mm。

（3）工业管道

① 输送 GB 5044 中，毒性程度为极度、高度危害气体、液化气体介质，且公称直径不小于 100 mm 的管道；

② 输送 GB 5044 中极度、高度危害液体介质、GB 50160—2008 中规定的火灾危险性为甲、乙类可燃气体，或甲类可燃液体介质，且公称直径不小于 100 mm，设计压力不小于 4 MPa的管道；

③ 输送其他可燃、有毒流体介质，且公称直径不小于 100 mm，设计压力不小于4 MPa，设计温度不小于 400 ℃的管道。

5）锅炉

符合下列条件之一的锅炉：

（1）蒸汽锅炉

额定蒸汽压力大于 2.5 MPa，且额定蒸发量不小于 10 t/h。

（2）热水锅炉

额定出水温度不小于 120 ℃,且额定功率不小于 14 MW。

6) 压力容器

属下列条件之一的压力容器:

(1) 介质毒性程度为极度、高度或中度危害的三类压力容器;

(2) 储存易燃介质,最高工作压力不小于 0.1 MPa,且 $pV \geqslant 100$ MPa·m^3 的压力容器(群)。

7) 煤矿(井工开采)

符合下列条件之一的矿井:

(1) 瓦斯矿井;

(2) 煤与瓦斯突出矿井;

(3) 有煤尘爆炸危险的矿井;

(4) 水文地质条件复杂的矿井;

(5) 煤层自然发火期不大于 6 个月的矿井;

(6) 煤层冲击倾向为中等及以上的矿井。

8) 金属非金属地下矿山

符合下列条件之一的矿井:

(1) 瓦斯矿井;

(2) 水文地质条件复杂的矿井;

(3) 有自然发火危险的矿井;

(4) 有冲击地压危险的矿井。

9) 尾矿库

全库容≥100 万 m^3 或者坝高≥30 m 的尾矿库。

3.2.2 重大危险源普查指标体系

重大危险源普查指标体系应能全面反映重大危险源的客观状况以及影响事故发生的主要因素,所反映的信息应能满足重大危险源信息管理以及快速评价分级的要求。重大危险源普查的有关信息,应包含下列内容。

1) 重大危险源所在生产经营单位的基本情况

生产经营单位的基本情况包括法人单位名称、单位代码、经济类型、占地面积、行业代码、主管机关、通信地址、邮政编码、所属委办、隶属关系、主要产品、固定资产值等有关重大危险源所在地基本情况信息的 17 个指标。

2) 重大危险源的基本情况

依据重大危险源分类,分别制定各类重大危险源的普查指标。

(1) 储罐区(储罐)

储罐区(储罐)包括储罐区基本情况和储罐情况 2 部分。储罐区基本情况包括储罐区名称、面积、储罐个数、所处环境功能区、罐间最小距离等 9 项指标。

储罐情况包括以下几点:

① 储罐:包括储罐形状、形式、储存物质、最大储存量、设计压力与工作压力、设计温度和工作温度、设计使用年限等 18 项指标。

② 进料管道:包括直径、设计压力、实际工作压力 3 项指标。

③ 出料管道:包括直径、设计压力、实际工作压力 3 项指标。

(2) 库区(库)

库区(库)包括库区基本情况、库房情况以及库房储存物品情况 3 部分。库区基本情况包括名称、面积、具体位置、所处环境功能区等 6 项指标;库房情况包括库房结构、设计使用年限、占地面积、库房形式等 8 项指标;库房储存物品情况包括种类和数量 2 项指标。

(3) 生产场所

生产场所包括危险单元情况和危险物质情况 2 部分。危险单元情况包括名称、面积、正常当班人数、所处环境功能区等 6 项指标;危险物质情况包括名称、工艺过程中的物质量、存储的物质量、废弃物量 4 项指标。

(4) 压力管道

压力管道包括压力管道基本情况、施工设计情况、周围环境情况、调压站(箱)概况 4 部分。压力管道基本情况包括名称、编号、类别、管道长度、输送介质、公称直径、壁厚等 9 个指标;施工设计情况包括设计规范和设计单位、施工规范和单位、敷设方式、绝热方式和防腐方式、强度试验和严密性试验压力等 12 项指标;周围环境情况包括管道图号、经过地区(厂区);调压站(箱)数量。

(5) 锅炉

锅炉包括设备型号、生产厂家、名称、具体位置、工作参数等 14 项指标,另外要求备注中说明移装、检修、改造、事故记录等。

(6) 压力容器

压力容器包括名称、编号、容积、介质、安全状况等级、定期检修情况、工作参数等 31 个指标。

(7) 煤矿

煤矿包括矿井基本情况、安全生产基本情况、安全地质条件、主要设备材料情况、煤矿安全技术人员情况等。

3) 重大危险源周围环境的基本情况

重大危险源周围环境的基本情况包括危险源周边环境情况和周边情况对危险源的影响 2 项,主要考虑危险源一旦发生事故对周围环境的影响,以及周边环境中危险因素对危险源的影响。

(1) 危险源周边环境情况

危险源周边环境情况主要考虑住宅区、生产单位、机关团体、公共场所、交通要道以及其他,主要指标是数量、单位名称、人数和与危险之间的最近距离。

(2) 周边情况对危险源的影响

周边情况对危险源的影响主要考虑火源、输配电装置及其他有可能引发危险源发生事故的情况,主要指标是数量及其他需要说明的材料。

本章思考题

1. 危险有害因素的分类有哪些?
2. 什么是重大危险源?
3. 简述危险有害因素的辨识方法。

4 危险源评价技术

4.1 危险源评价技术概述

现代科学技术和工业生产的迅猛发展，一方面为人类提供了更好的物质生活条件，另一方面现代化大生产又隐藏着极为严重的事故危害。当人类对危险因素失去控制或防范能力时，就会发生事故，造成人员伤亡和财产损失。例如，2004 年 4 月地处主城区的重庆天原化工总厂发生氯气泄漏，5 个装有液氯的氯罐在抢险处置过程中突然发生爆炸，当场造成 9 人死亡、失踪，3 人受伤，150 000 人紧急疏散撤离。1993 年 8 月，深圳清水河化学品库着火爆炸，造成 15 人死亡，100 多人受伤，财产损失达 2.5 亿元。可见，恶性事故的发生已经严重威胁到社会的和谐发展，抑制危险因素，减少事故损失迫在眉睫。这就要求我们对危险因素有充分的认识，掌握危险因素发展成事故的规律，揭示生产系统中存在的所有危险源，分析危险源形成事故的可能性和发生事故造成的损失大小，衡量系统的事故风险大小，进而据此制定安全技术措施，有效防范事故的发生。

危险源评价技术来源于人们对自然界的认识，是对项目(工程)或系统的危险危害因素及其危险危害程度进行分析、评价的技术方法，是进行定性、定量安全评价的工具。目前国内外已研究开发出许多种不同特点、不同适用对象和范围、不同应用条件的危险源评价技术方法，每种评价方法都有其适用范围和应用条件，方法的错误使用会导致错误的评价结果，因此在进行危险源的评价时，应根据评价对象和要实现的评价目的，选择适用的评价方法。本章主要介绍了一些国内外常用的危险源评价方法，重点从方法、目的、所需材料、评价程序、优缺点及适用条件、实例等方面加以介绍。

4.2 危险源定性评价技术

定性评价技术是借助于对事物的经验、知识、观察及对发展变化规律的了解，科学地进行分析、判断的一类方法。运用定性评价方法可以找出系统中存在的危险、有害因素，进一步根据这些有害因素从技术上、管理上、教育上提出对策措施，加以控制，达到系统安全的目的。目前，应用较多的定性评价技术方法有安全检查表法、预先危险性分析、危险可操作性研究、事件树分析法、故障模式和影响分析、危险度评价法、如果……怎么办模式、人因失误(HE)分析等分析评价方法，下面介绍几种主要的危险源定性评价技术。

4.2.1 安全检查表法

安全检查表法出现于20世纪20年代，是一种最基础、应用最广泛的风险评价方法，可获得定性的评价结果。安全检查表法是将被评价系统剖析，分成若干个单元或层次，列出各单元或各层次的危险因素，然后确定检查项目，把检查项目按单元或层次的组成顺序编制成表格，以提问或现场观察的方式确定各检查项目的状况并填写到表格对应的项目上，从而对系统的安全状态进行评价。

1）安全检查表的编制

（1）编制的原则

① 编制工作要具有科学性。

首先必须对系统进行充分的认识，强调运用的安全检查表应具有科学性，其次要在编制之前充分揭示特定系统中的危险性及危险发生的可能性。既要重视"人的不安全行为"，也要重视"物的不安全状态"对企业安全生产的影响，着重在物的本质安全化方面加强管理。

② 简单明了，便于使用。

检查表应高度概括众多的检查点，做到简单明了，便于使用，既全面又突出重点，具有适度性。

③ 共同编制，不断完善。

安全检查表编制宜采取"三结合"的方法，由工程技术人员、管理人员和操作工人共同编制，并在实践中不断修改补充，逐步完善。编制要与本单位实际情况相结合，不要生搬硬套。

（2）基本内容与格式

① 安全检查表的基本内容

a. 序号。序号要统一编号。

b. 项目名称。例如分系统、子系统，车间、工段、设备，项目、条款等。

c. 检查内容。在修辞上可以用直接陈述句，也可以用疑问句。

d. 检查结果。即回答栏，有的采用"是"或"否"符号，即用"√"或"×"表示，有的采用打分的方式。

e. 备注。可以注明建议改进的措施或情况反馈等事项。

f. 检查人及检查时间。如实及时填写，以便分清责任。

② 安全检查表的格式

a. 定性化安全检查表。安全检查表应列举需查明的所有导致事故的不安全因素，通常采用提问方式，并以"是"或"否"来回答，"是"表示符合要求，"否"表示还存在问题，有待于进一步改进，"部分符合"表示有一部分符合条件而另一部分不符合条件。表示"是"的符号为"√"，表示"否"的符号为"×"，"○"表示"部分符合"。定性化安全检查表示例见表4-1。

表4-1　定性化安全检查表

序号	检查项目和内容	检查结果	标准依据	备注

b. 半定量化安全检查表。飞利浦石油公司安全检查表采用了检查表判分-分级系统，在这里作为安全检查表的判分系统采用的是三级判分系列0-1-2-3、0-1-3-5、0-1-5-7。其中评判的"0"表示不能接受的条款，低于标准较多的判给"1"，稍低于标准的条件判给次大值的

分数,符合标准条件的判给最大的分数。

判分的分数是一种以检察人员知识和经验为基础的判断意见,检查表中分成不同的检查单元进行检查,为了便于得到更为有效的检查结果,用所得总分数除以各种类别的最大总分数。在汇总表上,分数的总和除以所检查种类的数目,该数值表示所检查的有效的平均百分数。半定量的安全检查表示例见表 4-2。

表 4-2　半定量化的安全检查表

序号	检查项目和内容	检查结果		备注
		可判分数	判给分数	
		0-1-2-3(低度危险)		
		0-1-3-5(中度危险)		
		0-1-5-7(高度危险)		
		总的满分	总的判分	
百分比＝总的分数÷总的可能的分数＝判分/满分				

c. 定量化安全检查表。定量化安全检查表包括各分系统或子系统的权重系数及各检查项目的得分情况,按照一定的计算方法,首先计算出各子系统或分系统的评价分数值,再计算出各评价系统的评价得分,最后确定系统(装置)的安全评价等级。定量化的安全检查表示例见表 4-3。

表 4-3　定量化的安全检查表

序号	检查项目(权重)	检查内容(权重)	检查得分	检查内容评价分数	检查项目评价分数

(a) 定量化的安全检查表评分方法。采用安全检查表赋值法,按检查内容和要求逐项赋值,每张检查表以 100 分计。不同检查项目和检查内容按重要程度给予权重系数,同一层次各系数的权重系数之和等于 1。评价时从安全检查内容开始,按实际得分逐层向前推算,根据检查内容的分数值和权重系数计算检查项目分数值,最后得到系统的评价得分。系统满分应为 100 分。

(b) 安全评价结果计算方法。检查项目分数数值计算:

$$M_i = \sum_{j=1}^{n} K_{ij} M_{ij} \tag{4-1}$$

式中　M_i——第 i 个检查项目的分数值;

K_{ij}——第 i 个检查项目中各项检查内容的权重系数;

M_{ij}——第 i 个检查项目中各项检查内容的分数值;

n——检查项目内检查内容的条目数。

最终评价结果的计算:

$$M = \sum_{i=1}^{m} K_i M_i \tag{4-2}$$

式中　M——定量化的检查结果;

K_i——检查项目的权重;

m——检查项目的数量。

(c) 系统(装置)安全等级划分。根据评价系统最终的评价分数值,按表 4-4 确定系数(装置)安全等级。

表 4-4　　系统(装置)安全评价等级划分

安全等级	特级安全级	安全级	临界安全级	危险级
系统安全评价分值范围	$M>95$	$95\geqslant M>80$	$80\geqslant M\geqslant 50$	$M<50$

(3) 编制程序与方法

编制检查表需要做好以下几项工作:

① 组织编写组,其成员应是熟悉该系统的专业人员、管理人员和实际操作人员。

② 对系统进行全面细致的了解,包括系统的结构、功能、工艺条件等基本情况和有关安全的详细情况。

③ 收集与系统有关的国家法规、制度、标准及得到公认的安全要求、国内外的事故情报、本单位的经验等,作为安全检查表的编制依据。

④ 难以认识其潜在危险因素和不安全状态的生产系统,可采用类似"黑箱法"的原理来探求。即首先设想系统可能存在哪些危险及其潜在部分,并推论事故发生过程和概率,然后逐步将危险因素具体化,最后寻求处理危险的方法。通过分析不仅可以发现其潜在的危险因素,而且可以掌握事故发生的机理和规律。

⑤ 针对危险因素清单,从有关法规、制度、标准及技术说明书等文件资料中,逐个找出对应的安全要求及避免或减少危险因素发展为事故应采取的安全措施,形成对应危险因素的安全要求与安全措施清单。

⑥ 综合上述两个清单,按系统列出应检查问题的清单。每个检查问题应包括是否存在危险因素、应达到的安全指标、应采取的安全措施。

⑦ 检查表编制后,要经过多次实践检验。只有经过不断地修改和完善,才能成为标准的安全检查表。

(4) 编制安全检查表应注意的问题

① 编制安全检查表实质是理论知识、实践经验系统化的过程,需要专业技术的全面性、多学科的综合性及相对实际经验的统一性。为此,应组织技术人员、管理人员、操作人员和安全人员深入现场共同编制。

② 列出的检查项目应齐全、具体、明确,突出重点,抓住要害。为了避免重复,尽可能将同类性质的问题列举在一起,系统地列出问题或状态。

③ 各类检查表都有其适用对象,各有侧重,是不宜通用的。如专业检查表与日常检查表要加以区分,专业检查表应详细,而日常检查表则应简明扼要,突出重点。

④ 危险部位应详细检查,确保一切隐患在可能发生事故之前就被发现。

⑤ 编制安全检查表应将安全系统工程中的事故树分析、事件数分析、预先危险性分析等方法结合进行,把一些基本事件列入检查项目中。

2) 安全检查表分析法优缺点及适用范围

安全检查表分析法因简单、经济、有效而被经常使用。安全检查表法是以经验为主的方法,使用其进行安全评价时,成功与否很大程度取决于检查表编制人员的专业知识和经验水平，如果检查表不完整，评价人员就很难对危险性状况作出有效的分析。

该方法的优点是：① 能够事先编制检查表，故可有充分的时间组织有经验的人员来编写，不至于漏掉能导致危险的关键因素；② 可以根据规定的标准、规范和法规，检查遵守的情况；③ 检查表的应用方式有问答方式和现场观察方式，给人的印象深刻，能起到安全教育的作用，表内还可注明改进措施的要求，隔一段时间后重新检查改进情况；④ 简明易懂，容易掌握。

该方法的缺点是：① 只能做定性的评价，不能给出定量的评价结果；② 只能对已经存在的对象进行评价，如果要对处于规划或设计阶段的对象进行评价，必须找到相似或类似的对象。

安全检查表法可用于安全生产管理和对熟知的工艺设计、物料、设备或操作规程的分析，也可用于在新工艺的早期开发阶段来识别和消除在类似系统多年的操作中所发现的危险。但由于安全检查表法只能做定性分析，不能预测事故后果及对危险性进行分级，事故调查时一般不用。

3）安全检查表分析法应用实例

某加气站安全检查表见表 4-5。

表 4-5　　安全检查表

项目	检查内容	检查结果	检查发现	备注
1 安全管理制度	1.1　管道燃气供应企业设施运行、维护和抢修单位应逐级建立相应的安全目标责任制	合格	企业设施的运行、维护和抢修有逐级安全目标责任制	
	1.2　运行和维护的管理制度： (1) 人员和车辆进入供应企业安全管理制度； (2) 管道燃气供应企业工艺管道与设备巡查、维护制度和操作规定； (3) 用户设施检查、维护、报修制度和操作规定； (4) 用户用气设备的报修制度； (5) 日常运行中发现问题或事故处理上报程序	合格	(1) 有进站须知； (2) 有工艺管道与设备巡查、维护制度； (3) 有用户设施检查、维护、报修制度； (4) 有日常运行中发现问题或事故处理上报程序	
	1.3　燃气供气企业必须实行 24 h 值班制度、消防安全责任制和岗位消防安全责任制	合格	企业有相应的 24 h 值班制度、消防安全责任制和岗位消防安全责任制	
	1.4　建立安全检查(包括巡回检查、夜间和节假日值班)制度	合格	有日常巡回检查、夜间和节假日值班、季节性排查制度	
	1.5　有符合国家标准《易燃易爆性商品储存养护技术条件》(GB 17914—2013)的仓储物品储藏养护制度	合格	有仓库保卫安全管理制度	
	1.6　有各岗位的操作规程	合格	有明确的《CNG 车充气安全操作规程》	
	1.7　有事故应急救援措施，建立事故应急救援预案。内容包括：应急救援组织及其职责、危险目标的确定和潜在危险性评估、应急救援预案启动程序、紧急处置措施方案、应急救援组织的训练和演练、应急救援设备器材的储备、经费保障	合格	有事故应急救援措施并建立有比较详尽的事故应急救援预案，内容齐全	

续表 4-5

项目	检查内容	检查结果	检查发现	备注
2 从业人员要求	2.1 管道燃气供应企业法定代表人或主要负责人是本单位的安全责任人	合格	站长是本单位的安全责任人	
	2.2 企业主要负责人应经过专业技术培训，考核合格，取得上岗资格	合格	公司主要负责人经过专业技术培训，考核符合要求，取得上岗资格。加气站站长已经参加培训，并经考核合格，取得上岗资格	
	2.3 管道燃气供应企业应设立运行、维护和抢修的管理部门，并应配备专职安全管理人员。专职安全管理人员必须经过专业技术培训，考试合格后上岗	合格	企业有运行、维护和抢修的管理部门并配备有专职安全管理人员，专职安全管理人员经过专业技术培训，考核符合要求，取得上岗资格	
	2.4 燃气作业人员应经燃气从业技能专业培训，考核合格，取得上岗资格	合格	燃气作业人员经燃气从业技能专业培训，考核符合要求，有上岗证	
	2.5 应有专职或义务消防队伍，制订灭火预案并经常进行消防演练	合格	有义务消防队伍，已制订灭火预案并经常进行消防演练	
	2.6 管道燃气供应企业直接从事安装、维修的操作人员应取得相应的岗位资质	合格	公司有运行、维护和抢修的管理部门，维修工有相应岗位资质	
3 相关资质和检验	3.1 管道燃气供应企业应符合城市规划的要求，应远离城市居住区、村镇、学校、工业区和影剧院、体育馆等人员集中的地区	合格	经北京市发展计划委员会、北京市环境保护局批复，符合城市规划的要求	
	3.2 管道燃气供应企业应经有相关资质的单位进行设计、施工。管道燃气供应企业应有建成后的监检报告	合格	该工程由北京市煤气热力工程设计院设计，北京市第三城市建设工程公司负责施工，项目有建成后的监检报告	
	3.3 管道燃气供应企业应有稳定的气源（供气合同）	合格	北京市燃气集团有限责任公司与北京绿源达清洁燃料汽车技术发展有限公司的供气合同因部分细节问题需要进一步协商，目前暂无法提供，并由北京燃气集团有限责任公司出具证明证实	
	3.4 管道燃气供应企业所有压力容器和安全阀必须按照《压力容器安全技术监察规程》规定进行定期检验，并有压力容器检测的报告，且合格有效	合格	企业所有压力容器和安全阀定期检验，有压力容器检测的报告，符合要求有效	
	3.5 管道燃气供应企业防雷防静电设施应有检测报告，并且合格有效	合格	防雷防静电设施有检测报告，符合要求且合格有效	
	3.6 管道燃气供应企业应经过公安消防部门验收合格，企业防火及消防设施和器材应符合《建筑设计防火规范》的要求，消防器材应在有效期内	合格	有北京市消防局建筑工程消防验收意见书，企业防火及消防设施和器材符合《建筑设计防火规范》的要求，消防器材良好，在有效期内	
	3.7 新建项目符合城市总体规划和燃气规划要求，并竣工验收合格	合格	该建设项目符合城市总体规划和燃气规划要求，并竣工验收合格	

4.2.2 预先危险性分析

预先危险性分析法(preliminary hazard analysis,PHA)又称初步危险分析,是一项为实现系统安全而进行的危险分析的初始工作。该方法常用于对潜在危险了解较少和无法凭借经验觉察其危险因素的工艺项目的初步设计或工艺装置的研究和开发中,或用于在危险物质和项目装置的主要工艺区域的初期开发阶段(包括设计、施工和生产前),对物料、装置、工艺过程以及能量等失控时可能出现的危险性类别、出现条件及可能导致的后果,做宏观的概略分析,其目的是识别系统中存在的潜在危险,确定其危险等级,防止危险发展成事故。当分析一个庞大的现有装置或对环境无法使用更为系统的方法时,PHA 技术可能非常有用。

1) 预先危险分析法步骤

PHA 法包括三步,即分析准备、完成分析和编制分析结果文件(报告)。

(1) 分析准备

PHA 分析通过经验判断、技术诊断或其他方法调查确定危险源,对所需分析的系统的生产目的、物料、装置和设备、工艺过程、操作条件以及周围环境等进行充分详细的调查了解。分析组需要收集装置或系统的有用资料以及其他可靠的资料(任何相同或相似的装置,或者即使工艺过程不同但使用方法相同的设备资料)。分析人员必须知道过程所包含的主要化学物品、反应、工艺参数以及主要设备的类型(容器、反应器、换热器等)。此外,明确装置需要完成的基本操作和操作目标,有助于确定设备的危险类型和操作环境。

(2) 完成分析

对工艺过程的每一个区域,首先分析组都要识别危险并分析这些危险产生的原因及可能导致的后果;然后分析组为了衡量危险性的大小及其对系统的破坏性,根据事故的原因和后果,可以将各类危险性划分为 4 个等级,见表 4-6;最后分析组将提出消除或减少危险的建议。

表 4-6　　危险性等级划分

级别	危险程度	可能导致的后果
Ⅰ级	安全的	不会造成人员伤亡及系统损坏
Ⅱ级	临界的	处于事故的边缘状态,暂时还不至于造成人员伤亡、系统损坏或降低系统性能,但应予以排除或采取控制措施
Ⅲ级	危险的	会造成人员伤亡和系统损坏,要立即采取防范对策措施
Ⅳ级	灾难性的	造成人员重大伤亡及系统严重破坏的灾难性事故,必须果断排除并进行重点防范

(3) 编制分析结果文件

为方便起见,PHA 的分析结果以表格的形式记录,其内容包括识别出的危险、危险产生的原因、主要后果、危险等级以及改正或预防措施。表 4-7～表 4-9 分别是几种 PHA 的分析结果记录的格式式样。PHA 结果常作为 PHA 的最终产品提交给装置设计人员。

表 4-7 PHA 工作表格

单元:______		编制人员:______		日期:______
危险	原因	后果	危险等级	改进措施/预防方法

表 4-8 PHA 工作的典型格式表

地区(单元):______ 图号:______		会议日期:______ 小组成员:______		
危险/意外事故	阶段	原因	危险等级	对策

表 4-9 预先危险分析表通用格式

系统:1 子系统;2 状态;3 ______ 编号:______ 日期:______				预先危险分析表(PHA)		制表者:______ 制表单位:______		
潜在事故	危险因素	触发事件(1)	发生条件	触发事件(2)	事故后果	危险等级	防范措施	备注

2) 预先危险分析法的主要优点

预先危险分析是一种实现系统安全的初步或初始的计划。一般在方案开发初期阶段或设计阶段之初完成,它是一种定性分析。在每项生产活动之前,特别是在设计开始阶段,预先对系统中存在的危险类别、危险产生条件、事故后果等进行概略的分析,称为预先危险分析。预先危险分析应该在系统或设备研制的初期进行。随着设计研制工作的进展,这种分析应不断进行,分析结果用于改进设计和制造。对于现有的系统或设备也可采用预先危险分析,考察其安全性。

预先危险分析的主要优点有:

① 最初产品设计或系统开发时,可以利用安全分析结果,提出应遵循的注意事项和规程,使设计更合理。

② 由于在产品设计时,即可指出存在的主要危险,从一开始便可采取措施,排除、降低和控制危险,大大降低因产品造成危险的可能性和严重程度。

③ 可用来制定设计管理方法和确定技术责任,并可编制成安全检查表以保证实施,提高设计和加工的可靠性。

3) 预先危险分析法应用示例

锅炉炉膛燃爆的预先危险性分析。某锅炉 B-MCR 工况下,蒸发量为 1 900 t/h,蒸汽压力为 25.4 MPa,过热蒸汽温度为 571 ℃;BRL 工况下,蒸发量为 1 808.4 t/h,蒸汽压力为 25.28 MPa,过热蒸汽温度为 571 ℃。对锅炉的炉膛燃爆、风室及尾部烟道爆炸、锅炉炉膛出口处结焦爆炸等属于化学爆炸的危险采用预先危险性分析进行评价。评价结果分别见

表 4-10～表 4-12。

表 4-10　　锅炉炉膛燃爆的预先危险性分析

危险因素	触发事件	现象	形成事故原因事件	事故情况	结果	危险等级
燃料煤粉、点火轻柴油	1. 煤粉进粉管积煤粉； 2. 煤粉燃烧管(喷嘴)结焦； 3. 炉膛内燃料积聚	炉膛燃爆	1. 冷炉启动次数过多,炉膛温度低,燃料积料多,燃烧后炉膛急剧升温； 2. 结焦、结渣块量加大后突然垂落； 3. 炉膛内燃料积聚过多,风、粉混合物浓度达到爆炸极限； 4. 磨煤机出口温度过高	1. 炉膛内出现打炮现象； 2. 有火焰喷出时,可能伤及人员； 3. 可能会造成某些锅炉本体部件的损坏	设备受损，可能伤及人员	Ⅲ

预防措施

1. 对煤料应每批分析,掌握煤料特性,合理调用燃煤比例；
2. 操作运行中应勤观察,防止煤粉积聚和结焦、结渣；
3. 保持空气预热器清洗、吹灰装置完好；
4. 锅炉燃烧室监控装置、灭火保护系统及燃烧制粉系统联锁装置等安全设施正常运行；
5. 保持炉前燃油操作区清洁,不准储存堆放其他易燃品

表 4-11　　风室及尾部烟道爆炸的预先危险性分析

危险因素	触发事件	现象	形成事故原因事件	事故情况	结果	危险等级
风室及尾部烟道爆炸	1. 锅炉尾部烟道积粉； 2. 残存点火油； 3. 可燃气体存在； 4. 空气预热器积油垢,积煤灰	风室及尾部烟道爆炸	1. 锅炉尾部烟道积煤粉； 2. 残存点火油或可燃气体； 3. 可燃气体、点火油或煤粉达到爆炸浓度； 4. 配风失控； 5. 空气预热器积油垢,积煤灰； 6. 炉膛内燃烧突然终止就立即点火	风室、尾部烟道积粉可燃气体爆炸,危及锅炉正常运行	1. 锅炉严重损坏； 2. 造成环境污染； 3. 危及操作运行人员	Ⅲ

预防措施

1. 必须在启动前将快速氧化反应可燃物清除掉；
2. 设备选型正确；
3. 必须保证控制系统的正常运行,点火前检查点火器的可靠性；
4. 对燃煤应每批分析,掌握其燃烧特性；
5. 操作运行中应勤观察,临阵应付正确,防止积粉过量和结焦现象；
6. 保持空气预热器清洗,吹灰装置完好；
7. 锅炉运行控制,严格按照操作规程、运行规程执行,监控装置,灭火保护系统,通风系统和煤粉控制系统联锁装置运行正常；
8. 保持锅炉周围环境良好、清洁,确保操作运行人员安全

表 4-12　　锅炉炉膛出口处结焦的预先危险性分析

危险因素	触发事件	现象	形成事故原因事件	事故情况	结果	危险等级
锅炉炉膛出口处结焦	锅炉炉膛出口温度过高、结焦	锅炉炉膛出口处结焦	炉膛出口温度高于1 000 ℃以上,形成炉膛出口处结焦现象	1. 结焦; 2. 清焦过程不当危及操作人员安全	1. 锅炉严重损伤; 2. 造成环境污染; 3. 危及操作运行人员	Ⅲ
预　防　措　施						
1. 对燃煤应每批分析,掌握其燃烧特性; 2. 操作运行中应勤观察,确保炉膛温度在控制范围,防止结焦现象; 3. 保持空气预热器清洗,吹灰装置完好; 4. 锅炉运行控制,严格按照操作规程、运行规程执行,监控装置,灭火保护系统,通风系统和煤粉控制系统联锁装置运行正常; 5. 保持锅炉周围环境良好、清洁,确保操作运行人员安全						

4.2.3　危险可操作性研究法

危险可操作性研究称为危险性和可操作性研究(HAZOP)。该方法的基本过程是以关键词为引导,找出系统中工艺过程或状态的变化(即偏差),然后再继续分析造成偏差的原因、后果及可采取的对策。通过可操作性研究的分析,能够探明装置及过程存在的危险,并根据危险带来的后果明确系统中的主要危害。如果需要可利用事故树对主要危害继续分析,那么它又是确定事故树"顶上事件"的一种方法,可以与事故树配合使用。

1) HAZOP 法介绍

HAZOP 通过分析每个节点,识别出具有潜在危险的偏差,这些偏差通过引导词引出。表 4-13列出了 HAZOP 中经常遇到的术语及其定义;表 4-14 列出了 HAZOP 常用的引导词。

表 4-13　　常用 HAZOP 分析术语

术语	定义及说明
工艺单元	具有确定边界的设备单元,对单元内工艺参数的偏差进行偏差;对位于 PID 图上的工艺参数进行偏差分析
操作步骤	间歇过程的不连续动作,或者是由 HAZOP 分析组成分析的操作步骤;可能是手动、自动或计算机自动控制,间歇过程的每一步使用的偏差可能与连续过程不同
工艺指标	确定装置如何按照希望的操作而不发生偏差,即工艺过程的正常操作条件;采用一系列的表格,用文字或图表进行说明,如工艺说明、流程图、PID 图等
工艺参数	与过程有关的物理和化学特性,包括概念性的项目(如反应、混合、浓度、pH 值)及具体项目(如温度、压力、流量等)
偏差	分析组使用引导词系统地对每个分析节点的工艺参数进行分析,发现的一系列偏离工艺指标的情况;偏差的形式通常用"引导词+工艺参数"
原因	偏差的原因;一旦找到发生偏差的原因,就意味着找到了对付偏差的方法和手段
后果	偏差所造成的后果;分析组常常假定发生偏差时已有安全保护系统失效;不考虑那些细小的与安全无关的后果
安全保护	设计的工程系统或调节控制系统,用于避免或减轻偏差时所造成的后果
措施或建议	修改设计、操作规程或者进一步分析研究的建议

表 4-14 常用 HAZOP 分析引导词及含义

引导词	含义
NONE(不或没有)	完成这些意图是不可能的,任何意图都实现不了,但也不会有任何事情发生
MORE(过量)	数量增加与标准值相比,数量偏大
LESS(减少)	数量减少与标准值相比,数量偏小
AS WELL AS(伴随)	定性增加,所有的设计与操作意图均伴随其他活动或事件的发生
PART OF(部分)	定向减少,仅仅有一部分意图能实现,而一些不能实现
REVERSE(相逆)	逻辑上与意图相反,出现与设计意图完全相反的事或物
OTHER THAN(异常)	完全替换,出现与设计要求不相同的事或物

2) HAZOP 研究法步骤

(1) 分析准备

确定分析的目的、对象和范围;分析组的构成,HAZOP 研究小组一般由 4~8 人组成,每个成员都能为所研究的项目提供知识和经验,最大限度地发挥每个成员的作用;获得必要的文件资料,包括带控制点的流程图、工艺流程图、平面布置图、安全排放原则、化学危险数据、管道数据表、工艺数据表等;将资料变成适当的表格并拟订分析顺序;安排会议次数和时间,制订会议计划时,首先要确定分析会议所需的时间。

(2) 完成分析

图 4-1 为 HAZOP 分析流程图。对每个节点或操作步骤使用引导词进行分析,确保对每个偏差的分析,并且在建议措施完成之后再进行下一偏差的分析。在考虑采取某种措施

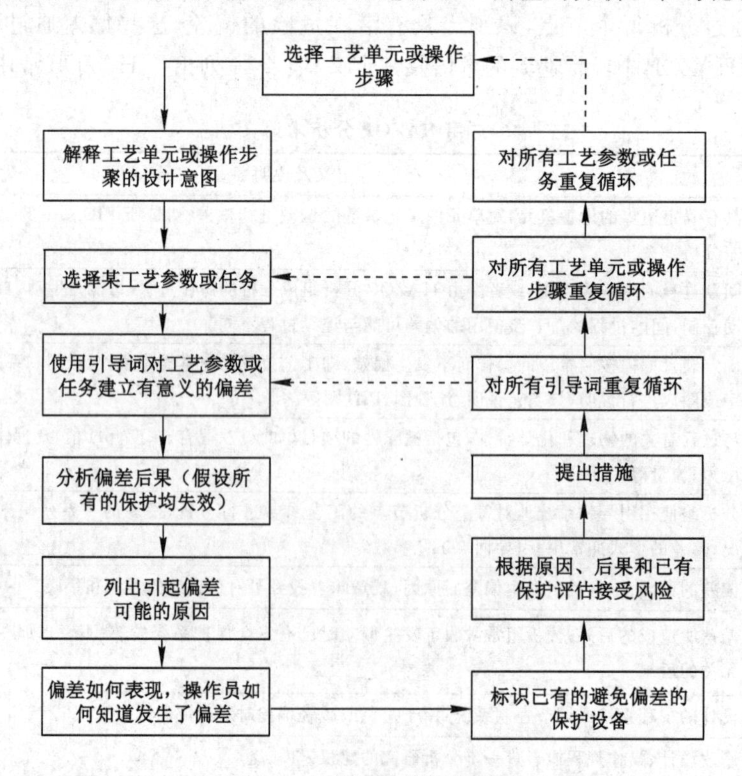

图 4-1 HAZOP 分析流程图

以提高安全性之前，应对与节点有关的所有危险进行分析，以减少那些悬而未决的问题。

（3）编制分析结果文件

负责记录的人员应从分析讨论过程中提炼出准确的结果，见表4-15。

表 4-15　　HAZOP 分析记录表

分析人员：____________ 会议日期：____________			图纸号：______ 版本号：______ 版本号：______		
序号	偏差	原因	后果	安全保护	建议措施

3）危险与可操作性研究法的优缺点及适用范围

该方法优点是简便易行，且背景各异的专家在一起工作，在创造性、系统性和风格上互相影响和启发，能够发现和鉴别更多的问题，汇集了集体的智慧，这要比他们单独工作时更为有效。其缺点是分析结果受分析评价人员主观因素的影响。

4）危险与可操作性研究法应用实例

某中压加氢裂化装置是以腊油为原料，在高温、高压、H_2+H_2S 环境下进行加氢精制和加氢裂化反应，生产轻石脑油、重石脑油、柴油和液化气等产品。

工艺流程：原料油过滤后与 H_2混合，送至加热炉加热达到反应温度，依次进入加氢精制反应器和加氢裂化反应器，在催化剂作用下进行加氢脱硫、脱氮、脱氧、烯烃饱和、芳烃饱和及裂化等反应。反应产物经冷却后进入冷高压分离器进行气、油、水三相分离，气体 H_2经脱硫后循环使用，油相减压后送至冷低压分离器。冷低分油换热后依次进入脱丁烷塔、分馏塔，分出轻石脑油、重石脑油、柴油和液化气。该工艺流程做的 HAZOP 分析见表4-16。

表 4-16　　某中压加氢裂化装置的 HAZOP 分析表

引导词	偏差	可能原因	后果	建议措施
多	流量偏高	① 进料泵输出能力太大； ② 操作失误，进料阀开得太大； ③ 进料控制器失效，调节阀开度过大； ④ 进料调节阀失效，开度过大； ⑤ 进料计量指示（显示）不准； ⑥ 温度控制不准，冷氢注入量过大； ⑦ 氢压力过高，进氢量大	① 空速增大，反应温度降低，反应深度浅，影响产品质量； ② 空速大，设备、管道受冲蚀； ③ 若高分液面控制失灵，则高分器液面升高，循环氢带液，压缩机受损，有引起爆炸的危险	① 选择进料泵的输送能力应符合工艺要求； ② 按操作规程要求操作；进料阀应有明显开度指示（或反馈信息）； ③～⑤ 必须保证控制、调节、计量显示系统灵敏、准确、好用，其零部件材质应对相应介质耐腐蚀； ⑥ 冷氢注入量必须及时可靠，因此对相应的温度，测点应能反映实际工艺，故应设多点温度测量，以确保注氢降温无误； ⑦ 对压缩机加强维修保养

续表 4-16

引导词	偏差	可能原因	后果	建议措施
伴随	组分及相增加	① 原料中有固体杂质； ② 有催化剂微粒进入； ③ 铵盐析出	① 催化剂床层阻力增加； ② 空冷器管道堵塞； ③ 影响产品质量	① 原料油需要过滤； ② 催化剂粒子应有一定强度； ③ 空冷前必须保证注水量
部分	反应深度不够，产物比例变化	① 空速太快，催化反应时间短； ② 温度低	影响产品质量	① 控制进料量，保持正常空速； ② 控制反应温度

4.2.4 事故树分析法

事故树分析法又称为故障树分析，是分析大型复杂系统安全性与可靠性常用的方法。该方法研究系统或装备发生故障这一事件的各种直接和间接原因，建立这些事件的逻辑关系，并以倒树状逻辑图形象地表示这些事件的逻辑关系。

1）事故树分析程序

为了全面、系统地分析事故，应按一定的程序进行事故树分析。

（1）确定顶上事件

选取那些易于发生且后果严重、或者发生频率不高但后果非常严重、或者后果不太严重但发生非常频繁的事故作为顶上事件。顶上事件的定义一定要明确，不能笼统。

（2）充分了解系统

对系统中人、机、环境三大组成要素进行详细了解，这是编制事故树的基础和依据。

（3）调查事故原因

从系统的人、机、环境缺陷中，寻求构成事故的原因。在构成事故的各种因素中，既要重视具有因果关系的因素，也要重视相关关系的因素。

（4）编制事故树图

从顶上事件起，一层一层往下分析各自的直接原因事件，根据彼此间的逻辑关系，用逻辑门连接上下层事件，直至所要求的分析深度，最好就形成一个倒置的树形图。

（5）定性分析

求解事故树的最小割集、最小径集、基本事件的结构重要度以及制定预防事故的措施。

（6）定量分析

依据各基本事件的发生概率，求解顶上事件的发生概率，在输出顶上事件概率的基础上，求解各基本事件的概率重要度和临界重要度。

2）事故树的构成

事故树是由各种事件符合及逻辑门构成的逻辑图。事件符号表示事件的不同类型，逻辑门表示事件之间的逻辑关系。

（1）事件符号

事件符号主要有：矩形、圆形、屋形、菱形和双菱形符号，如图 4-2 所示。

① 矩形符号：表示故障事件，是通过逻辑门作用的、由一个或多个原因而导致的故障事件。它是顶上事件或中间事件，即需要继续分析的事件。作图时应将事件扼要明确地记入

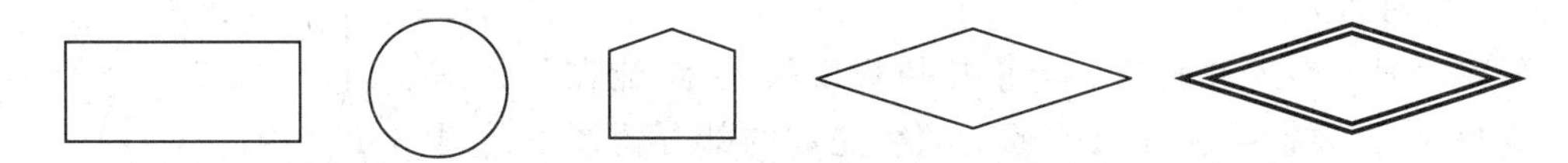

图 4-2　事件符号

矩形之内。在定量分析中是不给其发生概率的，它的概率将由下层事件决定。

② 圆形符号：代表基本事件，即表示不要求进一步展开的基本引发故障事件。如人为差错、组件故障失灵、环境的不良因素等。

③ 屋形符号：代表正常事件，即系统在正常状态下发挥正常功能的事件。由于事故树分析是一种严密的逻辑分析，为了保证逻辑分析的严密性，有时必须用正常事件。

④ 菱形符号：代表省略事件，即该事件没有进一步展开的故障事件。

圆形、屋形、菱形及双菱形表示的事件均称为基本事件，或者称为底事件。

(2) 逻辑门及符号

逻辑门符号起着事件之间逻辑连接的作用。逻辑门很多，这里介绍与门、或门、条件与门、条件或门、禁门 5 种较为常用的基本逻辑门，如图 4-3 所示。

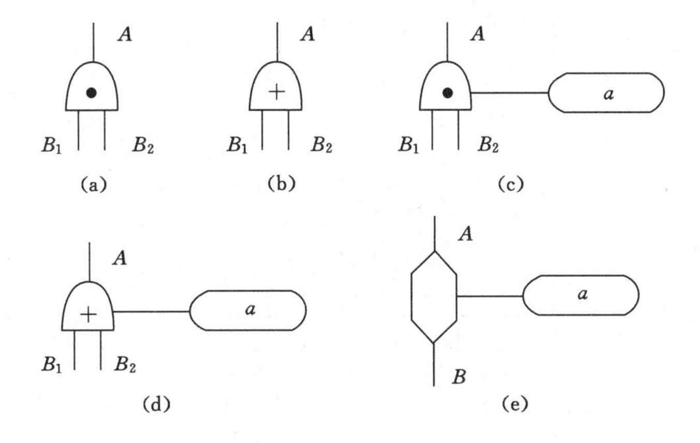

图 4-3　逻辑门符号

(a) 与门；(b) 或门；(c) 条件与门；(d) 条件或门；(e) 禁门

① 与门：表示下面的输入事件 B_1、B_2 都发生时，输出事件 A 才发生的逻辑连接关系。在有若干输入事件时也是如此。

② 或门：表示下面的输入事件 B_1、B_2 至少一个发生就可使上面的输出事件发生。在有若干输入事件时也是如此。

③ 非门：表示下面的输入事件为 B 时，输出事件为 B'，及输出变量为输入变量的逻辑非。即决定事件 A 的条件为 B 时，A 与 B 相反，B 存在，则 A 不会发生；反之亦然。

④ 条件与门：表示 B_1、B_2 都发生，且满足条件 a 时，A 才发生的逻辑连接关系。其逻辑关系为：$A=B_1B_2a$。

⑤ 条件或门：表示 B_1、B_2 至少一个发生，且满足条件 a 时，A 发生的逻辑连接关系。其逻辑关系为：$A=(B_1+B_2)a$。

⑥ 禁门：表示与门的特殊情况，即 B 发生且满足条件 a 时，A 发生的逻辑连接关系。其逻辑关系为：$A=Ba$。

（3）转移符号

转移符号有转入和转出。当事故树规模很大，不能在一张图纸上完成时，需要标明在其他图纸上继续完成的部分树图的从属关系；或者整个树图中多处有同样的部分树时，用转入、转出符号标明，如图 4-4 所示。

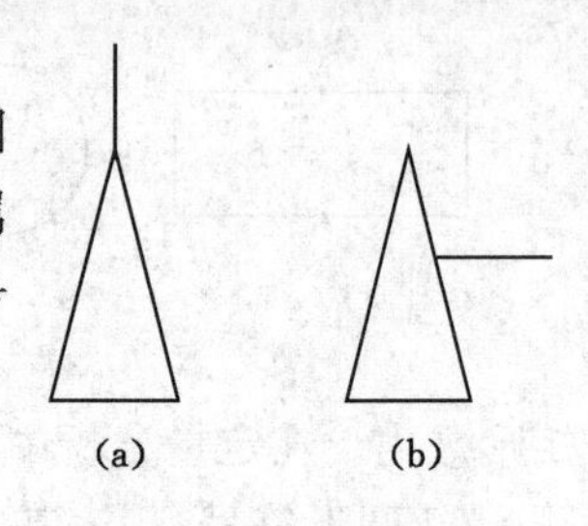

图 4-4　转移符号

(a) 转入；(b) 转出

3）事故树定性分析

（1）事故树的最小割集与最小径集

① 事故树的最小割集。设 C 是某事故树中一些基本事件组成的集合，若 C 中每个事件都发生，顶上事件也必然发生，则称集合 C 为该事故树的一个割集。

若 C 是一个割集，而从中任意去掉一个事件后就不再是割集，则称 C 为最小割集，亦即使顶上事件发生所必需的最低限度的基本事件的集合。

求取最小割集有若干种方法，其中以逻辑化简法应用较多。例如，已知事故树如图 4-5 所示，求其最小割集。

$$\begin{aligned}T &= A_1 + A_2 = (x_1 A_3 x_2) + x_4 A_4 \\ &= x_1(x_1 + x_3)x_2 + (x_4 + A_5 + x_6)x_7 \\ &= x_1 x_1 x_2 + x_1 x_3 x_2 + x_4(x_4 x_5 + x_6)x_7 \\ &= x_1 x_2 + x_1 x_2 x_3 + x_4 x_4 x_5 x_7 + x_4 x_6 x_7 \\ &= x_1 x_2 + x_4 x_5 x_7 + x_4 x_6 x_7\end{aligned}$$

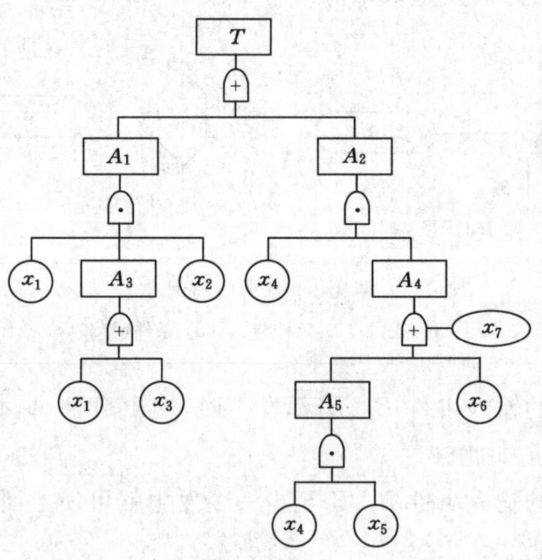

图 4-5　事故树

所以，最小割集为 $K_1=\{x_1, x_2\}$，$K_2=\{x_4, x_5, x_7\}$，$K_3=\{x_4, x_6, x_7\}$。

② 事故树的最小径集。设 A 是某事故树中的一些基本事件组成的集合，若 A 中每个时间都不发生，顶上事件也不发生，则称集合 A 为该事故树的一个径集。

若 A 是一个径集，而从中任意去掉一个事件后就不再是径集，则称 A 为最小径集，即使顶上事件不发生的最低限度的基本事件的集合。

求解最小径集的一种直接方法，是利用原始树的对偶性。依据摩根定理将事故树中的所有或门改变为与门,将所有与门改变为或门,且将各事件变为对偶事件,则得到成功树。图 4-6 为由图 4-5 变换的成功树。按照布尔代数简化法,则:

$$
\begin{aligned}
T' &= A_1'A_2' = (x_1' + A_3' + x_2')(x_4' + A_4') \\
&= (x_1' + x_1'x_3' + x_2')(x_4' + x_7'A_5'x_6') \\
&= (x_1' + x_1'x_3' + x_2')[x_4' + x_7'(x_4' + x_5')x_6'] \\
&= (x_1' + x_1'x_3' + x_2')(x_4' + x_4'x_6'x_7' + x_5'x_6'x_7') \\
&= x_1'x_4' + x_1'x_4'x_6'x_7' + x_1'x_5'x_6'x_7' + x_1'x_3'x_4' + x_1'x_3'x_4'x_6'x_7' + \\
&\quad x_1'x_3'x_5'x_6'x_7' + x_2'x_4' + x_2'x_4'x_6'x_7' + x_2'x_5'x_6'x_7' \\
&= x_1'x_4' + x_2'x_4' + x_1'x_5'x_6'x_7' + x_2'x_5'x_6'x_7'
\end{aligned}
$$

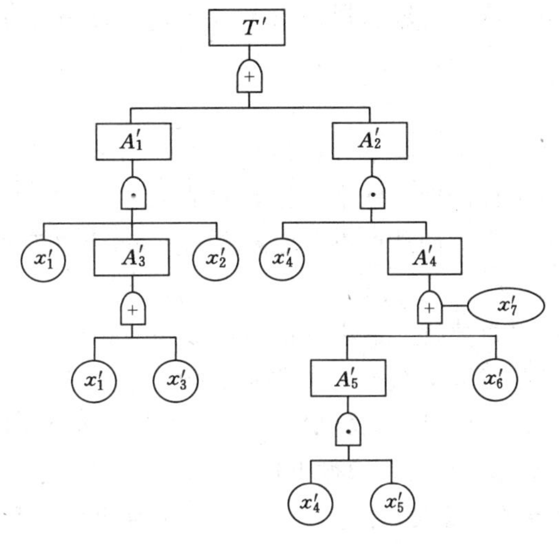

图 4-6 成功树

所以,该事故树的最小径集为:$P_1=\{x_1, x_4\}$, $P_2=\{x_2, x_4\}$, $P_3=\{x_1, x_5, x_6, x_7\}$, $P_4=\{x_2, x_T, x_6, x_7\}$, $P_5=\{x_1, x_7\}$, $P_6=\{x_2, x_7\}$。

(2) 最小割集和最小径集在事故树分析中的作用

① 最小割集表示系统的危险性。求出最小割集,就可以掌握该类事故发生的各种可能,了解系统危险性大小,为事故调查和事故预防提供方便。

根据最小割集的定义,每个最小割集都是顶上事件发生的一种可能。它表示哪些原因都存在时,顶上事件就发生。事故树中有几个最小割集就有几种可能,最小割集越多,系统越危险。在调查分析事故中,可以利用最小割集,排除非本次事故的原因,确定造成本次事故的割集,从而明确本次事故的原因。在同类系统中,也可根据最小割集的多少比较系统危险性的高低。

② 最小径集表示系统的安全性。求出最小径集,就可以知道要使顶上事件不发生有哪几种可能的方案,并掌握系统的安全性如何,为控制事故提供依据。根据最小径集的定义,某一个最小径集中的基本事件都不发生,就可以使顶上事件不发生。事故树中最小径集越多,系统越安全。

③ 从最小割集可直观比较其危险性。一般称少事件最小割集为危险割集,从而根据各最小割集中包含的基本时间的多少判定哪种事故可能(哪个最小割集)最危险,哪种次之,哪种可以忽略,以及针对哪个最小割集采取措施可以使事故发生概率下降幅度较大。

通常情况下,少事件最小割集比多事件的容易发生,若干事件构成的最小割集可以忽略。因此,在采取措施时,可以采用冗余设计或针对缺陷事件增加保险措施的办法,使少事件最小割集增加基本事件,有效提高系统安全性,降低事故发生概率。随着割集中事件的增多,事件一起发生的可能性大幅度下降,因此可以忽略。

④ 从最小径集可以选择控制事故的最佳方案。一般从最小径集中选择控制事故的最佳方案的顺序,是从少事件最小径集向多事件的位移。某一具体系统而言,如果事故树中与门多,最小割集就少,说明这个系统是较为安全的;如果或门多,最小割集就多,说明这个系统是较为危险的。对这两类系统,事故树定性分析应区别对待。与门多时,定性分析最好从求去最小割集入手。如果事故树中或门多,定性分析从求取最小径集入手比较简便,也便于选择控制事故的最佳方案。因为一般选择的顶上事件大多为多发事故,所以事故树种或门结构较多是必然的。

(3) 结构重要度分析

结构重要度分析是从事故树结构上分析各基本事件的重要程度,即在不考虑各基本事件的发生概率或假定基本事件的发生概率都相等的情况下,分析各基本事件的发生对顶上事件发生的影响程度。基本事件的结构重要度越大;它对顶上事件的影响程度就越大,反之亦然。

利用最小割集确定结构重要度。最小割集是事故等效树的最简构成部分,所以利用最小割集求解基本事件的结果重要度就要方便得多。由于基本事件的发生概率通常小于1,所以容量(基本事件数量)越小的最小割集概率越高,其中基本事件的重要度也越大。通常情况下,最小割集中基本事件的重要度遵循下述原则,即:

① 当各最小割集的容量相等时,在各最小割集中重复出现次数越多的基本事件,其结构重要度也越大。

② 当各最小割集的容量不等时,最小割集的容量越小,其中基本事件的重要度越大。

③ 在各小容量最小割集中出现次数少的基本事件,与在各大容量最小割集中出现次数多的基本事件相比较,其结构重要度一般是前者大于后者。

若给各个最小割集中的基本事件都赋予1,依据上述原则可列出以下近似判定式,即:

$$I_{\Phi(i)} = \sum_{x_i \in k_j} \frac{1}{2^{n_i - 1}} \tag{4-3}$$

式中 $I_{\Phi(i)}$——基本事件 x_i 的结构重要度;

n_i——基本事件 x_i 所在最小割集包含的基本事件数。

4) 事故树定量分析

(1) 顶上事故发生概率的计算

在已知事故树中各基本事件的发生概率后,即可计算出顶上事件的发生概率。一般情况下,基本事件是相互独立的,因此,在计算时均按照基本事件是相互独立的情况进行。

① 利用最小割集计算顶上事件的发生概率。假定事故树有 r 个最小割集 K_j,则对于各最小割集 K_j 可定义如下函数:

$$K_j(x) = \prod_{x_i \in K_j} x_i \tag{4-4}$$

式中 i——基本事件序数;

j——最小割集序数。

由于最小割集与基本事件是用与门连接的，而顶上事件与最小割集是用或门连接的，所以结构函数为：

$$\Phi(x) = \coprod_{j=1}^{r} K_j(x) = \coprod_{j=1}^{r} \prod_{x_j \in k_j} x_j \tag{4-5}$$

式中 r——最小割集个数；

$\coprod$——逻辑加符号。

由于基本事件 x_i 发生的概率 q_i 是 $x_i=1$ 的概率，顶上事件的发生概率 Q 是 $\Phi(x)=1$ 的概率；所以，若在各最小割集中没有重复的基本事件，而且各基本事件相互独立时，顶上事件的发生概率 Q 可以表示为：

$$Q = \coprod_{j=1}^{r} \prod_{x_j \in k_j} q_i \tag{4-6}$$

若事故树的各最小割集中有重复事件，需将上式展开，按布尔代数中等幂律消去每个概率因子的重复因子，方可计算。此种情况下的顶上事件发生概率 Q 可表示为：

$$Q = \coprod_{j=1}^{r} \prod_{x_j \in k_j} q_i - \sum_{1 \leqslant j < s \leqslant r} \prod_{x_i \in k_j \cup K_s} q_i + \cdots + (-1)^{r-1} \prod_{\substack{j=1 \\ x_i \in k_j}}^{r} q_i \tag{4-7}$$

② 顶上事件发生概率的近似计算。精确算法的难点在于，求或门结构的各独立事件的和事件概率，特别是在事故树的不同位置出现相同的基本事件时，无论是通过最小割集还是最小径集，计算量都很大。但是，事故树中的基本事件都是小概率事件，因而或门结构的各独立事件和事件概率可以用算术和代替其概率和。其计算结果可以保证必要的精度。

这种近似算法是基于把事故树各最小割集间共同的基本事件视为无共同的基本事件，即认为各最小割集是相互独立的，这样就可以代数积代替概率积、以代数和代替概率和。其计算公式为：

$$Q \approx \coprod_{j=1}^{r} \prod_{x_j \in k_j} q_i \tag{4-8}$$

例如，A、B、C 三个独立事件的概率均为 10^{-2}，其和事件概率为：

$$P(A+B+C) = 1-(1-0.01)(1-0.01)(1-0.01) = 0.029\,701$$

其近似值为 $P(A+B+C) \approx P(A)+P(B)+P(C)=0.03$，两者相差无几。也就是说，以算术加乘运算代替和事件、积事件的概率运算是完全合理的。

(2) 概率重要度

结构重要度是从事故树的结构上分析各基本事件的重要程度，如果进一步考虑各基本事件发生概率的变化会给顶上事件发生的概率以多大的影响，则必须分析基本事件的概率重要度。基本事件的概率重要度是指顶上事件发生概率对基本事件发生概率的变化率，即

$$I_g(i) = \frac{\partial Q}{\partial q_i} \tag{4-9}$$

求出各基本事件的概率重要度后可知：在诸多基本事件中，降低哪个基本事件的发生概率，就可迅速有效地降低顶上事件的发生概率。一个基本事件的概率重要度的大小不仅取决于它本身概率的大小，还取决于它所在最小割集中其他事件概率的大小。

(3) 临界重要度

结构重要度是从事故树的结构上分析基本事件的重要性，并不能全面地说明各基本事

件的危险重要程度，而概率重要度是反映基本事件发生概率的增减对顶上事件发生概率影响的敏感度，两者都不能在本质上反映各基本事件在事故树中的重要程度。临界重要度是从概率和结构的双重角度来衡量各基本事件重要性的一个评价标准。临界重要度是基本事件发生概率的变化率与顶上事件发生概率的变化率的比，即

$$I_c(i) = \frac{\Delta Q}{Q} / \frac{\Delta q_i}{q_i} \tag{4-10}$$

通过偏导数的公式变换，上式可改写为

$$I_c(i) = I_g(i) \cdot \frac{q_i}{Q} \tag{4-11}$$

5）事故树分析优缺点及适用范围

事故树能清晰地用图说明系统是怎样失效的，把系统的故障与组成系统部件的故障有机地联系在一起，通过事故树可以找出系统的全部可能的失效状态。事故树是一种形象化的技术资料，当它建成以后，对不曾参与系统设计的管理、运行人员是一种直观的教学和维修指南。但事故树分析需要花费大量的人力、物力和时间，有时也会发生遗漏和逻辑推理的缺点和错误。随着计算机技术的发展，计算机辅助事故树分析，进行定性和定量及图形化风险分析和评价；并且事故树分析由于受到统计数据的不确定性的影响，在定量分析中有很大困难。

事故树分析方法可用于系统的可靠性分析、系统的安全分析与事故分析，对系统的可靠性进行评价、概率危险评价，系统在设计、维修、运行各个重要阶段的重要度分析和灵敏度分析、故障诊断与检修表的制订等。

6）事故树分析实例

对于直流锅炉主要危险就是爆炸，包括汽水分离器、“四管”爆炸及蒸汽泄漏和炉外汽水管道爆破，造成设备损坏和人员伤亡，故障停炉还会影响电网的安全。电厂锅炉属高温高压设备，若生产过程中出现超压，压力超过设备的强度极限，就会产生物理爆炸。

因锅炉管内汽水循环停滞（如堵塞，供水不足，排污不当造成真空，炉管局部过烧等），在1 000～1 200 ℃的高温辐射下，管内因汽水循环停滞形成的气室急剧膨胀，致使“气室”管段处于干烧状态导致炉管严重爆破，变形损坏。因设备严重故障、运行人员松懈麻痹和误操作，可能造成锅炉严重缺水、超压，如处理不当，就会造成锅炉爆破事故。因锅炉水、气、煤质量不合格或燃烧不良，也会造成锅炉爆管事故。

锅炉灭火炉膛爆炸事故的事故树如图 4-7 所示。

（1）求事故树的最小割集

根据图 4-7，可以得到锅炉灭火炉膛爆炸事故树的结构函数如下：

$$\begin{aligned}
T &= B_1 B_2 = (X_1 + X_2 + X_3)(B_4 + B_5 + B_6 + B_7 + B_8) \\
&= (X_1 + X_2 + X_3)(X_4 + X_5 + B_9 + B_{10} + X_8 + X_6 + B_{12} + X_{18} + X_{16} + X_{19} + X_9) \\
&= (X_1 + X_2 + X_3)(X_4 + X_5 + X_6 + X_7 + X_8 + X_9 + X_{11} + B_{11} + X_{12} + B_{13} + \\
&\quad X_{17} + X_{18} + X_{19}) \\
&= (X_1 + X_2 + X_3)(X_4 + X_5 + X_6 + X_7 + X_8 + X_9 + X_{10} + X_{11} + X_{12} + B_{14} + \\
&\quad X_{15} + X_{16} + X_{17} + X_{18} + X_{19}) \\
&= (X_1 + X_2 + X_3)(X_4 + X_5 + X_6 + X_7 + X_8 + X_9 + X_{10} + X_{11} + X_{12} + X_{13} + \\
&\quad X_{14} + X_{15} + X_{16} + X_{17} + X_{18} + X_{19})
\end{aligned}$$

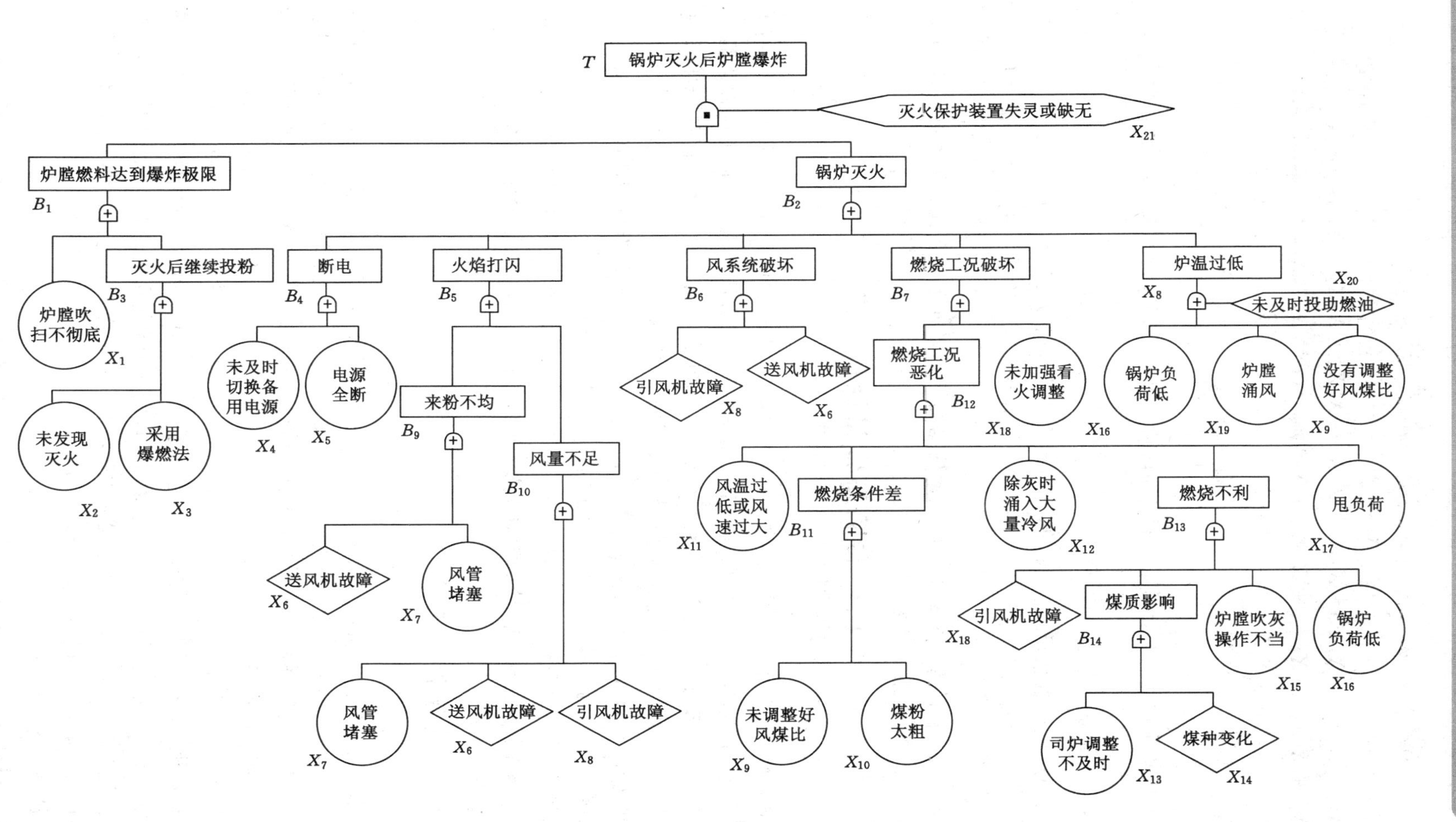

图 4-7　锅炉灭火后炉膛爆炸事故树

$$
\begin{aligned}
&= X_1X_4 + X_1X_5 + X_1X_6 + X_1X_7 + X_1X_8 + X_1X_9 + X_1X_{10} + \\
&\quad X_1X_{11} + X_1X_{12} + X_1X_{13} + X_1X_{14} + X_1X_{15} + X_1X_{16} + X_1X_{17} + \\
&\quad X_1X_{18} + X_1X_{19} + X_2X_4 + X_2X_5 + X_2X_6 + X_2X_7 + X_2X_8 + X_2X_9 + \\
&\quad X_2X_{10} + X_2X_{11} + X_2X_{12} + X_2X_{13} + X_2X_{14} + X_2X_{15} + X_2X_{16} + \\
&\quad X_2X_{17} + X_2X_{18} + X_2X_{19} + X_3X_4 + X_3X_5 + X_3X_6 + X_3X_7 + X_3X_8 + \\
&\quad X_3X_9 + X_3X_{10} + X_3X_{11} + X_3X_{12} + X_3X_{13} + X_3X_{14} + X_3X_{15} + X_3X_{16} + X_3X_{17} + \\
&\quad X_3X_{18} + X_3X_{19}
\end{aligned}
$$

通过分析该事故树 19 个基本事件结构函数，可以得出 48 个最小割集，在此不一一列举。

(2) 结构重要度分析

运用结构重要度近似求解方法，得出结构重要度顺序为：$I_{\Phi(1)} = I_{\Phi(2)} = I_{\Phi(3)} > I_{(\Phi4)} = I_{\Phi(5)} = I_{\Phi(6)} = I_{\Phi(7)} = I_{\Phi(8)} = I_{\Phi(9)} = I_{\Phi(10)} = I_{\Phi(11)} = I_{\Phi(12)} = I_{\Phi(13)} = I_{\Phi(14)} = I_{\Phi(15)} = I_{\Phi(16)} = I_{\Phi(17)} = I_{\Phi(18)} = I_{\Phi(19)}$

导致锅炉灭火炉膛爆炸事故的危险因素依据结构重要度主要有：① 炉膛吹扫不彻底；② 未发现灭火；③ 采用爆燃法。

4.3 危险源定量评价技术

危险源定量评价技术是根据统计数据、检测数据、同类和类似系统的数据资料，按有关标准，应用科学的方法构造数学模型进行定量化评价的一类方法。主要有以下两种类型：

(1) 以可靠性、安全性为基础，先查明系统中的隐患并求出其损失率、有害因素的种类及其危险程度，然后再与国家规定的有关标准进行比较、量化。

常用的方法有：事故树分析、模糊数学综合评价法、机械工厂固有危险性评价方法等。

(2) 以物质系数为基础，采取综合评价的危险度分级方法。

常用的方法有：美国道化学公司的火灾、爆炸危险指数评价法；英国帝国化学公司 ICI/Mond 火灾、爆炸、毒性指标法；日本劳动省六阶段法；等等。本节主要介绍一些国内比较常用的定量评价方法。

4.3.1 火灾爆炸指数评价方法

1) 概述

火灾、爆炸危险指数评价法是由美国道化学公司首创的系统危险分析方法。首先它以物质系数为基础；然后考虑工艺过程中其他因素如操作方式、工艺条件、设备状况、物料处理量、安全装置情况等的影响，来计算每个单元的危险度数值；最后按数值大小划分危险度级别。分析时对管理因素考虑较少，这主要是对化工生产过程中固有危险程度的评价。

道化学公司方法推出以后，各国竞相研究，在它的基础上提出了一些不同的评价方法，其中以英国帝国化学公司蒙德方法最具特色。蒙德方法是根据化学工业的特点，在火灾、爆炸危险指数的基础上扩充了毒性指标，并对所采取的安全措施引进了补偿系数的概念，把这种方法向前推进了一大步。道化学公司又在吸收蒙德方法优点的基础上进一步把单元的危险度转化为最大可能财产损失，使得该项技术日臻完善。

2) 评价计算程序

"火灾、爆炸危险指数评价法"风险分析计算程序如图 4-8 所示。几种基本系数的取值见表 4-17～表 4-20。

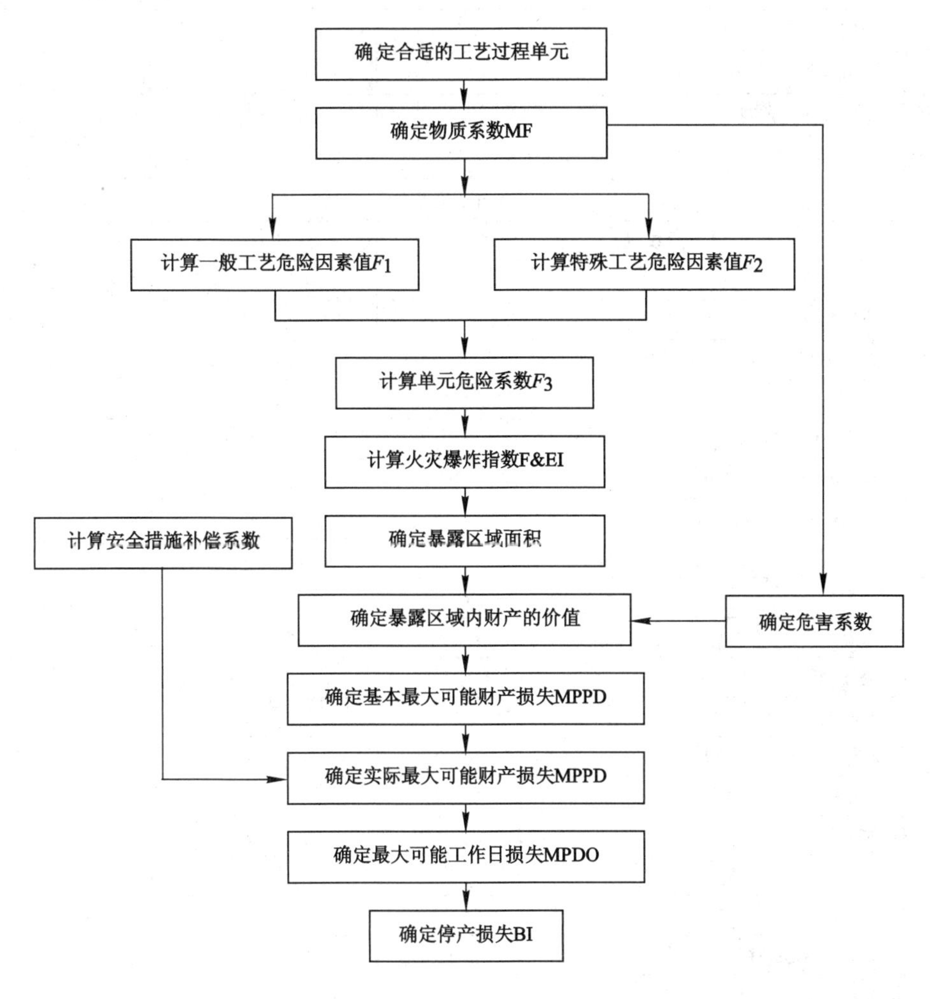

图 4-8　火灾爆炸指数法评价流程

表 4-17　　火灾、爆炸指数(F&EI)表

地区/国家： 位置： 生产单元： 检查人：(管理部) 工艺设备中的物料：	部门： 日期： 工艺单元： 审定人：(负责人)： 确定 MF 的物质：	场所： 建筑物： 评价人： 检查人：(技术部) 操作温度：
物质系数：若单元温度超过 60 ℃，则需做温度修正		操作状态：设计□开车□正常操作□停车□
项目	危险系数范围	采用危险
一、一般工艺危险		
基本系数	1.00	1.00
A. 放热化学反应	0.3～1.25	
B. 吸热反应	0.20～0.40	
C. 物料处理与输送	0.25～1.05	

续表 4-17

D. 密闭式或室内工艺单元	0.25～0.90	
E. 通道	0.20～0.35	
F. 排放和泄漏控制	0.25～0.50	
一般工艺危险系数(F_1)		
二、特殊工艺危险		
基本系数	1.00	1.00
A. 毒性物质	0.20～0.80	
B. 负压(<6.67×10^4 Pa)	0.5	
C. 易燃范围内及接近易燃范围的操作		
惰性化——未惰性化——		
① 罐装易燃液体	0.50	
② 过程失常或吹扫故障	0.30	
③ 一直在燃烧范围内	0.80	
D. 粉尘爆炸	0.25～2.00	
E. 压力		
F. 低温	0.20～0.30	
G. 易燃及不稳定物质的质量		
① 工艺中的液体及气体		
② 储存中的液体及气体		
③ 储存中的可燃固体及工艺中的粉尘		
H. 腐蚀与磨蚀	0.10～0.75	
I. 泄漏——接头和填料	0.10～1.50	
J. 使用明火设备		
K. 热油热交换系统	0.15～1.15	
L. 转动设备	0.50	
特殊工艺危险系数(F_2)		
工艺单元危险系数($F_1\times F_2$)$=F_3$		
火灾、爆炸指数(F&EI)		

注：① 无安全补偿时，填入 1.00；
② 基本系数取 1.00。

表 4-18　　安全措施补偿系数

项目	补偿系数范围	采用补偿系数
一、工艺控制安全补偿系数(C_1)		
a. 应急电源	0.98	
b. 冷却装置	0.97～0.99	
c. 抑爆装置	0.84～0.98	
d. 紧急切断装置	0.96～0.99	
e. 计算机控制	0.93～0.99	

续表 4-18

f. 惰性气体保护	0.94～0.96	
g. 操作规程/程序	0.91～0.99	
h. 化学活泼性物质检查	0.91～0.98	
I. 其他工艺危险分析	0.91～0.98	
$C_1(3)$		
二、物质隔离补偿系数(C_2)		
a. 遥控阀	0.96～0.98	
b. 卸料/排空装置	0.96～0.98	
c. 排放系统	0.91～0.97	
d. 联锁装置	0.98	
$C_2(3)$		
三、防火措施补偿系数(C_3)		
a. 泄漏检测装置	0.94～0.98	
b. 结构钢	0.95～0.98	
c. 消防水供应系统	0.94～0.97	
d. 特殊灭火系统	0.91	
e. 洒水灭火系统	0.74～0.97	
f. 水幕	0.97～0.98	
g. 泡沫灭火装置	0.92～0.97	
h. 手提式灭火器材/喷水枪	0.93～0.98	
i. 电缆防护	0.94～0.98	
$C_3(3)$		
安全措施补偿系数$=C_1\times C_2\times C_3$		

注：无安全补偿系数时，填入 1.00。

表 4-19　　工艺单元危险分析结果汇总表

序号	内容	工艺单元
1	火灾、爆炸危险指数(F&EI)	
2	危险等级	
3	暴露半径	m
4	暴露区域面积	m^2
5	暴露区域内的财产更换价值	
6	危害系数	
7	基本 MPPD	
8	安全措施补偿系数	
9	实际 MPPD	
10	最大可能停工天数	d
11	停产损失 BI	

表 4-20　　生产单元危险分析汇总表

<table>
<tr><td colspan="4">地区/国家：
位置：
评价人：</td><td colspan="4">部门：
生产单元：
生产单元总替换价值：</td><td colspan="2">场所：
操作类型：
日期：</td></tr>
<tr><td>工艺单元</td><td>主要物质</td><td>物质系数</td><td>火灾爆炸指数</td><td>影响区内财产价值</td><td>基本 MPPD</td><td>实际 MPPD</td><td>停工天数 MPDO</td><td>停产损失 BI</td></tr>
<tr><td></td><td></td><td></td><td></td><td></td><td></td><td></td><td></td><td></td></tr>
</table>

3）道化学火灾、爆炸危险指数评价法计算说明

（1）选择工艺单元

单元是装置的一个独立部分，通常在不增加危险性潜能的情况下，可把危险性潜能类似大的几个单元归为一个较大的单元。在计算该装置的火灾、爆炸指数时，只选择那些对工艺有影响的单元进行评价，即评价单元。确定评价单元时注意运用以下原则：① 单元中物质的潜在化学能；② 单元中易燃易爆危险物质的数量；③ 单元内的资金密度；④ 单元的操作压力和温度；⑤ 导致以往事故的要点；⑥ 对工厂起关键作用的单元。

（2）确定物质系数

物质系数 MF 是表述物质在由燃烧或其他化学反应引起的火灾、爆炸过程中释放能量大小的内在特性，是最基础的数值。物质系数是由美国消防协会规定的 NF 和 NR（分别代表物质的燃烧性和化学活性或不稳定性）决定的。

通常情况下，NF 和 NR 是针对正常环境温度而言的。物质发生燃烧和反应的危险性随温度的上升而急剧增大，物质发生反应的速度也随温度的上升而急剧增大，当物质的温度超过 60 ℃时，物质系数就需要修正。

（3）确定火灾、爆炸危险指数

火灾、爆炸危险指数（F&EI）按下式计算：

$$\mathrm{F\&EI} = F_3 \times \mathrm{MF} \tag{4-12}$$

式中　F_3——工艺单元危险系数（F_3值的正常范围为 1～8，若大于 8，也按最大值 8 计）；

单元工艺危险（F_3）＝一般工艺危险（F_1）× 特殊工艺危险（F_2）。

MF——物质系数。

求出 F&EI 后，按表 4-21 确定其火灾、爆炸危险等级。

表 4-21　　火灾、爆炸危险等级表

F&EI 范围	危险程度	危险等级
1～60	轻	Ⅰ级
61～96	较轻	Ⅱ级
97～127	中等	Ⅲ级
128～158	严重	Ⅳ级
≥159	极端	Ⅴ级

（4）确定暴露区域面积

暴露区域半径为

$$R = F\&EI \times 0.256\ \text{m}$$

该暴露半径表明了单元危险区域的平面分布，它是一个以工艺设备的关键部位为中心，以暴露半径为半径的圆。

$$S = \pi R^2 \tag{4-13}$$

$$\text{实际暴露区域面积} = \text{暴露区域面积} \times \text{评价单元面积} \tag{4-14}$$

暴露半径、暴露区域及影响体积如图 4-9 所示。暴露区域表示其内的设备将会暴露在本单元发生的火灾或爆炸环境中。

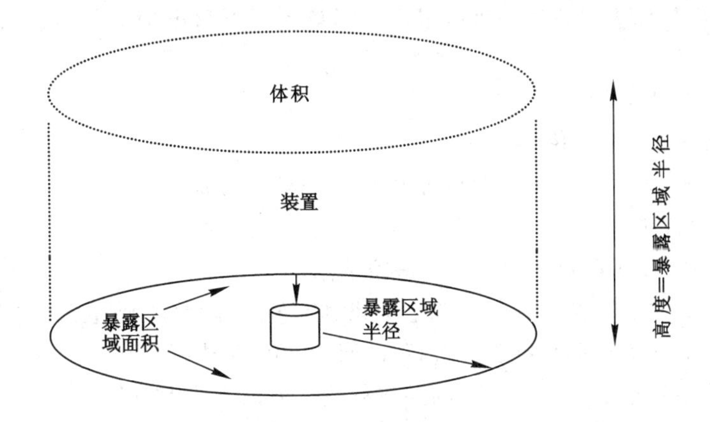

图 4-9　暴露半径、暴露区域及影响体积

(5) 确定暴露区域财产更换价值

暴露区域内的财产价值可由该区域内含有的财产(包括在存物料)的更换价值来确定。

$$\text{更换价值} = \text{原来成本} \times 0.82 \times \text{增长系数} \tag{4-15}$$

在计算暴露区域内财产的更换价值时，需计算在存物料及设备的价值。储罐的物料量可按其容量的 80%计算；塔器、泵、反应器等计算在存量或与之相连的物料储罐物料量，亦可用 15 min 内的物流量或其有效容积计算。

物料的价值要根据制造成本、可销售产品的销售价及废料的损失等来确定，要将暴露区内的所有物料包括在内。计算时，不能重复计算两个暴露区域相交叠的部分。

(6) 确定危害系数

危害系数由物质系数 MF 曲线和单元危险系数 F_3 曲线的交点确定。它表示单元中的物料或反应能量释放所引起的火灾、爆炸事故的综合效应。

(7) 计算基本最大可能财产损失(基本 MPPD)

基本最大可能财产损失是假定没有采用任何一种安全措施来降低的损失，其计算式为：

$$\text{基本 MPPD} = \text{暴露区域内财产价值} \times \text{危害系数} = \text{更换价值} \times \text{危害系数} \tag{4-16}$$

(8) 计算安全补偿系数

$$C = C_1 \times C_2 \times C_3 \tag{4-17}$$

式中　C——安全措施总补偿系数；

C_1——工艺控制补偿系数；

C_2——物质隔离补偿系数；

C_3——防火措施补偿系数。

补偿系数的取值分别按道化学评价方法所确定的原则来选取。无任何安全措施时，上述补偿系数为1.0。

(9) 计算实际最大可能财产损失(实际 MPPD)

$$实际\ MPPD = 基本最大可能财产损失 \times 安全措施补偿系数 \tag{4-18}$$

它表示在采取适当的防护措施后事故造成的财产损失。

(10) 计算可能工作日损失(MPDO)

估算最大可能工作日损失(MPDO)是评价停产损失(BI)的必经步骤，根据物料储量和产品需求的不同状况，停产损失往往等于或超过财产损失。

最大可能工作日损失(MPDO)可以根据实际最大可能财产损失值，从道化学评价方法给定的图中查取。

(11) 计算停产损失(BI)

停产损失(按美元计)按下式计算：

$$BI = MPDO/30 \times VPM \times 0.70 \tag{4-19}$$

式中，VPM 为每月产值。

4) 道化学火灾、爆炸危险指数评价法适用范围

道化学火灾、爆炸危险指数评价法能定量地对工艺过程、生产装置及所含物料的实际潜在火灾、爆炸和反应性危险逐步推算并进行客观的评价，并能提供评价火灾、爆炸总体危险性的关键数据，能很好地剖析生产单元的潜在危险。但该方法大量使用图表，涉及大量参数的选取，且参数取值范围宽，因人而异，因而影响了评价的准确性。

道化学火灾、爆炸危险指数评价法适用于生产、储存和处理具有易燃、易爆、有化学活性或有毒物质的工艺过程及其他有关工艺系统。

5) 道化学火灾、爆炸危险指数评价法应用实例

柴油具有特殊的易燃易爆性等危害，火灾危险性分类为乙类，存在一定的火灾爆炸危险，主要危险源是柴油储罐。评价单元柴油储罐容量为 2×2 000 m^3，柴油最大储量约3 320 t，大于《危险化学品重大危险源辨识标准》(GB 18218—2014)规定的储存区临界储量，已构成规定的重大危险源。

(1) 初步危险评价

评价过程详见“评价单元危险物质系数及危险特性表”(表4-22)和“单元火灾、爆炸危险指数(F&EI)计算表”(表4-23)。

表4-22　柴油储罐单元危险物质的物质系数 MF 及其特性

评价单元	危险物质	MF	燃烧热值/(Btu·Ib^{-1})	NFPA			沸点/℃	闪点/℃
				$N_{(H)}$	$N_{(F)}$	$N_{(R)}$		
柴油储罐	柴油	10	18.7×10^3	0	2	0	157.2	37.8～54.4

注：1 Btu/Ib=2 326 J/kg。

表4-23　柴油储罐单元火灾、爆炸危险指数(F&EI)计算表

单元：柴油贮罐	确定 MF 的物质：柴油	MF=10
1. 一般工艺危险	危险系数范围	采用危险
基本系数	1.00	1.00

续表 4-23

A. 放热化学反应	0.3～1.25	
B. 吸热反应	0.20～0.40	
C. 物料处理与输送	0.25～1.05	0.25
D. 密闭式或室内工艺单元	0.25～0.90	
E. 通道	0.20～0.35	
F. 排放和泄漏控制	0.25～0.50	0.5
一般工艺危险系数(F_1)		1.75
2. 特殊工艺系数		
基本系数	1.00	1.00
A. 毒性物质	0.20～0.80	
B. 负压(<500 mmHg)	0.5	
C. 易燃范围内及接近易燃范围的操作		
惰性化——未惰性化——		
① 罐装易燃液体	0.50	0.5
② 过程失常或吹扫故障	0.30	
③ 一直在燃烧范围内	0.80	
D. 粉尘爆炸	0.25～2.00	
E. 压力		0.16
F. 低温	0.20～0.30	
G. 易燃及不稳定物质的重量		
① 工艺中的液体及气体		
② 储存中的液体及气体		0.7
③ 储存中的可燃固体及工艺中的粉尘		
H. 腐蚀与磨蚀	0.10～0.75	0.2
I. 泄漏——接头和填料	0.10～1.50	0.3
J. 使用明火设备		
K. 热油热交换系统	0.15～1.15	
L. 转动设备	0.50	
特殊工艺危险系数(F_2)		2.86
工艺单元危险系数($F_1 \times F_2$)$=F_3$	5.00	
火灾、爆炸指数(F&EI)	50	

根据计算出的单元火灾爆炸指数(F&EI)值，按表 4-21“F&EI 及危险等级分级表”进行危险等级划分，结果见表 4-24。

表 4-24　　单元 F&EI 值及危险等级分级表

评价单元	F&EI 值	危险等级
柴油储罐	50	最轻

（2）补偿系数计算

对柴油储罐评价单元采取安全措施后的补偿系数计算，详见表 4-25。

表 4-25　　安全措施补偿系数

单元：柴油储罐		
项目	补偿系数范围	采用补偿系数
1. 工艺控制安全补偿系数(C_1)		
a. 应急电源	0.98	0.98
b. 冷却装置	0.97～0.99	1
c. 抑爆装置	0.84～0.98	1
d. 紧急切断装置	0.96～0.99	0.99
e. 计算机控制	0.93～0.99	1
f. 惰性气体保护	0.94～0.96	1
g. 操作规程/程序	0.91～0.99	0.95
h. 化学活泼性物质检查	0.91～0.98	0.98
i. 其他工艺危险分析	0.91～0.98	1
C_1(3)		0.903
2. 物质隔离补偿系数(C_2)		
a. 遥控阀	0.96～0.98	0.98
b. 卸料/排空装置	0.96～0.98	1
c. 排放系统	0.91～0.97	1
d. 联锁装置	0.98	1
C_2(3)		0.98
3. 防火措施补偿系数(C_3)		
a. 泄漏检测装置	0.94～0.98	0.98
b. 结构钢	0.95～0.98	0.98
c. 消防水供应系统	0.94～0.97	0.97
d. 特殊灭火系统	0.91	1
e. 洒水灭火系统	0.74～0.97	0.97
f. 水幕	0.97～0.98	1
g. 泡沫灭火装置	0.92～0.97	0.97
h. 手提式灭火器材/喷水枪	0.93～0.98	1
i. 电缆防护	0.94～0.98	1
C_3(3)		0.877
安全措施补偿系数＝$C_1 \times C_2 \times C_3$		0.776

（3）火灾、爆炸危险指数评价汇总

① 火灾、爆炸危险指数（F&EI）及其危险等级

柴油储罐的火灾爆炸指数为：　F&EI＝5×10＝50

危险等级为“最轻”。

② 火灾、爆炸时影响区域半径(暴露半径)

暴露半径：　　　　　$R_1=50\times0.84\times0.3048=12.8$ (m)

③ 火灾、爆炸时爆炸区域及影响体积

暴露区域计算如下：

$$S=\pi R_1^2=3.14\times12.8^2=514\ (m^2)$$

④ 火灾、爆炸时暴露区域内财产价值危害系数的确定

暴露区域内财产价值可由区域内含有的财产(包括在存的物料)的更换价值来确定。为了建设单元今后进一步计算的方便和了解采用安全措施后的财产损失的变化，设定各个单元暴露区域内的财产更换价值为 A。

由图或方程式根据单元危险系数(F_3)和物质系数(MF)，柴油储罐单元的危害系数(y)求取如下：

$$F_3=5.0;\ \mathrm{MF}=10$$

求得危害系数为：

$$y=0.20$$

⑤ 基本最大可能财产损失(基本 MPPD)

柴油储罐单元的基本 MPPD 为：$0.20A$

实际最大可能财产损失：$0.16A$

⑥ 最大可能工作日财产损失 MPPO 和停产损失(BI)

由于实际 MPPD 目前还无法计算出准确数值，故 MPDO 和 BI 无法算出具体数值。

⑦ 各单元补偿后火灾、爆炸危险指数(F&EI′)及其补偿后危险等级

柴油储罐单元经过安全补偿后：

$$\mathrm{F\&EI'}=50\times0.776=38.8$$

其危险等级为“最轻”。

(4) 评价结果分析

柴油储罐区火灾爆炸危险指数评价分析计算结果汇总列于表 4-26。

表 4-26　　　　分析结果汇总表

项目	柴油储罐	项目	柴油储罐
火灾、爆炸危险指数(F&EI)	50	基本 MPPD	$0.20A$
危险等级	最轻	安全措施补偿系数	0.776
暴露半径/m	12.8	实际 MPPD	$0.16A$
暴露区域面积/m^2	514	补偿后火灾、爆炸危险指数(F&EI′)	38.8
暴露区域内的财产更换价值	A	补偿后危险等级	最轻
危害系数	0.20		

可知，各单元采用表 4-25 的补偿安全措施后，爆炸危险指数下降，柴油贮罐的危险等级为“最轻”。根据道氏化学火灾、爆炸危险指数评价法的评价准则，柴油储罐区的实际最大可能财产损失完全在可接受范围内。为进一步降低火灾爆炸危险性，仍有必要采取更加完善的安全措施。

4.3.2 日本劳动省“六阶段安全评价”法

1）概述

目前国内外均有一些综合性的危险分析方法，比较具有代表性的有日本劳动省的“六阶段安全评价”法，美国杜邦公司采用的三阶段安全评价方法（安全检查表—故障模式和影响分析—事故树、事件树）以及我国光气三阶段安全评价方法（安全检查表—危险指数评价—系统安全评价方法）等方法。以下将详细介绍日本劳动省“六阶段安全评价”法。

2）评价程序

（1）第一阶段——资料准备

需要准备的资料主要有：建厂条件、装置平面图、构筑物平面、立面图、仪表室和配电室平面、断面、立面图、原材料、中间体、配管、安全设备的种类及设置地点、人员配置等。

（2）第二阶段——定性评价（安全检查表检查）

主要针对场址选择、工艺流程步骤、设备选择、建筑物、原材料、中间体、产品、输送储存系统、消防设施等方面用安全检查表进行检查。

（3）第三阶段——定量评价

危险度的定量评价，是将装置分为几个单元，对各单元的物料、容量、温度、压力和操作等五项进行评定，最后按照这些点数之和来评定该单元的危险度等级。16点以上为1级，属高度危险；11～15点为2级；1～10点为3级，属低危险度。

（4）第四阶段——安全措施

评出危险性等级之后，就要在设备、组织管理等方面采取相应的措施。

（5）第五阶段——根据过去的事故情况进行再评价

根据设计内容参照过去同类设备和装置的事故情报进行再评价，如果有应改进之处再参照前四阶段重复进行讨论。对于危险度为Ⅱ和Ⅲ的装置，在以上的评价完成后，即可进行装置和工厂的建设。

（6）第六阶段——事故树分析、事件树分析进行在评价

对危险度为Ⅰ的装置，用事故树分析、事件树分析在进行评价。评价后如果发现需要改进的地方，要对设计内容进行修改，然后才能建厂。

4.3.3 危险度评价法

危险度评价法是借鉴日本劳动省“六阶段”的定量评价表，结合我国国家相关标准、规程，编制了“危险度评价取值表”如表4-27所列，规定了危险度由物质、容量、温度、压力和操作五个项目共同确定，其危险度分别按A、B、C、D四个类别，分别有10点、5点、2点、0点表示，按照这些点数之和，来评定该单元的危险程度等级，危险度分级见表4-28。

$$\begin{Bmatrix}\text{物质}\\0\sim10\end{Bmatrix}+\begin{Bmatrix}\text{容量}\\0\sim10\end{Bmatrix}+\begin{Bmatrix}\text{温度}\\0\sim10\end{Bmatrix}+\begin{Bmatrix}\text{压力}\\0\sim10\end{Bmatrix}+\begin{Bmatrix}\text{操作}\\0\sim10\end{Bmatrix}=\begin{Bmatrix}16\text{点以下}\\11\sim15\text{点},0\sim10\text{点}\end{Bmatrix}$$

16点以上为1级，属高度危险；11～15点为2级，需同周围情况及其他设备联系起来进行评价；1～10点为3级，属低度危险。

物质：物质本身固有的点火性、可燃性和爆炸性的程度；容量：单元中处理的物料量；温度：运行温度和点火温度的关系；压力：运行压力（超高压、高压、中压、低压）；操作：运行条件引起爆炸或异常反应的可能性。

表 4-27 危险度评价取值表

项目	分值			
	10 分(A)	5 分(B)	2 分(C)	0 分(D)
物质(原材料中间体或产品中危险程度最大的物质)	1. 甲类可燃气体； 2. 甲 A 及液态烃类； 3. 甲类固体； 4. 极度危害介质	1. 乙类可燃气体； 2. 甲、乙 A 及液态烃类； 3. 乙类固体； 4. 高度危害介质	1. 乙 B、丙 A、丙 B 类可燃液体； 2. 丙类固体； 3. 中、轻度危害介质	不属 A～C 项物质
容量	气体：1 000 m^3 以上； 液体：100 m^3 以上。 ① 有触媒的反应，应去掉触层所占空间； ② 气液混合反应应按照其反应形态选择上述规定	气体：500～1 000 m^3； 液体：50～100 m^3	气体：100～500 m^3； 液体：10～50 m^3	气体：<100 m^3； 液体：<10 m^3
温度	1 000 ℃以上使用，其操作温度在燃点以上	① 1 000 ℃以上使用，但操作温度在燃点以下； ② 在 250～1 000 ℃使用，其操作温度存燃点以下	① 在 250～1 000 ℃使用，但操作温度在燃点以下； ② 在低于 250 ℃使用，操作温度在燃点以下	在低于 250 ℃使用，操作温度在燃点之下
压力	100 MPa	20～100 MPa	1～20 MPa	1 MPa
操作	① 临界放热和特别剧烈的放热反应操作； ② 在爆炸极限范围内或其附近的操作	① 中等放热反应(如烷基化、酯化、加成、氧化、聚合、缩合等反应)操作； ② 系统进入空气中的不纯物质，能发生危险的操作； ③ 使用粉状或雾状物质，有可能发生粉尘爆炸的可能； ④ 单批式操作	① 轻微放热反应(如加氢、水解、异构化、磺化、中和等反应)操作； ② 精制操作中伴有的化学反应； ③ 单批式，但开始用机械等手段进行程序操作； ④ 有一定危险的操作	危险的操作

表 4-28 危险度分级表

总分值	≥16 分	11～15 分	≤10 分
等级	Ⅰ	Ⅱ	Ⅲ
危险程度	高度危险	中度危险	低度危险

4.3.4 模糊综合评价法

模糊论首先是由美国控制论专家扎德(L. A. Zadeh)于 1965 年提出的，现已广泛应用于科学技术和实际生活中。模糊综合评价是通过构造等级模糊子集把反映被评事物的模糊指标进行量化(即确定隶属度)，然后利用模糊变换原理对各指标综合。

1）模糊综合评价模型

模糊综合评价的数学模型可分为一级综合评价模型和多级综合评价模型两类。

(1) 一级综合评价模型

① 建立因素集。因素集就是影响评价对象的各种因素组成的一个普通集合，即 $U=(u_1,u_2,\cdots,u_n)$。这些因素通常都具有不同程度的模糊性，但也可以是非模糊的。各因素与因素集的关系，或者 u_i 属于 U，或者 u_i 不属于 U，两者必居其一。因此，因素集本身就是一个普通集合。

② 建立备择集。备择集又称为评价集，是评价者对评价对象可能做出的各种总的评价结果所组成的集合，即 $V=(v_1,v_2,\cdots,v_m)$。元素 v_i 代表各种可能的总评价结果。模糊综合评价的目的就是在综合考虑所有影响因素的基础上，从备样集中得出一个最佳的评价结果。

显然，v_i 和 V 的关系也是普通集合关系。因此，备样集也是一个普通集合。

③ 建立权重集。在因素集中，各因素的重要程度是不一样的。为了反映各因素的重要程度，对各个因素 u_i 应赋予相应的权数 $a_i(i=1,2,\cdots,n)$。由各权数所组成的集合 $A=(a_1,a_2,\cdots,a_p)$ 称为因素权重集，简称权重集。

通常各权重数 a_i 应满足归一性和非负性条件，即：

$$\sum_{i=1}^{p} a_i = 1 \quad a_i \geqslant 0$$

④ 单因素模糊评价。单因素模糊评价，即建立一个从 U 到 $F(V)$ 的模糊映射：

$$\tilde{f}: U \longrightarrow F(V), \forall u_i \mid \longrightarrow \tilde{f}(u_i) = \frac{r_{i1}}{v_1} + \frac{r_{i2}}{v_2} + \cdots + \frac{r_{im}}{v_m} \tag{4-20}$$

式中，r_{ij} 为 u_i 属于 v_j 的隶属度。

由 $\tilde{f}(u_i)$ 可得到单因素评价集 $(R|u_i)=(r_{i1},r_{i2},\cdots,r_{im})$。

以单因素评价集为行组成的矩阵称为单因素评价矩阵。该矩阵为一模糊矩阵。

$$\tilde{\boldsymbol{R}} = \begin{bmatrix} R \mid u_1 \\ R \mid u_2 \\ \vdots \\ R \mid u_p \end{bmatrix} = \begin{bmatrix} r_{11} & r_{12} & \cdots & r_{1m} \\ r_{21} & r_{22} & \cdots & r_{2m} \\ \vdots & \vdots & & \vdots \\ r_{p1} & r_{p2} & \cdots & r_{pm} \end{bmatrix}_{pm} \tag{4-21}$$

⑤ 模糊综合评价。单因素模糊评价仅反映了一个因素对评价对象的影响，这显然是不够的。要综合考虑所有因素的影响，便是模糊综合评价。

由单因素评价矩阵可以看出：$\tilde{\boldsymbol{R}}$ 的第一行反映了第 i 个因素影响评价对象取备择集中各个元素的程度；$\tilde{\boldsymbol{R}}$ 的第 j 列则反映了所有因素影响评价对象取第 j 个备择元素的程度。如果对各因素作用以相应的权数 a_i，便能合理地反映所有因素的综合影响。因此，模糊综合评价可以表示为：

$$\boldsymbol{A} \circ \boldsymbol{R} = (a_1,a_2,\cdots,a_p) \begin{bmatrix} r_{11} & r_{12} & \cdots & r_{1m} \\ r_{21} & r_{22} & \cdots & r_{2m} \\ \vdots & \vdots & & \vdots \\ r_{p1} & r_{p2} & \cdots & r_{pm} \end{bmatrix} + (b_1,b_2,\cdots,b_m) = \boldsymbol{B} \tag{4-22}$$

式中，b_j 称为模糊综合评价指标，简称评价指标。其含义为：综合考虑所有因素的影响时，评价对象对备择集中第 j 元素的隶属度。

⑥ 评价指标的处理。得到评价指标之后，可以按最大隶属原则确定评价对象的具体结果，即取与最大的评价指标 $\max b_j$ 相对应得备择元素 v_j 为评价结果。

（2）多级综合评价模型

将因素集 U 按属性的类型划分成 s 个子集，记为 $U_1, U_2, \cdots, U_s$，根据问题的需要，每一个子集还可以进一步划分。对每一个子集 U_i，按一级评价模型进行评价。将每一个 U_i 作为一个因素，用 B_i 作为它的单因素评价集，又可构成评价矩阵：

$$\widetilde{\boldsymbol{R}} = \begin{bmatrix} \widetilde{B}_1 \\ \widetilde{B}_2 \\ \vdots \\ \widetilde{B}_s \end{bmatrix} \tag{4-23}$$

于是有第二级综合评价：$\widetilde{\boldsymbol{B}} = \widetilde{\boldsymbol{A}} \circ \widetilde{\boldsymbol{R}}$。

二级综合评价的模型如图 4-10 所示。

2）模糊综合评价模型的应用

以某矿胶带运输系统为例，对其安全性进行模糊综合评价。该矿胶带运输系统的人、机、环境各因素的原始数据见表 4-29～表 4-31。

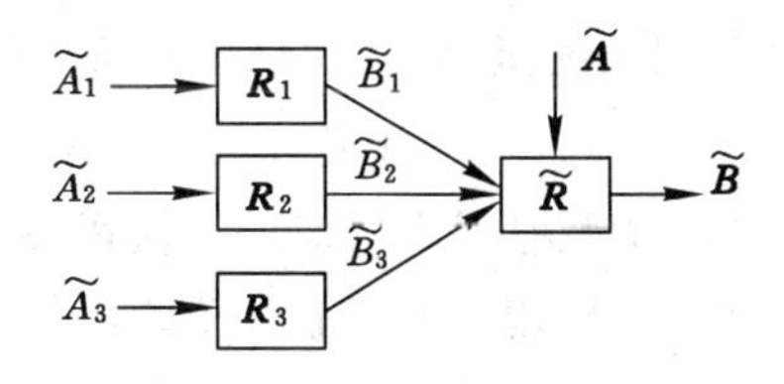

图 4-10　二级模糊综合评价模型图

表 4-29　人的因素原始数据

平均年龄/a	平均工龄/a	平均受教育年限/a	平均专业培训时间/d
29.4	9.06	9.75	89

表 4-30　机的因素原始数据

完好率/%	待修率/%	故障率/%
29.4	9.06	9.75

表 4-31　环境的因素原始数据

温度/℃	湿度/%	照度/lx	噪声/dB(A)
22.4	92.4	119	78

（1）建立因素集

影响胶带运输系统安全性的因素很多，从人—机—环境系统工程的角度可以分为人、机、环境三大因素，即因素集 $U=(U_1, U_2, U_3)$，此为第一层次的因素。影响人、机、环境的因素为第二层次的因素。影响人的因素很多，主要考虑人的生理、基本素质、技术熟练程度等，因此选取平均年龄 u_{11}、平均工龄 u_{12}、平均受教育年限 u_{13} 和平均专业培训时间 u_{14}，即 $U_1=(u_{11}, u_{12}, u_{13}, \cdots, u_{14})$；影响机的因素选取完好率 u_{21}、待修率 u_{22} 和故障率 u_{23}，即 $U_2=(u_{21}, u_{22}, u_{23}, u_{24})$；影响环境的因素选取温度 u_{31}、湿度 u_{32}、照度 u_{33} 和噪声 u_{34}，即 $U_3=(u_{31}, u_{32}, u_{33}, u_{34})$。

(2) 建立备择集

对运输系统的安全性进行综合评价，就是要指出该系统的安全状况如何，即好、一般、差。故备择集为：$V=$(好，一般，差)$=(v_1, v_2, v_3)$。

(3) 建立权重集

权重的确定没有统一的方法，此处权重的确定采用层次分析法。第一层次因素的权重集为 $\widetilde{A}=(0.65, 0.25, 0.10)$；第二层次中认得因素的权重集为 $\widetilde{A}_1=(0.10, 0.25, 0.37, 0.28)$，机的因素权重集为 $\widetilde{A}_2=(0.25, 0.20, 0.45)$，环境的因素权重集为 $\widetilde{A}_3=(0.24, 0.20, 0.26, 0.30)$。

(4) 单因素模糊评价

单因素模糊评价，就是建立从 U_i 到 $F(V)$ 的模糊映射，即建立 U_i 中的每个因素对备择集 V 的隶属函数，以确定其隶属于每个备择元素的隶属度。隶属函数的建立没有统一的方法，根据对人、机、环境方面的分析，建立了各因素对备择集的隶属函数。将胶带运输的各影响因素的数据代入对应的隶属函数，计算出其对备择元素的隶属度，组成该因素的单因素评价集。各因素的单因素评价集构成单因素评价矩阵，分别为：

$$\widetilde{\boldsymbol{R}}_1=\begin{bmatrix}0.83 & 0.73 & 0.02\\0.91 & 0.88 & 0.10\\0.98 & 0.87 & 0.18\\0.89 & 0.76 & 0.20\end{bmatrix}\quad \widetilde{\boldsymbol{R}}_2=\begin{bmatrix}0.81 & 0.63 & 0.20\\0.89 & 0.29 & 0.23\\0.96 & 0.08 & 0.04\end{bmatrix}\quad \widetilde{\boldsymbol{R}}_3=\begin{bmatrix}0.88 & 0.80 & 0.52\\0.19 & 0.38 & 1.00\\0.85 & 0.67 & 0.48\\0.55 & 0.88 & 0.68\end{bmatrix}$$

(5) 一级模糊综合评价

① 人的模糊综合评价。由前面确定出的单因素评价矩阵 $\widetilde{\boldsymbol{R}}_1$ 和权重集 $\widetilde{A}_1$，根据式(4-22)可得出人的模糊综合评价为 $\widetilde{B}_1=[0.92 \quad 0.83 \quad 0.15]$。

② 机的模糊综合评价。由前面确定出的单因素评价矩阵 $\widetilde{\boldsymbol{R}}_2$ 和权重集 $\widetilde{A}_2$，根据式(4-22)，可得出机的模糊综合评价 $\widetilde{B}_2=[0.89 \quad 0.32 \quad 0.14]$。

③ 环境因素的模糊综合评价。由前面确定出的单因素评价矩阵 $\widetilde{\boldsymbol{R}}_3$ 和权重集 $\widetilde{A}_3$，根据式(4-22)，可得出环境因素的模糊综合评价 $\widetilde{B}_3=[0.64 \quad 0.71 \quad 0.65]$。

(6) 二级模糊综合评价

将人、机、环境看作单一因素，人、机、环境的一级评价结果可视为单因素评价集，组成二级模糊综合评价的单因素评价矩阵：

$$\widetilde{\boldsymbol{R}}=\begin{pmatrix}\widetilde{B}_1\\\widetilde{B}_2\\\widetilde{B}_3\end{pmatrix}=\begin{bmatrix}0.92 & 0.83 & 0.15\\0.89 & 0.32 & 0.14\\0.64 & 0.71 & 0.65\end{bmatrix}$$

由单因素评价矩阵 $\widetilde{\boldsymbol{R}}$ 和权重集 $\widetilde{\boldsymbol{A}}$，得出二级模糊综合评价为：

$$\widetilde{\boldsymbol{B}}=\widetilde{\boldsymbol{A}}\circ\widetilde{\boldsymbol{R}}=(0.65 \quad 0.25 \quad 0.1)\begin{bmatrix}0.92 & 0.83 & 0.15\\0.89 & 0.32 & 0.14\\0.65 & 0.71 & 0.65\end{bmatrix}=(0.89 \quad 0.69 \quad 0.20)$$

根据最大隶属原则，胶带运输系统的安全性模糊综合评价结果为安全性好。

4.4 重大危险源评价技术

4.4.1 定量风险评价方法

1）基本概念

（1）定量风险评价

定量风险评价(quantitative risk assessment)方法以系统事故风险率来表示危险性大小，又称概率风险评价方法。该方法常采用定量化的风险值如个人风险和社会风险值对系统的危险性进行描述。首先通过对系统各单个元件的设计和操作性能进行分析，来估计事故发生的概率；然后通过对事故情景的分析获得事故的损失值，将两者的计算结果结合，获得系统的风险值；最终通过与事先拟定的风险容许标准进行比较来进行决策。

（2）个人风险

个人风险是指区域内的不同危险源产生在区域内某一固定位置的人员的个体死亡概率，即单位时间内(通常为年)的死亡率。个人风险体现为区域地理图上的风险等值线在评估个人风险过程中，需考虑占据某一点的人员类型，还需考虑区域的功能情况。此外，可能的保护措施，如衣服的保护、室内与户外的区别、山体的阻挡等也应予以考虑。

（3）社会风险

社会风险为能够引起大于等于 N 人死亡的事故累积频率(F)，也即单位时间内(通常为年)的死亡人数，常用社会风险曲线(F-N 曲线)表示。从某种意义上讲，社会风险与位置无关，与周围人口密度相结合的危险活动的风险量度。因此，如果没有人员出现在危险活动的现场，则社会风险为零，而个人风险值可能较高。

个人风险和社会风险指标在风险决策中的作用不同。个人风险关注的是点，结合不同水平的个人风险等值线和不同功能区如工业区、商业区、居民区、医院等的风险承受标准进行风险决策，通常针对某一需要保护的具体目标。社会风险关注的是面，反映的是公众所面临的风险，它是与人口密度密切结合的危险活动风险的量度。

2）定量风险评价的程序

定量风险评价是一个技术复杂的过程，需要过程定量风险评价的程序如图 4-11 所示。

（1）重大危险源辨识

首先，按照法律法规的要求，根据相关的辨识标准辨识评价区域内存在的易燃、易爆、有毒和高能量的重大危险源；然后，明确重点评估的对象。

（2）资料、数据收集

数据资料的收集是进行危害辨识、后果分析、频率分析及得出风险值的重要数据来源，也是进行定量风险评价的基础，其完备、可靠与准确程度直接关系到评估工作的质量。

（3）危害辨识、事件列举

运用风险分析方法对系统进行分析，确定工业区内哪些易燃、易爆、有毒物质和高能量设施存在重大事故风险，确定哪些工艺和故障或错误容易产生非正常情况并存在重大事故风险。

辨识潜在危害事件，包括过程物质损失与能量损失为两大类，但造成事件的具体后果往

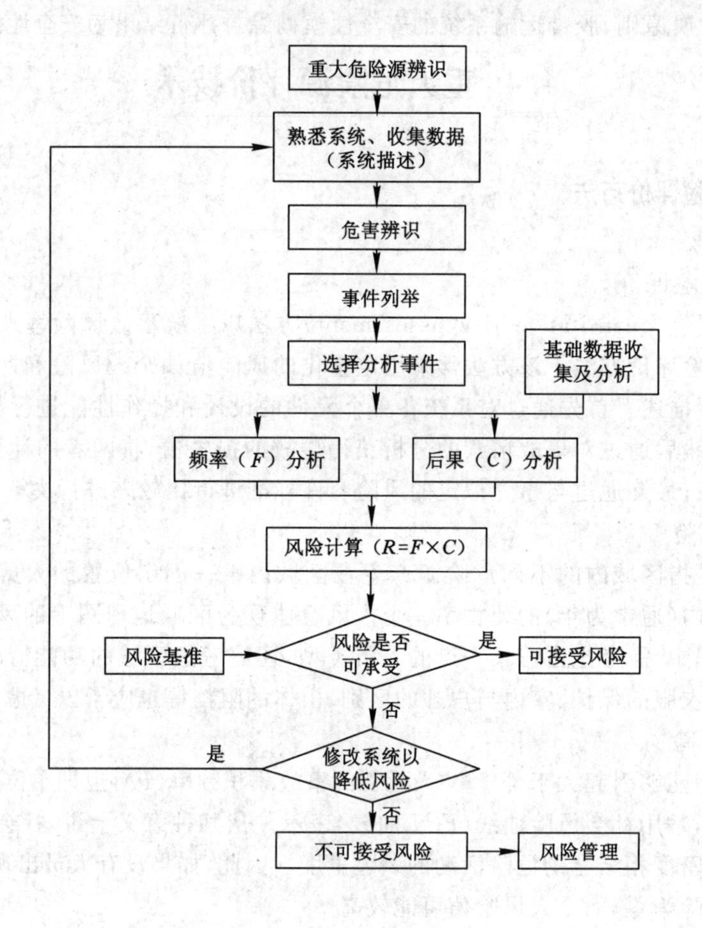

图 4-11　定量风险评价程序

往存在多种衍生途径。因此，须进行事件列举和选择分析，选择较严重的重点事件，删除不具明显危害和被重复考虑的事件，将会产生特定后果的事件减少至合理的数目，以利于后续的评估工作。事件列举应确保所有的潜在危害都已被考虑，可借助事故树（FTA）来完成，对于一个重大危险源一般可选择 4～10 个较严重的事件。

(4) 后果分析

后果分析主要是评估各种事故发生后造成的后果，并转换为相同的危害指标。事故后果分析基于各种事故后果伤害模型和伤害准则，通过事故后果模型得到热辐射、冲击波超压或毒物浓度等随距离变化的规律，然后与相应的伤害准则进行比较，得出事故后果影响的范围。事故发生后能够造成人员伤亡、财产损失和环境破坏等多种后果，通常定量风险评价中仅考虑造成人员死亡的情况。

(5) 频率分析

对选择的事件进行频率分析，以评估其发生事故的可能性。频率分析可以通过历史事故的统计分析、设备可靠性统计数据或失误率等得到，也可通过事故树（FTA）和事件树（ETA）进行分析得出，并可通过共同原因失效（common cause failure，CCF）和人为可靠性分析（human reliability analysis，HRA）等方法来补充并估计不足的数据。此外，事件频率也可利用理论模型计算得到。

(6) 风险计算

将事故的频率和后果分析进行整合，得到以下形式的风险：① 个人风险等值线(individual risk contour)；② 社会风险曲线(societal risk curve or *F-N* curve)；③ 可能损失生命值风险；④ 不同事件风险排序(risk ranking)。

(7) 风险标准

风险标准是用来判断风险是否可以接受以及对风险的重要性加以判断的准则(criteria)，包括需满足政府或公司内部的标准规范；事业单位自行建立的风险基准(可接受的风险值)及经济评估基准等。

(8) 安全决策

依据风险标准确定风险的等级，针对不可容许的风险提出风险减低的对策措施，把风险等级尽可能降到最低，并在采取措施后对其重新进行定量风险评价，以符合标准的要求。对不容许风险，要依据评价结果进行风险管理并制订事故应急救援预案。

3) 风险容许标准

个人风险和社会风险容许标准是进行安全决策的重要依据。个人风险和社会风险容许标准应根据地区差异、经济发展水平、人文环境等诸多因素制订。风险基准(criteria)可包括政府出台的各种标准规范、企业自行建立的内部标准(可接受的风险值)及经济评估基准等。使用过程中应根据具体应用的不同采用不同的标准。进行土地的使用安全规划时，风险容许标准应得到政府部门和社会的公认。进行企业内部的风险管理时，企业可根据实际经济状况，自行制定内部的风险容许标准，合理确定企业不能承受的风险，并采用 ALARA (risk as low as reasonaably achievable)原则，从生产成本考虑，使风险降低到实际可行的合理范围内。企业标准的制定应首先符合法律法规的要求。

(1) 个人风险容许标准

个人风险容许标准是针对需要保护的具体目标而提出来的。通常给出可容许风险的上限和下限值。上限是可容许基准，风险值高于可容许基准，必须进行整改；下限是可忽略基准，风险值低于可忽略基准，则无需进行任何改善，接受此风险；若风险值介于两者之间，则根据事件的优先顺序进行改善。国外一般事件的平均个体风险统计资料表明，如相对于汽车等意外事故的死亡风险而言，每年 1×10^{-5}～1×10^{-6} 的基准是合理的可接受的风险。

目前，我国还没有政府部门推荐的个人风险容许标准。统计资料显示，我国目前的道路交通死亡率约为 7×10^{-5}，是国外发达国家的 7 倍左右。因此，基于此统计数据，参照国外的建议标准，提出我国的个人风险建议标准见表 4-32。

表 4-32　　建议的个体死亡风险 LSIR 标准

描述	LSIR 等风险线	标准描述
10 000 年中 5 次死亡事故的 LSIR	5×10^{-4}	在企业外地区不能接受该风险，5×10^{-4} 等风险线不应越过企业边界
100 000 年中 5 次死亡事故的 LSIR	5×10^{-5}	商业区和低隐患工业区不能接受该风险，5×10^{-5} 等风险线不应进入这些区域
1 000 000 年中 5 次死亡事故的 LSIR	5×10^{-6}	住宅开发区不能接受此风险，5×10^{-6} 等风险线不应进入住宅区

上述标准针对的是对暴露在危险场所的个体产生危害的工业风险的总和，并假定这些个体在事故发生时具有相同的脆弱性，其个体风险是在假定暴露于危险环境中的个体固定在指定地点不能逃避，并且是在没有保护措施的状态下计算出来的。因此，严格采用这些LSIR评估标准，其结果是比较保守的。

(2) 社会风险容许标准

社会风险曲线是以死亡人数(N)对应各种事件后果发生频率累加值(F)作图的分布图形。社会风险容许标准着重于降低社会公众面临的重大事故的风险，因而该标准必须由政府部门给出，并与企业进行充分的协商，且得到公众的认可。目前，荷兰、英国等国给出了推荐的社会风险基准，可作为是否为可接受风险的依据。

从统计分布的角度讲，风险很高和风险很低的企业均应是少数。为此，选取风险最低10%危险源和风险最高10%危险源，分别进行线性拟合处理，得到风险容许标准的下限和上限，制定某化工区的社会风险容许标准曲线，并与欧盟的推荐标准进行比较，如图4-12所示。

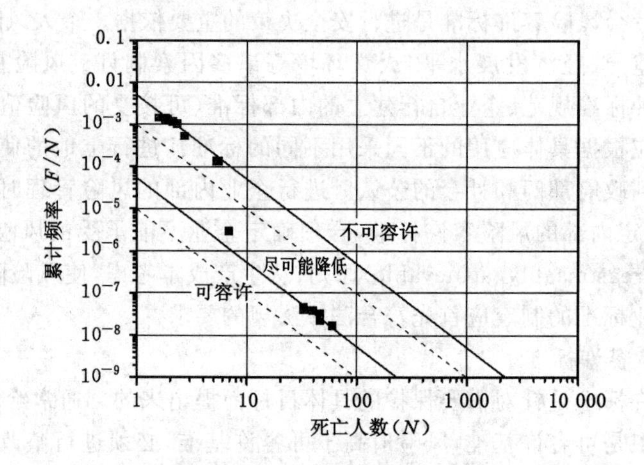

图 4-12　某化工区重大危险源社会风险建议标准

(图中虚线为欧盟标准，实线为某化工区推荐标准)

由图 4-12 可见，建议的该化工区社会风险标准比欧盟标准高出约 1 个数量级，从现实角度讲，这是合理的、可行的。

4.4.2　个人风险和社会风险计算方法

1) 区域风险的计算模型

(1) 个人风险计算模型

个人风险为特定事故发生概率和后果的乘积。事故的后果则仅仅考虑对人员的影响，只保留死亡的情况，不考虑受伤、财产损失和环境的破坏。

对于区域内的任一危险源，其对区域内某一空间地理坐标为(x,y)处产生的个人风险可由下式计算：

$$R(x,y)=\sum_s f_s v_s(x,y) \tag{4-24}$$

式中，$R(x,y)$为该危险源在位置(x,y)处产生的个人风险；f_s为第 s 个事故情景发生的概率；$v_s(x,y)$为由第 s 个事故情景在位置(x,y)处造成人员死亡的后果。

其中，f_s可由危险源顶事件发生的概率和通过事件树得到的可能事故情景发生的概率的乘积得到。$v_s(x,y)$可通过事故后果模型计算出事故情景在位置(x,y)处产生的热辐射通量、超压值或毒物浓度数值，然后通过相应的函数得出。如果事故情景的评价结果与风向有关，并且风在影响区域内的分布不均，则需采用如下过程。

如果事故在危险源区域点 S 处引起空气气体悬浮物的频率为 f_s，那么这一情景 S 对点 $P(x,y)$处位置风险的贡献 $R_{S\to P}$ 可以通过下式计算：

$$R_{S\to P} = S_s\int v_s(\theta')P(\theta)\mathrm{d}\theta' \tag{4-25}$$

其中，$\theta=\theta'+\theta_{S\to P}$，$\theta_{S\to P}$为线段 $S-P$ 与风向风力基准线之间的角度，$P(\theta)\mathrm{d}\theta'$为风向位于 θ 和 $\theta+\mathrm{d}\theta'$之间事故情景的条件概率。概率分布 $P(\theta)$可以简单地通过采用幅角 θ 的方法细分风玫瑰图的概率得到。

(2) 社会风险计算模型

社会风险用余补累计分布函数来表示：如果存在一系列事故后果 $C_i(i=1-n)$及其发生的概率 P_i，且满足 $C_i\leqslant C_i+1$，那么事故后果的余补累计分布函数为由下式定义的函数$F(x)$。

$$F(x) = \text{事故后果 } C \text{ 超过某一特定值 } x \text{ 的概率} = \sum_{j=1}^{n} \tag{4-26}$$

按上述定义，社会风险用下式计算：

$$R_s = \sum_{i=N}^{n} \times P_w \times P_D(\geqslant N),N \tag{4-27}$$

式中，R_s 为危险单元导致 N 人以上死亡的累积频率；P_i 为事故后果 i 发生的事故概率；P_w 为大气稳定度 w 出现的频率；$P_D(\geqslant N)$为导致大于等于 N 人死亡的风向 D 出现的频率；N 为死亡的人数。

事故后果导致死亡人数 N_n 可通过事故后果模型计算死亡区域的面积，并结合片段两侧的人口密度得出，在这一过程中还要充分考虑到人员出现概率的情况。

2）区域风险计算的实现

(1) 个人风险计算的实现

定量风险评价的计算区域内通常含有多个危险源，且分布的位置不均，不可能存在个人风险的解析解，无法直接生成等值线。为此，必须将计算的区域划分成等间隔的网格区，用笛卡尔坐标体系的网格覆盖城市的区域地图。首先，计算区域内每一网格中心的个人风险值，得到大量的离散结果；然后，通过线性内插函数得到所需的个人风险值；最后，通过等值线的追踪算法生成等值线。这样就大大加速了个人风险等值线的计算过程。

个人风险的计算原理如图 4-13 所示。

此外，网格的大小决定了计算的时间和精度，网格小则精度高，但计算耗时，通常可选取 25 m×25 m、50 m×50 m、100 m×100 m、200 m×200 m 或 400 m×400 m 等网格。

(2) 社会风险计算的实现

社会风险的计算基于如下假设：网格内的人口都被假想地集中于网格的中心。这样，将上述计算得到的每一网格中心的个人风险同人口数字相乘即可得到期望的死亡人数。通过

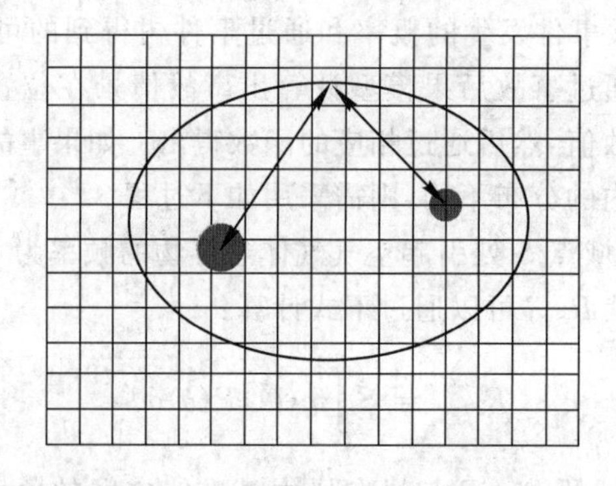

图 4-13　个人风险计算的网格示意图

不同死亡人数与累积频率作图即得到区域社会风险的曲线(F-N 曲线)。

3) 区域定量风险评价的计算流程

区域定量风险评价的计算流程,如图 4-14 所示。

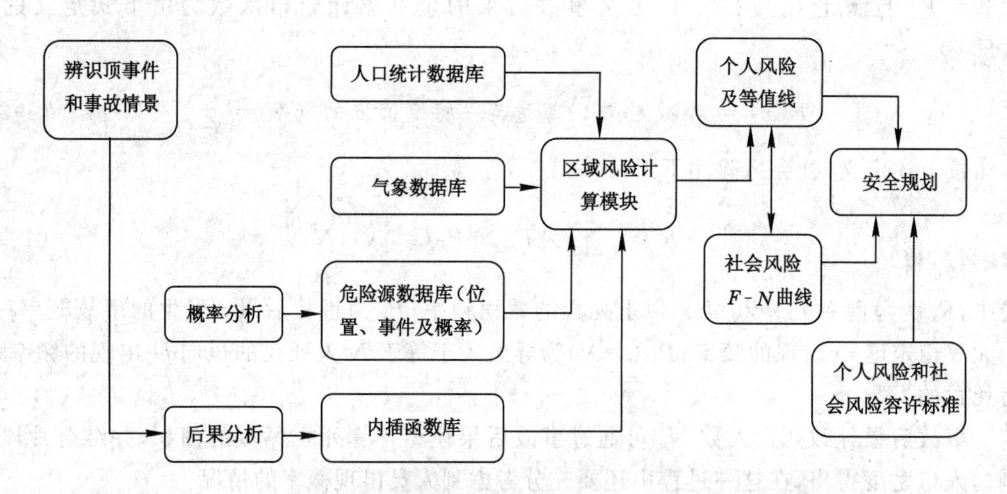

图 4-14　区域定量风险评价的计算流程

风险计算过程需要 3 个基本的数据库作为数据输入的来源,分别为危险源数据库、气象条件数据库和人口统计数据库。

区域风险计算模块:计算风险中最重要的部分就是区域风险计算模块(计算机程序)。这一程序的开发基于个人风险和社会风险评价的技术方法、建立的各种事故情景的后果模型、各种死亡的概率函数等基础性工作,通过调用不同数据库中的基础数据完成区域个人风险和社会风险的计算工作。计算模块中包括了个人风险内插函数的开发。

(1) 火灾个人风险计算方法

火灾热辐射对人员的伤害概率估算建立在辐射通量与人员死亡概率的相应关系的基础上,见表 4-33。

表 4-33　热辐射的不同入射通量所造成的损失

入射通量/($kW \cdot m^{-2}$)	对人的伤害
37.5	1%死亡/10 s;100%死亡/min
25.0	重大烧伤/10 s;100%死亡/min
12.5	1 度烧伤/10 s;1%死亡/min
4.0	20 s 以上感觉疼痛,未必起泡
1.6	长期辐射无不舒服感

通常在计算时使用彼德森(Pietersen)1990 年提出的热辐射伤害的概率方程。皮肤裸露时的死亡概率为:

$$P_r = -36.38 + 2.56\ln(tq^{4/3}) \tag{4-28}$$

二度烧伤概率:

$$P_r = -43.14 + 3.0188\ln(tq^{4/3}) \tag{4-29}$$

一度烧伤概率:

$$P_r = -39.83 + 3.018\,6\ln(tq^{4/3}) \tag{4-30}$$

式中,q 为人体接收到的热通量,W/m^2;t 为人体暴露于热辐射的时间,s;P_r 为人员伤害概率。

同裸露人体的情况相比,由于服装的防护作用,人体实际接收的热辐射强度有所减少,人体实际接收的热辐射强度 q_c 为:

$$q_c = \beta q \tag{4-31}$$

式中,β 为有服装保护时人体的热接收率,取 $\beta=0.4$。

(2) 爆炸个人风险计算方法

爆炸事故后果主要包括:物理爆炸、蒸气云爆炸、凝聚相含能材料爆炸。

爆炸能产生多种破坏效应,如冲击波超压、热辐射、破片作用等,但最危险、破坏力最强的是冲击波的破坏效应。冲击波伤害、破坏作用准则有:超压准则、冲量准则、超压—冲量准则等。超压波对人体的伤害破坏作用见表 4-34。

表 4-34　冲击波超压对人体的伤害作用

Δp/MPa	对人的伤害作用	Δp/MPa	对人的伤害作用
0.02～0.03	轻微损伤	0.05～0.10	内脏严重损伤或死亡
0.03～0.05	听觉器官或骨折	>0.10	大部分人员死亡

通常在计算时使用 Purdy 等人的经典冲击波超压伤害概率方程:

$$Y = 2.47 + 1.43\log \Delta p \tag{4-32}$$

(3) 毒物泄漏中毒个人风险计算方法

毒物泄漏扩散引发中毒主要包括:非重气扩散、重气扩散。

概率函数法是通过人们在一定时间接触一定浓度毒物所造成影响的概率来描述毒物泄漏后果的一种表示法。死亡概率与中毒死亡率有直接关系,两者可以互相换算,见表 4-35。

表 4-35　　　　死亡概率与死亡率的换算　　　　单位:%

死亡率	死亡概率	死亡率	死亡概率	死亡率	死亡概率	死亡率	死亡概率
0	—	25	4.325 5	50	5.000 0	75	5.674 5
1	2.673 7	26	4.356 7	51	5.025 1	76	5.706 3
2	2.946 3	27	4.387 2	52	5.050 2	77	5.738 8
3	3.119 2	28	4.417 2	53	5.075 3	78	5.772 2
4	3.249 3	29	4.446 6	54	5.100 4	79	5.806 4
5	3.355 1	30	4.475 6	55	5.125 7	80	5.841 6
6	3.445 2	31	4.504 1	56	5.151 0	81	5.877 9
7	3.524 2	32	4.532 3	57	5.176 4	82	5.915 4
8	3.594 9	33	4.560 1	58	5.201 9	83	5.954 2
9	3.659 2	34	4.587 5	59	5.227 5	84	5.994 5
10	3.718 4	35	4.614 7	60	5.253 3	85	6.036 4
11	3.773 5	36	4.641 5	61	5.279 3	86	6.080 3
12	3.825 0	37	4.668 1	62	5.305 5	87	6.126 4
13	3.873 6	38	4.694 5	63	5.331 9	88	6.175 0
14	3.919 7	39	4.720 7	64	5.358 5	89	6.226 5
15	3.963 6	40	4.746 7	65	5.385 3	90	6.281 6
16	4.005 5	41	4.772 5	66	5.412 5	91	6.340 8
17	4.045 8	42	4.798 1	67	5.439 9	92	6.405 1
18	4.084 6	43	4.823 6	68	5.467 7	93	6.475 8
19	4.122 1	44	4.849 0	69	5.495 9	94	6.554 8
20	4.158 4	45	4.874 3	70	5.524 4	95	6.644 9
21	4.193 6	46	4.899 6	71	5.553 4	96	6.750 7
22	4.227 8	47	4.924 7	72	5.582 8	97	6.880 8
23	4.261 2	48	4.949 8	73	5.618 0	98	8.053 7
24	4.293 7	49	4.974 9	74	5.643 3	99	7.326 3
						100	—

概率值 Y 与接触毒物浓度及接触时间的关系如下：

$$Y = A + B\ln(Cn \cdot t) \tag{4-33}$$

式中，A、B、n 为取决于毒物性质常数；C 为接触毒物浓度，$\times 10^{-6}$；t 为接触毒物时间，min。

确定毒物泄漏范围内某点的毒性负荷，可把气团经过该点的时间划分为若干区段，计算每个区段内该点毒物浓度，得到各时间区段的毒性负荷，然后再求出总毒性负荷：总毒性负荷$=\sum$时间区段内毒性负荷。

4.4.3　重大危险源定量评价实例

应用于广东惠州大亚湾经济开发区的个人风险评价。

1）荃湾油品储存区

共有 10 个重大危险源，都在储罐区内，涉及的危险化学品有汽油、柴油、液化气等。其评价后的个人风险等值线图见图 4-15。

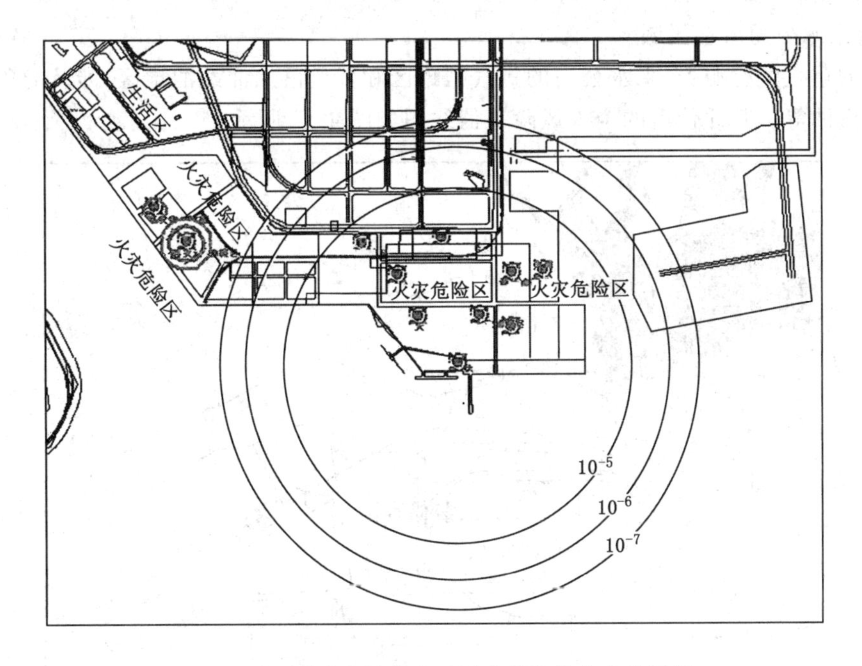

图 4-15　荃湾油品储存区风险等值线完成的图例

2）中海壳牌石化区

主要包括“中海壳牌工艺单元”“南海 1 200 万 t 炼油项目的工艺单元”两个较大的重大危险源，涉及的危险化学品有乙烯、汽油、柴油等。其评价后的个人风险等值线图见图 4-16。

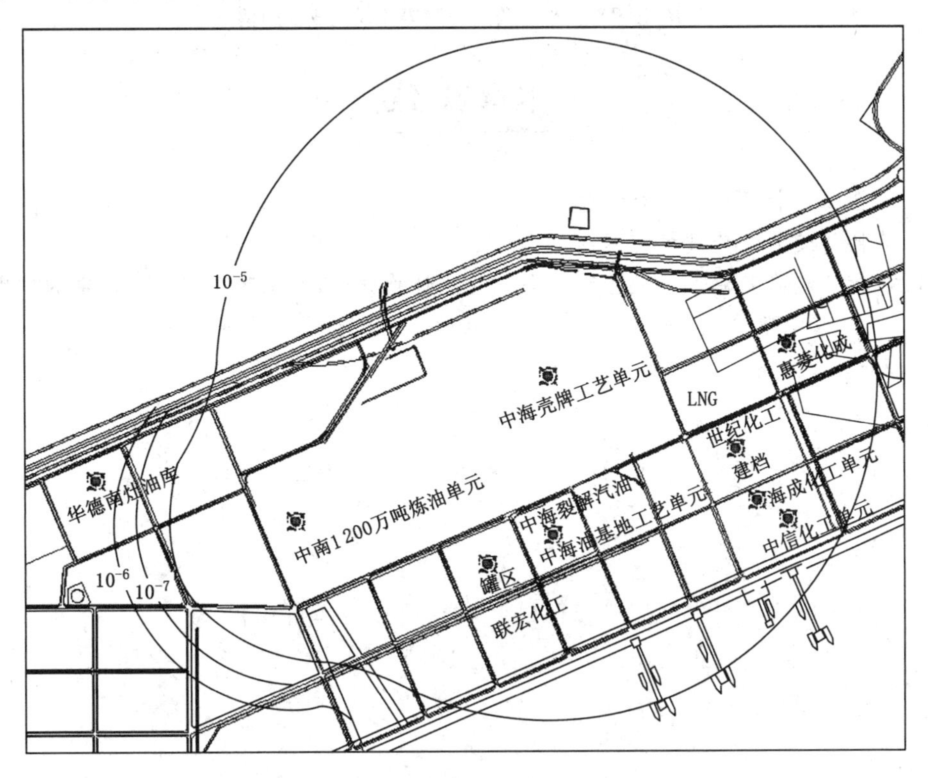

图 4-16　中海壳牌石化区风险等值线完成的图例

3）自来水公司所在区域

包含的重大危险源：自来水公司的氯气贮罐区和黄鱼甬加油站油罐区，涉及的危险化学品：液氯、汽油等。其评价后的个人风险等值线图如图 4-17 所示。

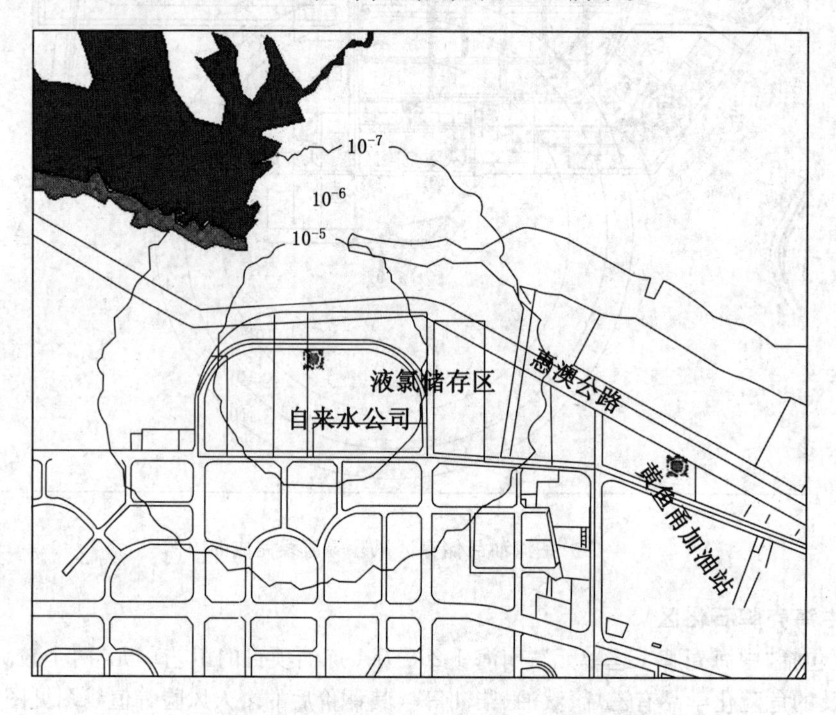

图 4-17 自来水公司风险等值线完成的图例

本章思考题

1. 危险源定性评价技术有哪些？
2. 危险源定量评价技术有哪些？
3. 简述重大危险源个人风险和社会风险的计算方法，并说明在安全生产中的作用。

5 重大危险源危害后果数值模拟及监控技术

5.1 重大危险源危害后果数值模拟

5.1.1 数值模拟基础

1）基本控制方程

重大危害事故如气体泄漏、火灾、爆炸事故等都包含流动、传热传质、燃烧等分过程，而这些分过程均满足基本物理守恒定律，这些基本守恒定律包括：质量守恒、动量守恒及能量守恒。控制方程是这些守恒定律的数学描述。这三个守恒定律在流体力学中由相应的方程来描述，并且对具体的研究问题有不同的表达形式。

（1）质量守恒方程

任何流动问题都必须满足质量守恒定律。该定律可表述为：单位时间内流体微元中质量的增加，等同于一时间间隔内流入该微元体的净质量。按照这一定律，可以得出质量守恒方程：

$$\frac{\partial \rho}{\partial \tau}+\frac{\partial(\rho u)}{\partial x}+\frac{\partial(\rho v)}{\partial y}+\frac{\partial(\rho w)}{\partial z}=0 \tag{5-1}$$

（2）动量守恒方程

动量守恒定律可以表述为：微元体中流体的动量对时间的变化率等于外界作用在该微元体上的各种力之和，又称为牛顿第二定律。按照这一定律，可导出 x、y 和 z 三个方向的动量守恒方程：

$$\frac{\partial(\rho u)}{\partial t}+\operatorname{div}(\rho u a)=-\frac{\partial p}{\partial x}+\frac{\partial \tau_{xx}}{\partial x}+\frac{\partial \tau_{yx}}{\partial y}+\frac{\partial \tau_{zx}}{\partial z}+F_x \tag{5-2}$$

$$\frac{\partial(\rho v)}{\partial t}+\operatorname{div}(\rho u a)=-\frac{\partial p}{\partial y}+\frac{\partial \tau_{xy}}{\partial x}+\frac{\partial \tau_{yy}}{\partial y}+\frac{\partial \tau_{zy}}{\partial z}+F_y \tag{5-3}$$

$$\frac{\partial(\rho w)}{\partial t}+\operatorname{div}(\rho u a)=-\frac{\partial p}{\partial z}+\frac{\partial \tau_{xz}}{\partial x}+\frac{\partial \tau_{yz}}{\partial y}+\frac{\partial \tau_{zz}}{\partial z}+F_z \tag{5-4}$$

式中 p——流体微元体上的压力；

$\tau_{xx},\tau_{xy},\tau_{xz}$——等式因分子黏性作用而产生的作用在微元体表面上的黏滞力 τ 的分量；

F_x,F_y,F_z——微元体上的体力，若体力只有重力，且 z 轴竖直向上，则 $F_x=0,F_y=0,F_z=-\rho g$。

(3) 能量守恒定律

能量守恒定律是包含有热交换的流动系统必须满足的定律。该定律可表述为:微元体中能量的增加率等于进入微元体的净热流量加上体力与面力对微元体所做的功。该定律实际是热力学第一定律,以温度 T 为变量的能量守恒方程为:

$$\frac{\partial(\rho T)}{\partial t} + \mathrm{div}(\rho a T) = \mathrm{div}(\frac{K}{c_p}\mathrm{grad}\ t) + S_T \tag{5-5}$$

式中 K——流体的传热系数;

S_T——流体的内热源及由于黏性作用流体机械能转换为热能的部分,有时简称为黏性耗散项。

2) 计算区域离散化与网格划分

描述流体流动及传热等物流问题的基本方程为偏微分方程,想要得到它们的解析解或者近似解析解,在绝大多数情况下都是非常困难的,甚至是不可能的。但是,为了对这些问题进行研究,可以借助于代数方程组求解方法。离散化的目的就是将连续的偏微分方程组及其定解条件按照某种方法遵循特定的规则在计算区域的离散网络上转化为代数方程组,以得到连续系统的离散数值逼近解。离散化包括计算区域的离散化和控制方程的离散化。

(1) 计算区域离散化

通过计算区域的离散化,把参数连续变化的流场用有限个点代替。离散点的分布取决于计算区域的几何形状和求解问题的性质,离散点的多少取决于精度的要求和计算机可能提供的存储容量。

最常用的方法是:在计算区域中作三簇坐标面,它们两两相交得出的 3 组交线,分别与 3 个坐标轴平行,这些交线构成了求解域中的差分网格。各交点称为网格的节点,两相邻节点之间的距离称为网格的步长。图 5-1 表示了节点 P 及周围与它相邻的 6 个节点 E,W,N,S,H 和 L。一般来说,网格的步长是不相等的。在时间坐标上,也可以确定出有限个离散点,相邻两个离散点之间的距离称为时间步长。

在计算过程中,这些网格一般是固定不变的,但有时也采用所谓的浮动网格,即网格节点和边界的位置随流动而改变。

图 5-2 是网格线不与坐标轴平行的例子。

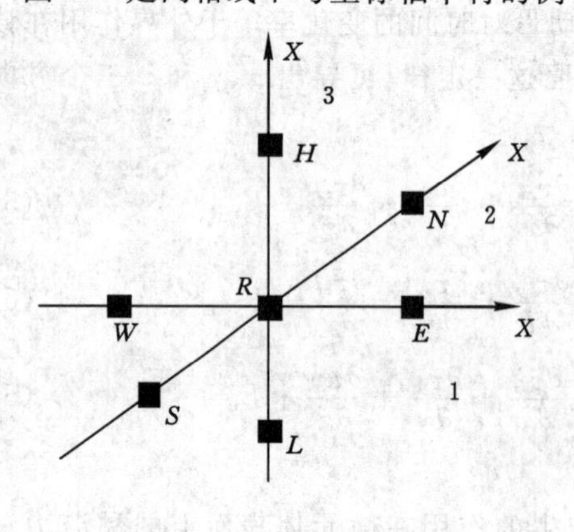

图 5-1 网格节点的符号

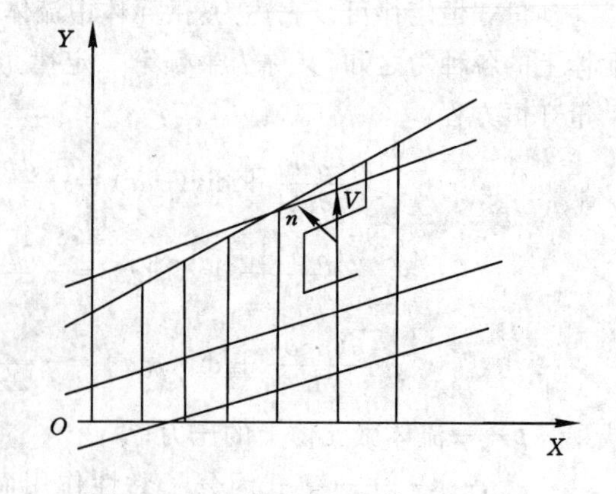

图 5-2 网格线不与坐标轴平行的例子

(2) 网格划分

为了在计算机上实现对连续物理系统的行为或状态的模拟,连续的方程必须离散化,在方程的求解域上(时间和空间)仅需要有限个点,通过计算这些点上的未知量而得到整个区域上的物理量的分布。有限差分、有限体积和有限元等数值方法都是通过这种方法来实现离散化的,这些数值方法非常重要的一部分就是实现对求解区域的网格划分。网格划分技术已经有几十年的发展历史了,目前结构化网格技术发展得比较成熟,而非结构化网络技术由于起步较晚,还处于逐步成熟的阶段。

3) 控制方程的离散化

微分方程的数值解就是用一组数字表示特定变量在定义域内的分布,离散化方法就是对这些有限点的待求变量建立代数方程组的方法。根据实际研究对象,可以把定义域分为若干个有限的区域,在定义域内连续变化的待求变量场,由每个有限区域上的一个或若干个点的待求变量值来表示。

由于所选取的结点间变量的分布形式不同,推导离散化方程的方法也不同。在各种数值方法中,控制方程的离散化方法主要有有限差分法、有限元法、有限体积法、边界元法、谱方法等。

5.1.2 初始条件与边界条件

对于流动和传热问题的求解,除了要满足三大控制方程以外,还要指定边界条件,对于非定常问题还要指定初始条件,目的是使方程有唯一确定的解。初始条件就是待求的非稳态问题在初始时刻待求变量的分布,它可以是常值,也可以是空间坐标的函数。关于边界条件的给定,通常有3类:第一类边界条件是给出边界上的变量值;第二类边界条件是给出边界上变量的法向导数值;第三类边界条件是给出边界上变量与其法向导数的关系式。不管是哪一类问题,只有当边界的一部分(哪怕是个别点)给出的是第一类边界条件,才能得到待求变量的绝对值。对于边界上只有第二类或第三类边界条件的问题,数值求解也同样只能得到待求变量的相对大小或分布,不能求得它的唯一解。

5.1.3 适用软件

1) Fluent

Fluent是由美国FLUENT公司于1983年推出的CFD软件。它是继PHOENICS软件之后的第二个投放市场的基于有限体积法的软件,Fluent是目前功能最全面、实用性最广、国内使用最广泛的CFD软件之一。

2) PHAST

目前针对石化行业的后果定量分析软件较多,如挪威船级社(DNV)开发的PHAST软件、壳牌公司(SHELL)开发的FRED软件、荷兰应用技术研究院(TNO)开发的DAMAGE软件等。其中PHAST软件是典型的商业型后果模拟软件,在安全管理和技术评价领域较为权威,它有比较全面的危险物质数据库和一系列事故模型,适用范围很广。

3) FDS

FDS (fire dynamics simulator)是美国国家标准与技术研究院(NIST)开发的一种计算机流体力学(CFD)模拟程序,它的主程序用于求解微分方程,可以模拟火灾导致的热量和燃烧产物的低速传输,气体和固体表面之间的辐射和对流传热,材料的热解,火焰传播和火灾蔓延,水喷淋、感温探测器和感烟探测器的启动,水喷头喷雾和水抑制效果等。它还附带有一个Smokeview程序,可用来显示和查看FDS的计算结果,还可以显示火灾的发展和烟气的蔓延情况以及评判火场中的能见度。

5.2 危险、有害因素控制方法

随着安全生产的日益复杂，传统的手工监管方式已经不能满足新的安全管理需求。随着计算机技术、网络技术、数据库技术、在线监测技术的发展安全生产监管系统对掌握安全生产动态，控制各类伤亡事故，减少事故损失能起到巨大的作用。同时，这些技术也为预防事故发生提供重要的参考，做到风险“早期识别”和事故“事先预防”，还可以作为各级政府部门安全管理和决策提供重要手段。为了贯彻落实《安全生产法》《危险化学品安全管理条例》等法律法规的精神，预防和控制重大事故的发生，国家安全生产监督管理总局在全国范围开展重大危险源监控工作，逐步建立和完善重大危险源监控系统，促进各级党委政府和企业安全管理工作。

20 世纪八九十年代，我国开始研究企业安全生产风险评价、危险源辨识和监控；进入新世纪以来，将现代风险管理理论融入安全生产管理中，认为企业安全生产管理是风险管理，内容包括：危险源辨识、风险评价、危险预警与监测管理、事故预防与风险控制管理等。生产经营单位和安全生产监督管理部门应该从对危险源管理，延伸到建立对重大危险源监控体系，建立符合我国国情的、科学的、全面有效的、快速方便的重大危险源管理体制和控制体系，是我国安全生产管理体制的一次理论和实践创新，也是遏制和减少重特大事故发生的重要举措。

危险源是酿成事故的潜在因素，重大危险源是超过需要控制的临界量的、潜在能量巨大的危险源。重大危险源不一定会构成重大事故或事故隐患，很多事故却是对危险因素控制失效造成的。当危险源的所有危险危害因素都得到有效控制时，即可保证构成危险源的危险物质和能量不会被意外释放，或者即便发生了意外事故，也可通过迅速、有效的应急控制措施避免或减少事故损失。要抑制对社会经济损失或恶劣影响的重大、特大事故发生，就必须加强对重大危险源安全监控。也就是说，做好对重大危险源安全监控，就能非常有效地遏制生产经营活动中的恶性事故发生。

因此，《安全生产法》中规定：“生产经营单位对重大危险源应当登记建档，进行定期检测、评估、监控，并制订应急预案，告知从业人员和相关人员在紧急情况下应当采取的应急措施。生产经营单位应当按照国家有关规定将本单位重大危险源及有关安全措施、应急措施报有关地方人民政府负责安全生产监督管理的部门和有关部门备案。”依据法律法规的规定，为预防事故的发生，必须加强重大危险源的监督管理，切实把重大危险源的登记、检测、评估、监控、应急救援、监督管理纳入到法制化的轨道。

5.2.1 危险源监控要点

重大危险源监督与控制是重大危险源管理的一个最重要的组成部分。重大危险源监督与控制看起来是重大危险源管理的最终目的，其实只是一个手段。由于重大危险源监督与控制的效果受人们的认知程度、科学技术水平和管理水平的差异的影响而无法尽善尽美，因此重大危险源监督与控制的目标也应是与时俱进、不断变化和发展的。在现阶段，加强对重大危险源监控要点是抓好普查登记、安全评估、建立网络、隐患治理、完善事故预案 5 个环节的工作，以实现对国家规定的重大危险源实行全时间、全过程、全方位、全天候的监控。

1）普查登记

这个环节是在对目前存在的重大危险源，通过普查登记摸清底数。普查登记的主要任务是根据《安全生产法》和《国务院关于进一步加强安全生产工作的决定》的要求，依据《关于开展重大危险源监督管理工作的指导意见》《关于规范重大危险源监督与管理工作的通知》，对重大危险源进行普查登记工作。其目的是通过和《重大危险源辨识》对重大危险源辨识和普查登记，掌握重大危险源的类别、数量、安全状况和分布情况，建立重大危险源数据库和定期报告制度。这是对重大危险源监控的最基础的、最烦琐的、工作量最大的工作，离开了重大危险源普查登记就无从谈起对重大危险源监管。

2）安全评估

这是一个在开展对重大危险源辨识和普查登记的基础上深化监督的环节。开展重大危险源安全评估工作的目的是建立重大危险源评估监控的日常管理体系。本环节的主要任务对已经通过辨识和普查登记确认的重大危险源进行安全评估，并通过安全评估确认辖区内的重大危险源的安全状态。安全评估报告是企业进行事故隐患整改、日常监控和监督管理部门进行安全监督的依据。

安全评估单位和评估人员的水平决定了安全评估报告的水平和可靠度，各级安全生产监督管理部门应当依法对中介机构和安全评估报告进行监督和管理，以保证安全评估报告的严肃性和可靠性。

3）建立网络

重大危险源监控是一项庞大的系统工程，从国家到地方以及生产经营单位各个层次，都要实施对重大危险源可靠的监控工作，尤其是生产经营单位的日常监控，哪一个环节出现漏洞都有可能造成对重大危险源的失控，都有可能酿成重大事故。因此，除了生产经营单位的监控和管理外，还需要建立国家、省、市、县四级重大危险源监控信息管理网络系统，实现对重大危险源的动态监控、有效监控。

4）隐患治理

重大危险源监控的实质性目的是防止重大事故发生，而防止重大事故发生的最重要条件是发现重大事故隐患，采取有效措施进行控制，尽快、尽力地进行隐患治理。因此，对重大危险源监控的一个重要环节，就是要把通过安全评估确认的重大事故隐患和存在的缺陷进行治理，各级安全生产监督管理部门要加大对存在重大事故隐患和缺陷部位的监督管理力度，督促生产经营单位制订计划、加大投入，采取有效措施，消除事故隐患，并在没有治理之前采取有效的措施，确保安全生产。

5）制订事故应急预案，建立应急救援体系

对重大危险源监控的目的是防止威胁社会和人民生命财产安全的恶性事故发生，同时在发生意外事故时能够把事故损失降低到最低水平。制订事故应急预案，建立应急救援体系就是救灾于已然不可缺少的重要措施。我们要通过对重大危险源监控督促存在重大危险源的生产经营单位制订事故应急预案，各级人民政府建立应急救援体系，并在对重大危险源监控过程中，在自己辖区内建立和完善有关重大危险源监控和存在事故隐患的危险源治理的法规和政策，探索建立长效机制，保一方平安。

5.2.2 危险源监控的责任和义务

1）生产经营单位的责任和义务

生产经营单位是本单位重大危险源监控和管理的责任主体，要对本单位重大危险源安全管理、监督与控制全面负责，因此要建立健全重大危险源安全管理规章制度，制订本单位重大危险源安全管理与监督控制的实施方案。生产经营单位的主要负责人要对本单位重大危险源安全管理与检测监控全面负责。

(1) 建档、备案

负责对本单位重大危险源进行登记建档,建立本单位重大危险源管理档案,并按国家和地方有关重大危险源申报登记的具体要求,在每年月底前将有关资料报送当地县级以上人民政府安全生产监督管理部门备案。

(2) 报告与核销

负责报告当地县级以上人民政府安全生产监督管理部门本单位新构成的重大危险源情况,并进行备案;对于已经不再构成的重大危险源的,也要到当地县级以上人民政府安全生产监督管理部门及时核销。

(3) 重新评估

生产经营单位要在本单位存在的重大危险源在生产过程、材料、工艺、设备、防护措施和环境等因素发生重大变化,或者国家有关法规、标准发生变化时,对重大危险源重新进行安全评估。安全评估结果要及时报告当地县级以上人民政府安全生产监督管理部门。

(4) 资金投入

生产经营单位的决策机构及其主要负责人、个人经营的投资人要落实保证重大危险源安全管理与检测监控所必需的资金投入。

(5) 人员教育

生产经营单位要对从业人员进行安全生产教育和培训,使其熟悉重大危险源安全管理制度和安全操作规程,掌握本岗位的安全操作技能。

(6) 信息告知

生产经营单位要将本单位重大危险源可能发生事故时的危害后果、应急救援和逃生措施等信息告知周边单位和个人。

(7) 安全评估

生产经营单位至少每三年对本单位重大危险源进行一次安全评估。届期内按照国家有关规定,已进行安全评价并符合重大危险源安全评估要求的,可以不必进行安全评估。

生产经营单位要在重大危险源现场设置明显的安全警示牌,并加强对重大危险源现场检测监控设备、设施的安全管理;要对重大危险源是安全状况以及重要的设备、设施进行定期检查、检验、检测,并做好记录;要对存在事故隐患的重大危险源,立即制订整改方案、落实整改资金、责任人、期限进行整改。整改期间要采取切实可行的安全措施,防止事故发生;要制订重大危险源应急救援预案,配备必要的救援器材、装备,每年进行一次事故应急救援演练。重大危险源应急救援预案应报当地县级以上人民政府安全生产监督管理部门备案。

2) 政府监管职责

对存在重大危险源进行分级,应对辖区存在的重大危险源进行分级。一般都按重大危险源的种类和能量,以及在发生意外状态时可能发生事故的严重后果,实行分级管理。按属地管理的原则,各级安全生产监督管理部门应建立健全本辖区内的重大危险源档案,并按下列规定实行分级报告制度:

(1) 一级重大危险源:必须逐级上报至国家安全生产监督管理总局。

(2) 二级重大危险源:必须逐级上报至省、自治区、直辖市人民政府安全生产监督管理部门。

(3) 三级重大危险源:必须逐级上报至设区的市(地、州)人民政府安全生产监督管理部门。县级以上人民政府安全生产监督管理部门要建立重大危险源信息管理系统，并配备专门的管理人员，加强对重大危险源各类信息管理。

3）监控职责

县级以上人民政府安全生产监督管理部门要加强对存在重大危险源的生产经营单位的监督检查，督促监控，并做到：

(1) 发现重大危险源事故隐患，应责令其立即排除。

(2) 重大危险源事故隐患排除前或排除中无法保证安全的，应责令从危险区域内撤出作业人员，暂时停产、停业或停止使用；重大事故隐患排除后，经审查同意，方可恢复生产经营和使用。

(3) 接受任何单位和个人对重大危险源事故隐患及安全生产违法行为的举报。

4）监控内容

县级以上人民政府安全生产监督管理部门对存在重大危险源的生产经营单位的监督检查主要内容包括：

(1) 贯彻国家有关法律、法规、规章和标准的情况。

(2) 预防安全事故措施的落实情况。

(3) 重大危险源的登记建档情况。

(4) 重大危险源的安全评估、检测、监控情况。

(5) 重大危险源的设备维护、保养和定期检测情况。

(6) 重大危险源的现场安全警示标志设置情况。

(7) 人员的安全培训和安全教育情况。

(8) 救援组织建设和人员配备情况。

(9) 应急救援预案和演练工作情况。

(10) 应配备的应急救援器材、设备及维护、保养情况。

(11) 重大危险源日常管理情况。

(12) 法律法规规定的其他情况。

5）评估单位的责任和义务

(1) 应具备国家规定的资质：评估单位应具备国家规定的资质条件，出具合法证件，参与竞标和评估。

(2) 评估报告应客观公正：评估单位所做出的安全评估报告要做到数据准确、内容完整、方法科学、建议具体可行、结论客观公正。

(3) 对报告的完整性和可靠性负责：评估单位应对其做出的检测检验和安全评估报告的完整性和可靠性负责。

6）法律责任

(1) 生产经营单位的决策机构、主要负责人和个人经营投资人，不认真履行重大危险源安全管理与检测监控职责，导致发生安全生产事故，构成犯罪的要依法追究刑事责任；尚不构成刑事处罚的，应依据《安全生产法》等法律法规进行处罚。

(2) 安全评估的中介机构出具虚假证明或出现重大错误和评估失实，发证机关应按规定吊销资质、资格证书；构成犯罪的要依法追究刑事责任；尚不构成刑事处罚的，应依据《安全生产法》等法律法规进行处罚。

(3) 对于安全生产监督管理部门及其工作人员，明知已存在事故隐患的重大危险源监管不力导致发生事故的，按有关规定给予行政处分；构成犯罪的要依法追究刑事责任。

5.2.3 重大危险源监控技术

重大危险源监控是基于重大危险源申报登记、安全评估和监督检查结果进行的一个管理活动。重大危险源监控应该从以下几方面进行。

1）重大危险源的区域位置监控

《危险化学品安全管理条例》规定：除运输工具加油站、加气站外，危险化学品的生产装置和储存数量构成重大危险源的储存设施，与居民区、商业中心、公园等人口密集区域；学校、医院、影剧院、体育场（馆）等公共设施；供水水源、水厂及水源保护区；车站、码头（按照国家规定，经批准，专门从事危险化学品装卸作业的除外）、机场以及公路、铁路、水路交通干线、地铁风亭及出入口；基本农田保护区、畜牧区、渔业水域和种子、种畜、水产苗种生产基地；河流、湖泊、风景名胜区和自然保护区；军事禁区、军事管理区；法律、行政法规规定予以保护的其他区域等类场所、区域的距离必须符合国家标准或者国家有关规定。这里强调了构成重大危险源的生产装置和储存设施与上述八大类场所、区域的距离必须符合国家标准或者国家有关规定；对于已经存在的构成重大危险源的生产装置和储存设施不符合前款规定的，应由所在地设区的市级人民政府负责危险化学品安全监督管理综合工作的部门监督其在规定期限内进行整顿；需要转产、停产、搬迁、关闭的，报本级人民政府批准后实施。本要求的距离应符合《建筑设计防火规范》《石油化工企业设计防火规范》《石油化工企业总平面设计规范》《石油化工企业环境保护设计规范》《石油天然气工程设计规范》《输气管道工程设计规范》《输油管道工程设计规范》以及《氯气安全规程》《光气及光气化产品生产安全规程》等有特殊要求的安全规程的要求。

（1）监控内容：① 区域位置或管道走向；② 地形地貌；③ 环境设施与分布；④ 人口密度与分布；⑤ 联防或救援力量的位置等。

（2）监控技术和措施：① 矢量化地图的绘制和应用；② 重大危险源的分布和安全警示；③ 重大危险源发生事故时可能对周围环境、设施、人员的影响和危害；④ 确认危险告知范围和告知内容；⑤ 联防或救援力量的位置与联络方式等。

2）重大危险源的生产过程监控

对生产过程的安全监控，其中包括：储罐区（储罐）；库区（库）；生产场所；压力管道；锅炉；压力容器；煤矿（井工开采）；金属非金属地下矿山；尾矿库及其他形成重大危险源的生产过程的监控。

监控过程中要对形成重大危险源的生产过程的工艺技术可靠性和可能实现性以及工艺技术的先进性，是否属于国家明令禁止的淘汰工艺技术，是否属于成熟技术，是否存在开发过程的不可知的风险等。具体监控措施和技术包括：

工艺过程的控制技术，如DCS、PLC控制技术，电动或气动仪表控制技术，人工操作控制技术等；工艺过程的温度、压力、流量、液位等工艺参数的检测、监测技术；工艺过程的截断技术，如利用控制阀门或手动控制和截断物流操作等。安全的需求使设备和配件的性能日趋完善，一个简单的阀门也从仅单独地满足各种工艺条件下的截流功能发展到可以反映基本工作状态、防止误操作以及可以可靠地实现各种工艺条件下的截流功能的新阶段。这里还要特别提出一些国外最新出现的正在发展的阀门互联锁、紧急切断阀门的测试装置以及新型的阀门回讯器等前沿技术。阀门是在生产过程中起着开放和截断物流的作用，而在工艺操作过程中，关键阀门的开关错误、开关不到位或开关不灵活，都会给工艺过程带来意想不到的损失，甚至带来严重的灾难性后果。

3）综合监控技术

重大危险源的综合控制技术包括监测报警技术、安全显示技术、事故预警措施和安全保护措施等。今后，危险源的监控系统要从以下4个技术方面进行改进和提高。

（1）监测报警技术

需要注意的是，安全监测报警技术包括火灾报警、泄漏报警、设备故障报警、安全措施失效报警等。其中，泄漏报警又包括可燃气体检测报警、有毒气体检测报警、粉尘浓度等非常数据检测的检测报警技术等。

（2）安全显示技术

安全显示技术是通过现场检测仪表、设施、控制系统的巡检技术等，及时发现现场的温度超高、压力越限等危险状态，包括紧急备用电源和紧急供应蒸汽、水、风等系统支持运行状态等紧急供应系统的显示和监控。

（3）事故预警技术

事故预警技术措施是在工艺控制技术、设备设施检测技术、综合控制技术中安全报警技术措施和安全显示技术措施失效或部分失效的情况下采取的一种警告技术措施。事故预警技术措施是利用声光报警、语言报警技术和计算机数据传输技术告知事故即将发生，必须立即采取应急对策措施，启动安全保护措施。

（4）安全保护技术措施

安全保护技术措施是在事故预警技术措施已经进行，事故即将发生之际，通过人工手动、设备自动或计算机程控等手段启动的安全保护性措施。仅在预防工艺参数偏离的安全系统中就包括：安全阀、紧急泄压系统、紧急关闭系统、紧急降温系统、紧急中止系统，误动作、误操作的抑制技术；转动设备出现超速、超振动指标、局部超温时采取的紧急停车措施；非标设备出现超温、超压、超负荷运行时的中和措施、中止反应措施、安全泄压措施等。紧急消防系统又包括：消防供水冷却喷淋、消防蒸气、消防器材配备、灭火设施、回收装置。

5.2.4 重大危险源的管理技术

管理技术系统是利用安全工程方法，在对重大危险源危险程度进行定性、定量分析的基础上，系统地从设计、制造、运行等过程中考虑安全技术和安全管理问题，找出生产过程中潜在的危险因素，并提出相应的安全措施，建立企业风险识别的管理体系和风险管理方案，以实现重大危险源监督管理的重要手段之一。应站在企业的高度规划各类安全管理工作，要求各级管理部门和人员充分利用现有的局域网及计算机设备，及时将各类安全信息录入检查监督管理数据平台，进行归类统计、系统分析，分层管理，实现安全管理全过程跟踪，它也是督促部门间互相监督和学习，进一步规范现有的检查、监督和考核，形成PDCA循环的一个不断完善和前进的过程。

5.3 危险源监控系统

由于重大危险源监督与控制的效果受人们的认知程度、科学技术水平和管理水平的差异的影响而无法尽善尽美，因此重大危险源监督与控制的目标也应是与时俱进、不断变化和发展的。城市和区域重大危险源监控是在生产经营单位内部单元、企业整体安全管理的基础上实现的。并且做好企业内部单元、企业整体重大危险源的安全管理才能分别做好监督和控制两个过程，只有做好对重大危险源监督和控制，才能尽量避免事故和灾难的发生或将事故和灾难所带来的损失降到最低。

5.3.1 监控系统的发展历程

重大危险源监控系统是通用工业监控系统在重大危险源方面的实际应用，监控系统自诞生之日起就与计算机技术的发展紧密相关。

1）计算机监控系统

计算机监控系统发展到今天已经经历了 5 代基于不同软硬件的系统架构，如图 5-3 所示。

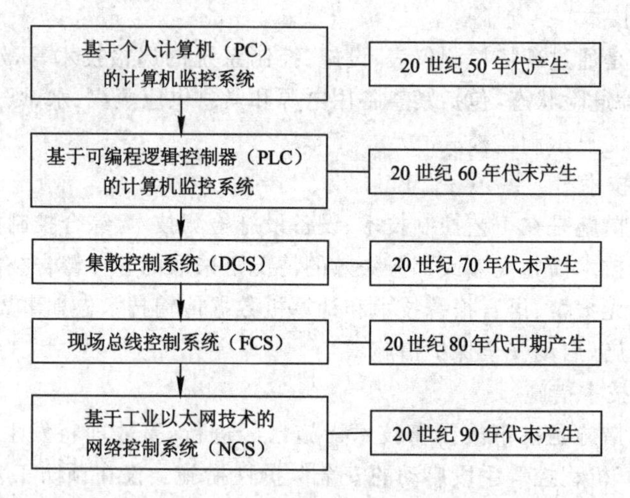

图 5-3 计算机监控系统发展图

以上 5 个时代的计算机监控系统的特点见表 5-1。

表 5-1 五代不同的计算机监控系统特点

种类	出现时间	输出输入装置	应用范围	开放性	可靠性	价格
基于 PC	20 世纪 50 年代	板卡	(中)小型	好	差	低
基于 PLC	20 世纪 60 年代	PLC	大(中)型	差	高	较高
DCS	20 世纪 70 年代	PLC、远程 I/O	大(中)型	差	高	高
FCS	20 世纪 80 年代	数据采集模块	大(中)型	较好	高	较高
NCS	20 世纪 90 年代	数据采集模块	大(中)型	好	高	中

2）无线传输网络监控系统

有线传输网络对于基本固定的设备来说无疑是比较理想的选择，但对于移动目标监测及易燃易爆等危险应用环境，有线传输计算机监控系统无法实施高效的监控；并且有线网络布线复杂，线路故障难以检查，设备重新布局就需要重新布线，不能随意移动，易老化，建设周期也很长。

作为有线传输技术的有益补充，20 世纪 80 年代初至 90 年代中期，无线传输技术逐渐成熟与发展起来，并逐步应用于工业系统中。总的来说，它具有以下优点：① 可实现现场监控系统参数的远程设置；② 抗干扰能力强；③ 成本低，安装方便，无须铺设线缆，穿墙钻孔布线；④ 联网和集中监测与控制方便，没有方向的限制；⑤ 传感器布置灵活，不受布线的限制。

目前，无线传输技术通常采用模拟电台加调制解调器自行组网或通过公用移动电话来完成数据交换，由于模拟电台的收发切换时间长、数据传输速率低，无法实时更新监测参数。采用公用 GSM/GPRS 技术，易受公共移动通信业务的影响，尤其是采用短信方式发送数据时，难以满足安全性、可靠性、连续性和经济性的要求。近年来，以蓝牙技术、无线局域网(WLAN)等为代表的无线智能网络成为无线传输技术的研究和应用热点。但蓝牙技术的传输距离较短，技术尚不成熟，未获广泛支持，研究和应用前景不明朗。IEEE802.15.4 无线通信标准基于 2.4GHz 的公用通信频段，IEE802.15.4/ZigBee 协议充分考虑了无线传感器网络应用的需求，是目前被业界普遍看好的一种无线通信协议。

3）当代计算机监控系统的发展趋势

重大危险源监控系统是以计算机为基础用于重大危险源监控的自动化系统，它可对现场危险设备与装置进行监视和控制，以实现参数采集、数据分析、设备监控及信息报替等各项功能。在对重大危险源监控系统发展历程研究与分析的基础上，可得如下结论：

(1) FCS 由 DCS 以及 PLC 发展而来，它吸收了 DCS 多年开发研究以及现场实践的经验，目前已走向实用化。

(2) 虽然 FCS 协议在一些特殊的应用领域中已经成为了最佳的解决方案，但 DCS 并不会消亡，只是将过去处于控制系统中心地位的 DCS 移到现场总线的一个站点上去。

(3) 随着工业以太网技术的发展及其标准化进程的加快，基于工业以太网技术的网络控制系统(NCS)成为了可能，必将成为未来监控系统的发展趋势。

(4) 未来的重大危险源监控系统将把生产管理、过程控制、安全监控、视频监控、故障诊断和事故预案等功能有机结合起来，形成一个多层次的集生产与安全监控、环境参数自动采集、模拟量限位报警与视频联动和智能专家分析与处理于一体的综合监控与管理系统。

5.3.2 危险源监控系统的设计

在对重大危险源进行普查、分级，并制订有关重大危险源监督管理法规的基础上，明确存在重大危险源的企业对于危险源的管理责任、管理要求(包括组织制度、报告制度、监控管理制度及措施、隐患整改方案、应急措施方案等)，促使企业建立重大危险源控制机制，确保安全。

安全生产监督管理部门依据有关法规，对存在重大危险源的企业实施分级管理，针对不同级别的企业确定规范的现场监督方法，督促企业执行有关法规，建立监控机制，并督促隐患整改。建立健全新建、改建企业重大危险源申报和分级制度，使重大危险源管理规范化、制度化；同时与技术中介组织配合，根据企业的行业、规模等具体情况，提供监控的管理及技术指导。在各地开展工作的基础上，逐步建立全国范围内的重大危险源信息系统，以便各级安全生产监督管理部门及时了解、掌握重大危险源状况，从而建立企业负责、安全生产监督管理部门监督的重大危险源监控体系。

重大危险源的安全生产监督管理工作主要由区县一级安全生产监督管理部门进行。信息网络建成之后，市级安全生产监督管理部门可以通过网络了解一、二级危险源的情况和监察信息，有重点地进行现场监察；国家安全监督管理部门可以通过网络对各城市的一级危险源的监察情况进行监督。

1）监测监控系统的设计步骤

(1) 了解安全、生产系统对测控系统的要求。不同的安全、生产系统对测控系统的要求不同。因此，首先必须详细地了解安全、生产对系统的要求，明确设计任务。

(2) 调研、搜集资料在明确设计任务后，就要有目的地进行调研、搜集资料。主要内容应包括：① 通过国际互联网，了解所设计的系统的目前国内外现状及发展趋势；② 通过查新了解有关新理论、新技术、新元器件等；③ 实地考察已有成熟系统的使用情况；④ 熟悉有关的法律、法规、设计规范、检测验收规范。

(3) 确定系统总体方案：在进行充分和大量调研、掌握大量资料的基础上，针对实际设计系统确定设计的总体方案，选择系统的结构形式。

(4) 选择一次传感器、控制执行结构或元件：根据设计要求及确定的总体方案，选择所需要的一次传感器和合适的控制执行元件。

(5) 选择计算机：根据总体方案及可靠性、经济性等情况选择计算机的机型、机种等。

(6) 系统硬件设计：根据总体方案的要求，进行系统硬件设计和具体电路设计。尽量采用成熟的、经过实践考验的电路和环节。同时考虑新技术、新元器件、新工艺的应用。

(7) 系统软件设计：按软件设计原则、方法及系统的要求进行应用程序设计。尽量采用组态软件，注意兼容性、可扩展性等。

(8) 系统实验室调试：系统软、硬件设计完成并进行正确组装后，按设计任务的要求在实验室进行模拟实验。通过实验对设计系统进行初步考核，以便发现问题、进行改进，为现场工业性试验奠定基础。

(9) 工业性实验：将所设计的系统，安装于实际工业现场，由生产过程对系统进行实际考核，对存在问题进行改进，最大限度地满足生产、安全要求。

(10) 编写鉴定技术文件：一般在工业性实验通过之后，有关部门要对系统组织技术或产品进行鉴定。

2）安全、生产系统对监测监控系统的要求

安全、生产系统对测控系统的要求应由设计单位提出，但一般提出的要求都比较笼统。因此，在此基础上还必须做进一步调查研究，收集有关系统设计的大量原始资料，其内容一般要包括：

(1) 需要检测参数的种类、数量、极限变化范围、常用范围。

(2) 需要检测参数的性质。例如，模拟量是电压型、电流型、频率型、电阻型，开关量是触点信号还是有源信号等。

(3) 检测对象所处环境，一般场所还是有爆炸危险、高温、潮湿等特殊场所。

(4) 检测精度和速度。

(5) 监测对象的环境、数量、性质等。

(6) 控制对象的环境、数量、性质、控制方式及控制精度等。

(7) 信息输出形式：显示、打印记录、存储、传输距离等。

(8) 系统可靠性，系统长期还是短期运行，允许故障时间，若发生故障后后果如何等。

总之，对生产现场了解越充分，设计就越合理。有时，对关键性问题必须亲自到第一现场进行考察，甚至做必要的试验，以便掌握第一手材料。

3）监测监控系统的设计原则

在最大限度满足安全、生产系统要求的前提下，一般要力求具有下面5种性质：

(1) 可靠性。测控系统可靠性高，这是系统设计最重要的原则。要保证系统在使用条件下工作稳定且可靠性高，必须具备强的抗干扰性能。

(2) 先进性。测控系统使用的元器件、传感器、执行器、检测方法、控制方法、程序设计、输入输出方式及手段等，都应符合技术发展方向，具有技术的先进性。

(3) 通用性。测控系统不需任何改动或只需进行少许改动就能应用于其他场合，构成新的测控系统。

(4) 合理性。测控系统中电路结构简单，软硬件功能搭配恰到好处，便于安装、维护、检修等。

(5) 经济性。测控系统应达到功能强、成本低、性价比高等要求。

4）监测监控系统总体方案的确定

如果进行现场了解和技术调研是系统设计的准备工作，那么确定系统总体方案则是进行系统设计的第一步，也是最重要、最关键的一步。总体方案确定得好坏，直接影响到整个测控系统的功能、指标、系统投资及实施细则，甚至关系到设计的成败。总体方案的确定主要是根据了解和调研所掌握的大量资料，结合具体实际情况和现实可行的技术措施及方法来进行的。

(1) 系统结构的确定

在确定总体方案时，必须首先确定好系统的网络结构。系统网络结构是指系统中分站与分站之间、分站与中心站之间的相互连接关系。矿井监控系统的网络结构与一般的数字通信和计算机通信网络相比，具有如下特点：

① 不要求分站之间通信，而一般的通信网络要求分站之间通信。

② 要求本质安全防爆，而一般非煤矿的通信网络不要求本质安全防爆。

③ 有利于系统本质安全防爆。

④ 在传感器分散分布的情况下，通过与适当的复用方式配合，尽量使系统的传输电缆用量最少。

⑤ 抗电磁干扰能力强。

⑥ 抗故障能力强。当系统中某些分站发生故障时，力求不影响系统中其余分站的正常工作；当传输电缆发生故障时，也不影响整个系统的正常工作。

系统网络结构的设计是系统设计的重要一步。依据所设计的测控系统的复杂程度、测控范围及要求，确定出系统为一级管理系统还是分布式多级管理系统，是单计算机运行还是多计算机运行。

(2) 选择传感器

在确定总体方案时必须选择好被测参量的传感器，它是影响系统检测精度的重要因素之一。特别是随着半导体技术、测控技术的发展，测量各种参量的传感器，如甲烷、一氧化碳、温度、风速等，种类繁多，规格各异。因此，如何正确选择传感器并不是一件容易的事情，必须给予高度重视。在选择传感器时，应考虑以下几个方面因素：

① 最重要的是检测精度、范围及寿命。在选择精度指标时，要以系统测控精度要求为依据，然后考虑系统中产生误差的诸因素，对总误差进行合理的预分配，再按预分配给传感器的误差来选择所需传感器的精度。

② 信号输出形式，如电压、电流、频率输出及其与分站信号采集种类的配套等因素。

③ 传感器安装位置及数量要符合有关规定。

(3) 选择分站通道

分站通道是连接计算机与测控对象的纽带，是系统的重要组成部分。通道不通就无法保证系统可靠工作。若通道产生误差过大，就无法达到预期的检测和控制目的。选择通道时主要是根据传感器的信号种类、数量、受控设备的状况，选择通道中的关键性元器件，如多路开关、采样保持器、A/D、D/A 转换器等。

(4) 选择外围设备

外围设备配置种类、型号主要根据系统要求和系统规模来确定。在上述工作完成后，画出一个完整的测控系统原理框图，其中应包括各种传感器、执行器、输入/输出通道的主要元器件、微机及外围设备。它是整个系统的总图，要求简单、清晰、一目了然。

值得注意的是，在确定系统总体方案时，对系统的软、硬件功能应从整体上进行考虑。因为测控系统所要实现的某种功能，既可以由硬件实现，也可以由软件完成。到底采用什么方式比较合适，应根据系统实时性及整个系统的功能价格比综合平衡后加以确定。一般情况下，用硬件实现速度比较快，占用 CPU 时间少，但系统比较复杂，价格比较高，而且故障多，可靠性下降。用软件完成，系统简单，价格便宜，但要占用 CPU 的时间较多。总之，测控系统的功能到底哪些由硬件完成，哪些由软件实现，应该结合具体问题经过反复分析比较后确定。

5）测控分站的设计

(1) 测控分站设计方案的确定

① 单片机的选择。根据设计要求，考虑发展和应用情况，经分析比较后确定单片机的机种、型号。

② 模拟量输入通道结构的确定：根据输入模拟量的数量，确定多路转换模拟开关(MUX)；根据输入模拟量信号的大小、种类，确定模拟信号预处理器；根据输入模拟量信号的采集速度和精度要求确定 A/D、采样保持器(S/H)；根据系统给出的误差进行误差预分配，并进行指标校验。

③ 开关量输入通道结构的确定：根据输入开关量的数量，确定开关量输入通道的规模；根据输入开关量信号的形式，确定开关量输入通道的形式；根据输入开关量信号源所处环境的状况及信号传输距离，确定开关量输入通道的抗干扰措施。

④ 输出通道结构的确定：根据控制对象要求施于控制信号的性质，确定输出通道的形式；根据控制对象要求施于控制信号的功率，确定输出通道的功率放大环节；根据控制对象所处的环境和控制信号传输的距离，确定输出通道的抗干扰措施。

⑤ 根据传输系统的要求确定通信接口。现有的通信接口主要有 RS-232 接口、RS-485 接口、总线接口、OPC 接口等。设计者可以根据用户需求以及具体的情况选择一种最合适的通信接口，力求使系统的性能更加完善，如图 5-4 所示。

(2) 监控系统的防危险措施

因为监控系统所在处位置具有危险，所以要求供用电设备本质安全型。

本质安全型防爆电气设备，简称为本安型电气设备，它具有电路无论在正常工作还是故障状态下产生的电火花和热效应，均不能点燃可爆炸性物质的性能，这由设计本安型电路时，通过合理选择电气参数或采取保护措施，限制电路参数来保证的。

安全、生产监测监控系统，其中心站或主机设置在地面(或安全场所)，该部分设备为一般型；分站置于井下(或有爆炸性场所)，这部分必须是本安型或其他安全类型。为使两个性

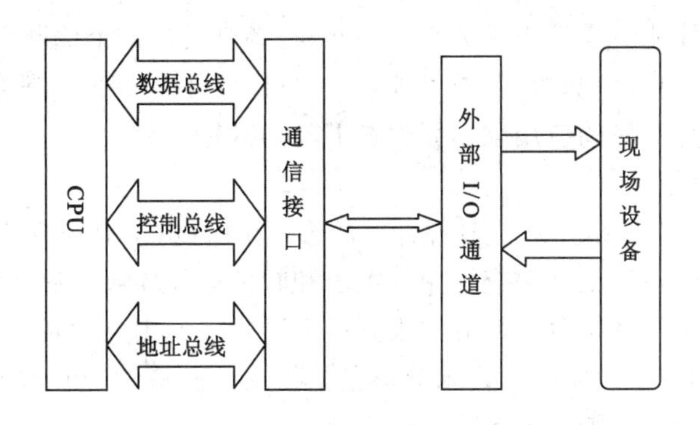

图 5-4 通信接口示意图

能不同的部分连接在一起，构成一个完整的系统，并且使非本安电路的危险能量不窜入本安电路，则在两者间必须加入一个隔离保护装置。这种装置常被称为安全栅或安全保护器。

设计本安电路应注意的问题：电火花能否引爆可爆性物质或带来其他的一些安全隐患，主要取决于火花能量大小。由理论分析可知，火花能量来自两个部分：一是电磁场能量；二是来自电源能量。对于简单的感性电路，安全火花能量的大小主要取决于电流和电感，对于简单容性电路，则主要取决于电压和电容。因此，在设计安全火花电路时，要从电气方面采取措施，限制火花能量并且设置完善的保护功能。设计时，一般应注意：

① 尽量减小电路中的电感和电容量。

② 合理选择电气元件，尽量降低供电电压。

③ 在电源方面，应保证在电源端子短路时，短路电流不超过安全电流值。为此，对电源应采取限流和保护措施。对电池（包括蓄电池）多采用外接串联电阻限流，并与电源一起密封后引出接线端子。对交流整流电源，应采用隔离变压器，其二次侧绕组采用高电阻丝绕制进行限流。对于过压和限流保护元件必须双重化。

④ 对继电器、变压器和扼流圈等电感元件进行消能。设计时，必须对这些元件采取消能措施，使断电时其磁场能量不能馈送或少馈送到断路点上去。其办法是在电感元件两端并联一个续流二极管或 RC 吸收电路。

⑤ 本安电路与非本安电路的正确连接。

（3）系统软件设计原则

为了满足测控系统对应用软件的要求，并能够在软、硬件之间进行协调，以取得最佳效果，在进行系统软件设计时，一般应遵循下述原则：

① 实时性。因为测控系统是实时测控系统，所以应用软件首先要具有实时性。即能够在对象允许的时间内完成对系统的检测、计算、处理和控制。为此，设计应用程序通常都采用汇编语言。此外，尽可能采用一些设计技巧，以使程序尽量简单、紧凑，避免不应有的浪费；同时，对多个处理任务系统应实行中断嵌套或采用多重中断的办法，加快处理速度。

② 针对性。应用程序的最大特点是具有较强的针对性，即应用程序应根据一个具体系统的要求来设计。例如，数据采集方式、数据处理方式、控制算法的选取等。

③ 灵活性和通用性。一个好的应用程序，不仅要针对性强，而且要有一定的灵活性和通用性，即在稍加改变后就能适应不同系统的要求。为此，在进行程序设计时采用模块化结构，尽量把共用的程序编写成具有不同功能的子程序，这样易于设计和修改。

④ 可靠性。在监测监控系统中，系统的可靠性是至关重要的。只有在硬、软件都非常

可靠的情况下，系统才能可靠地正常运行。为此，有必要设计一个诊断程序，使其对系统硬、软件能够进行检查，一旦发现错误就及时处理。另外，为了提高系统软件的可靠性，采用一些软件设计技巧，并把调好的应用软件固化在 EPROM 中。

（4）系统软件设计

① 需求分析。需求分析是进行软件开发的第一个阶段，主要任务是以可行性研究报告中的开发目标为基础，在广泛地调查了用户需求和软件运行环境之后，详细定义软件的各项技术指标和要求，并采用系统分析的方法去解析未来软件的构成和各部分之间的接口，并按一定规范完成软件的需求说明书。需求分析包括需求的获取、分析、规格说明、变更、验证、管理的一系列需求工程，如图 5-5 所示。

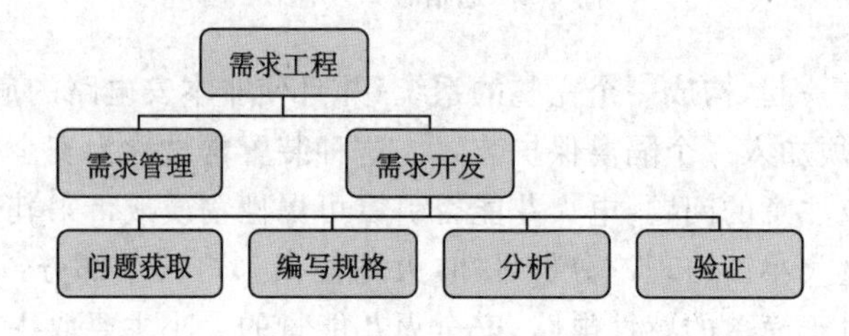

图 5-5　需求分析结构图

② 问题识别。从系统角度来理解软件，确定对所开发系统的综合要求，并提出这些需求的实现条件，以及需求应该达到的标准。这些需求包括：功能需求、性能需求、环境需求、可靠性需求、安全保密需求、用户界面需求、资源使用需求、软件成本消耗与开发进度需求，预先估计以后系统可能达到的目标。

③ 系统定义。清楚地列出系统的各个部分与软件设计有关的特点，并进行定义以作为软件设计的依据。系统定义是对系统任务的描述，系统定义至少应包括下列内容：

a. 输入定义。首先列出系统向微机提供的所有输入项，然后对每个输入提出问题。

b. 输出定义。首先列出要求微机产生的所有输出项，然后对每个输出提出问题。

c. 定义存储器。指出对存储器资源如何管理，工作区如何划分以及是否采取存储器掉电保护。

d. 定义信息处理方式。从读入/输入数据到送出/输出结果之间的阶段称为处理阶段。在这个阶段必须精确确定用什么方法处理输入数据以获得要求的结果。

e. 定义错误处理方式。系统出现错误是难免的，设计者必须为排错及诊断故障做好准备。

f. 定义操作要求。任何系统都需要人来干预，即要进行人机对话。因此，必须考虑操作者最合适的输入方式和操作步骤以及哪种显示形式能很容易地提醒操作员出现的操作出错。

④ 分析与综合。首先逐步细化所有的软件功能，找出系统各元素间的联系、接口特性和设计上的限制，分析是否满足需求，剔除不合理部分，增加需要部分。然后综合成系统的解决方案，给出要开发的系统的详细逻辑模型。

⑤ 评审。需求分析完成后需要分析工具或经人工来复审需求的正确性、完整性和清晰性，以及对其他需求给予评价。因为软件需求分析是软件开发的基础，需求分析复审有助于消除可能导致的软件开发成本上升或软件开发存在的隐患，降低软件开发的风险。评审通

过才可进行下一阶段的工作，否则应重新进行需求分析。

⑥ 编写软件需求说明书。将需求分析阶段的成果编制成需求规格说明书，通过它建立完整的信息描述、详细的功能描述、合理的有效性准则等，以便向下一阶段提交。

(5) 程序设计

程序设计是制定程序的纲要，也就是将系统定义的问题用程序的方式进行描述。由于程序是软件的本体，软件的质量主要通过程序的质量来体现，在软件研究中，程序设计的工作非常关键，内容涉及有关的基本概念、工具、方法以及方法学等。

① 概要设计。概要设计是从需求分析阶段的工作结果出发，明确可选的技术方案，做好软件结构的前期工作，划分组成系统的物理元素，进行软件的结构设计和数据设计，编写概要设计文档。

a. 结构设计。结构设计是软件设计中的重要阶段，主要任务是把系统的功能需求分配给软件结构，形成软件的模块结构图。模块是数据说明、可执行语句等程序对象的集合。模块化是把系统程序划分成若干个模块，每个模块完成一个子功能。模块既独立，相互之间又有一定的联系，把它们组成一个有机的整体，完成指定的功能。耦合和内聚是评价软件系统设计质量好坏的标准，衡量系统设计中模块的划分是否合理，模块的独立性是否强。模块的内聚度高，模块间耦合度低，模块的独立性就好，系统设计的质量也就好。

b. 数据设计。软件系统本质上是信息处理系统，数据分析和设计是基本的软件工程活动。通过数据结构的设计，定义包含的信息、处理查询的类型、数据存取的方式、数据的容量等。数据逻辑结构设计给出系统内所使用的每个数据结构的名称、标识符，它们之中每个数据项、记录、文件和卷的标志、定义、长度及它们之间的层次或表格的相互关系；数据物理结构设计给出系统内所使用的每个数据结构中的每个数据项的存储要求、访问方法、存取单位、存取的物理关系，如索引、设备、存储区域，设计考虑和保密条件。

c. 编写概要设计说明书。将概要设计说明中关于系统的模块划分、模块间的逻辑关系设计、模块间的界面设计、整体的存储数据结构和数据库设计、系统与外界的接口设计、安全与错误处理功能设计等编写成说明书，以便向下一阶段提交。

② 详细设计。详细设计则是在概要设计的基础上对系统所划分的每一个模块进行内部设计，即研究具体实现该模块的功能的手段及各类细节等。它为下一阶段编制程序奠定了基础，也是今后进行测试的依据之一。在详细设计阶段，采用自顶向下逐步求精的方法，可以把一个模块的功能逐步分解细化为一系列具体的处理步骤或某种高级语言的语句。在详细设计过程中，需要用一系列图表列出本系统内的每个程序，包括每个模块和子程序的名称、标识符和它们之间的层次结构关系，逐个给出各个层次中每个程序的设计所考虑的因素，并对其功能、性能、输入、输出算法、流程、接口等进行描述。

软件的任务是在虚拟工作环境中完成的，用户所面对的虚拟工作环境就是人机界面。人机界面设计是详细设计的一项重要内容，主要包括以下几个方面：

a. 数据输入界面设计。数据输入是指所有供计算机处理的数据的输入。数据输入界面的目标是尽量简化用户的工作，并尽可能地减少输入的出错率。为此在设计时要考虑尽可能减少用户的记忆负担，使界面具有预见性和一致性，防止用户输入出错，以及尽可能增加数据自动输入。

b. 数据显示界面设计。数据显示界面包括屏幕查询、文件浏览、图形显示和报告。进行数据输出显示设计，应当了解数据显示的要求，解决应该显示哪些数据、屏幕上一次显示多少信息的问题。

c. 控制界面的设计。设计控制界面的问题，其目的是让用户能够主动地控制计算机上软件系统的工作，使得用户能够很容易地访问计算机的各种设备。主要方式有控制对话、菜单、功能键、图标、直接指点、窗口、命令语言和自然语言等。最后，需要编写详细设计阶段的说明书，为编程人员提供一个依据，也为软件测试和维护人员提供一种方便，即在不阅读程序代码的情况下，就能了解模块内部的程序结构。

③ 设计方法。程序设计方法是把系统定义转化为程序的准备阶段。对于简单的系统，也许一页流程图就足以说明问题。但系统较大，程序比较复杂，要把程序编得清楚明了，便于查错和测试，就必须采用合适的程序设计方法——面向对象的程序设计。

面向对象的方法是把世界看成是独立对象的集合，对象将数据和操作封装在一起，提供有限的外部接口，其内部的实现细节、数据结构及对它们的操作是外部不可见的，对象之间通过消息相互通信。当一个对象为完成其功能需要请求另一个对象的服务时，前者就向后者发出一条消息，后者在接收到这条消息后，识别该消息并按照自身的适当方式予以响应。

面向对象方法的具体实施步骤为：面向对象分析；面向对象设计；面向对象实现。面向对象方法的特点主要有：模块化、信息隐藏与抽象。性质主要有：自然性、共享性、并发性和重用性。

面向对象的开发方法不仅为人们提供了较好的开发风范，而且在提高软件的生产率、可靠性、可重用性、可维护性等方面有明显的效果，已成为当今计算机界较为关注的一种开发方法。

5.4 危险源实时监控预警和三维可视化技术

重大危险源监测预警系统，由传感器、二次检测仪表、逻辑控制器、执行机构、报警设备以及工业数据通信网络等仪表和器材所组成。系统利用液位、温度湿度、压力、流量、火焰、可燃及有毒气体浓度、风向和风速等传感器采集生产及环境监测预警参数，利用视频和红外防侵等设备监控人员操作及现场情况并由智能故障诊断和事故预警软件系统进行数据分析，以确定现场的安全状况；同时配备联锁装备，在危险出现时采取相应措施，实现数据传输、自动预警、联网声光报警、监控信息显示与打印以及安全数据或状态记录储存等功能。按建设目的及其对生产过程的关注范围来看，重大危险源监测预警系统属于安全相关系统的范畴，必须从功能安全和安全完整性等级人手分析其设计和建设原则。

按照《安全生产法》《危险化学品安全管理条例》等有关法律法规的要求，将先进的网络通信技术、数据实时采集技术、安全监控与预警技术和基于 WEB 的信息管理软件开发技术进行集成，研究设计了实时分层安全监控的重大危险源监测预警系统总体架构，如图 5-6 所示。

5.4.1 控制系统的功能结构和工作流程

系统的页面显示模块用于生成展现给访问用户和管理员用户的显示页面，页面显示的最终样式是由控制模块中的页面控制器进行控制的。控制模块还负责根据系统的设置及用户的类型对整个业务流程进行调度。重大危险源申报模块与核心数据库连接，接收控制模块转发过来的用户申报请求，并根据用户的申报条件在申报数据库中形成相应的记录，将结

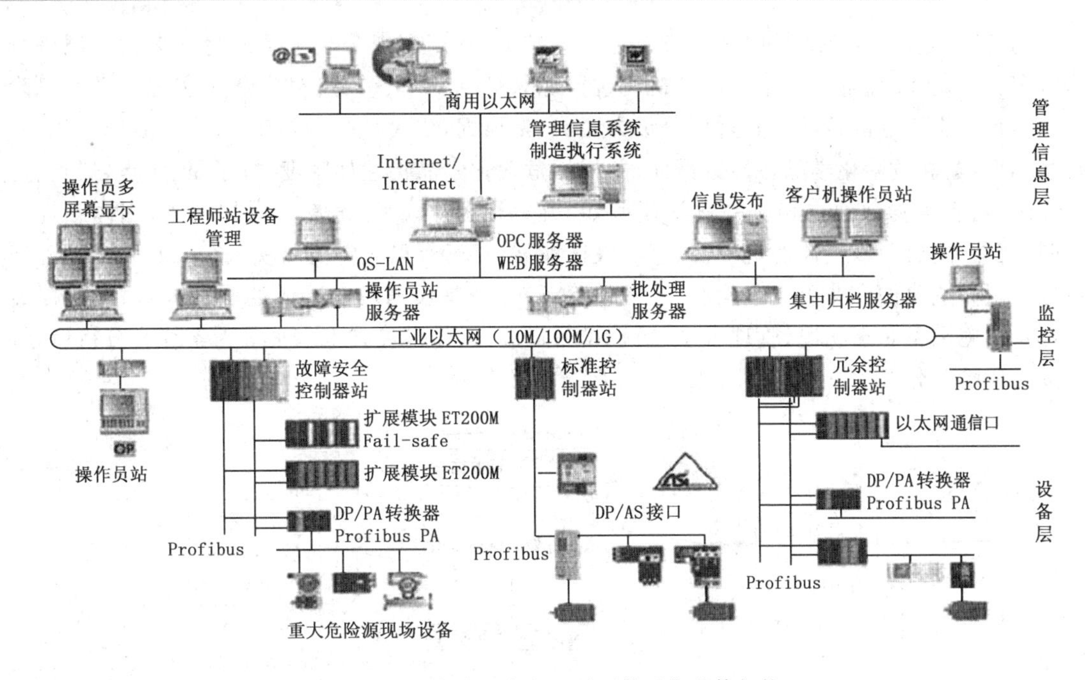

图 5-6　重大危险源安全监测预警系统总体架构

果按照接口规范进行格式化后，返回给控制模块。重大危险源动态管理模块接收控制模块发来的认证申报请求，并将用户的申报数据保存在系统核心数据库的申报库中用于今后重大危险源的辨识、分级与统计。系统的管理模块直接与核心数据库连接，管理员根据需要分配用户权限和进行数据库结构的更改；通过与控制模块连接，监控系统的各项运行参数，通过用户操作数据库并可以记录用户的操作记录，见图 5-7。

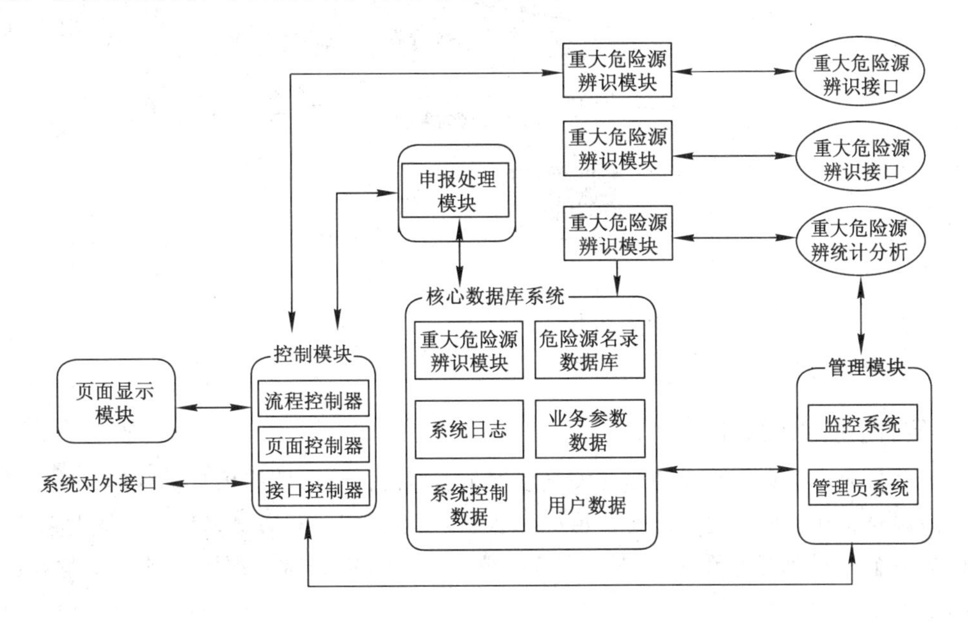

图 5-7　系统功能模块结构图

如图 5-8 所示，重大危险源模块参照国家标准，建立多种数学模型，自动计算各危险源点的危险等级。在重大危险源普查登记的基础上，利用辨识分级子系统将众多危险源进行辨识分级，为安监部门或中介评价机构进行综合评估，提供参考依据，从而实现对重大危险源实行层次管理的目的。其辨识分级方法：一是根据《重大危险源辨识》(GB 18218－2009)等标准，建立危险化学品特性数据库，并根据危险化学品特性如密度、分子量、沸点、爆热、燃烧热、热容等参数建立相应的数学模型如：凝聚相爆炸模型、蒸汽云爆炸模型、固体燃烧模型、液体燃烧模型、气体燃烧模型、有毒液体泄漏模型、有毒气体泄漏模型。二是将危险源划分为重大危险源和非重大危险源(一般危险源)。三是根据可能造成的伤亡人数、经济损失以及设施设备状态状况、管理水平、防护设备设施、操作人员技术水平等因素综合分析后，将重大危险源分级为“一级”、“二级”、“三级”、“四级”。

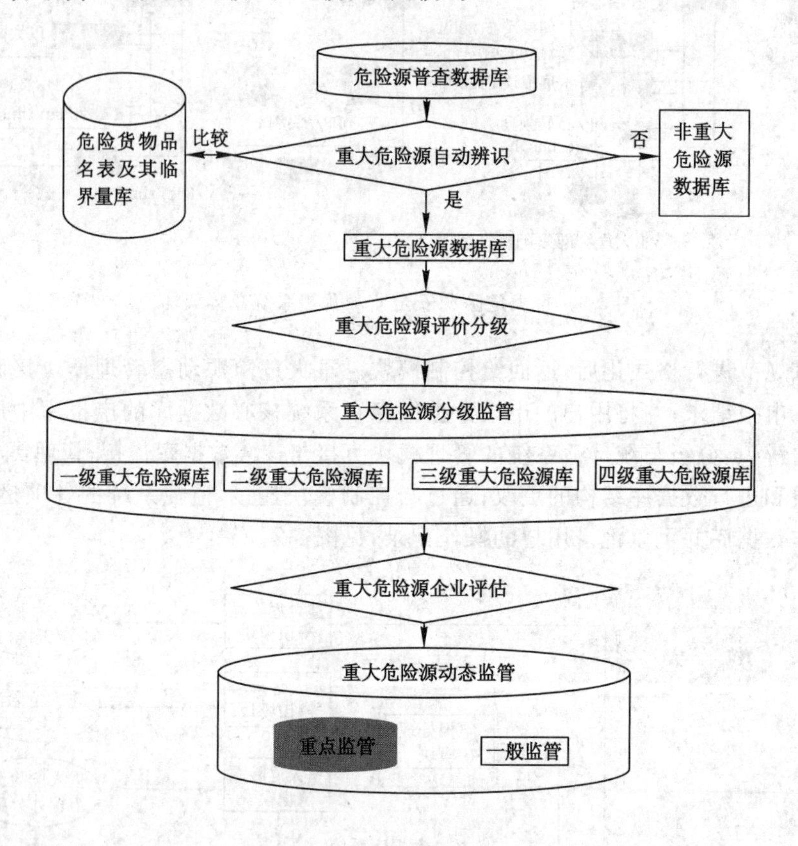

图 5-8　重大危险源管理模块实现流程图

5.4.2　实时监控预警系统

重大危险源对象大多数时间是在安全状况下运行的。实时监控预警系统的目的主要是监视危险源对象在正常情况下的运行情况和状态，并对其实时和历史趋势做整体性判断，对系统的下一个时刻做提前预警，因而可以在正常工况下和非正常工况下应该有对危险源对象及参数的记录显示等功能。

1) 正常工况

正常工况下，危险源运行模拟流程和进行主要参数(液位、温度、湿度、压力、流量、火焰、可燃及有毒气体浓度、风向和风速等)的数据显示、超限报警，并根据主要参数自动判断是否应该转入应急控制程序。

2）非正常工况

被实时监测的危险源对象的某些参数如果超过正常值的界限，就会向事故生成方向转化。此状况下应该立即采取应急控制措施，如果不采取，就会引发火灾、爆炸、有毒气体泄漏等重大安全事故。

在这种状态下，实时监控预警系统一方面应给出报警信息，另一方面由应急决策显示出排除故障系统的操作步骤，指导操作人员正确并且迅速地恢复正常工况，同时发出应急控制指令(例如：自动切除电源，自动开启水阀灭火，自动关闭进料阀制止液位上升等)；或者当可燃气体传感器检测到危险源对象周围空气中可燃气体浓度达到一定值时，实时监控预警系统将及时报警，同时还可以根据所检测的可燃气体的浓度及气象参数传感器的输出信息，快速绘制出可燃气体在电子地图上的覆盖区域浓度预测值，以便采取相应的措施，防止火灾或其他安全事故的发生。最后，由智能故障诊断和事故预警软件系统进行数据分析，以确定现场的安全状况。

3）安全事故阶段

如果预防措施失效，或者其他原因导致事故已经发生，应立即启动急救措施，防止事故进一步扩大。主要措施如下：

(1) 事故管理层。管理整个应急系统，协调事故处理队各项活动，考虑长远影响，密切联系业务支持联络员和现场值班经理。

(2) 业务支持联络员。高级经理职位，为事故处理队和业务经理提供协调缓冲为相关业务经理间联络提供平台，现场业务要求处理，为事故处理队提供业务支撑，包括媒体。

(3) 现场值班经理。承担事故值班经理的责任，精通应急反应处理方法，对其他队员的职责和处理过程给予指导，为受影响方联络现场指挥官。

(4) 健康安全环境代表。为事故处理对整体安全健康环境问题提供支持，与地方局的常规联系，现场安全健康环境活动协调，必要时代替重大事件控制委员会行使职责。

(5) 情况汇总部。收集联络中资料信息，负责数据输入及演示，措施执行状况核查，事故调查文件。

(6) 受影响资产代表。与现场值班经理相互配合，与现场指挥保持直接联系，信息更新，技术咨询，现场支持，与事故处理指挥中心共享信息。

(7) 人力资源/政府与公共事务代表。人力资源/政府与公共事务管理，人力资源与媒体支持队员激励措施，与业务支持联络员就人力资源和公共事务相互交流，人力资源/政府与公共事务战略开发。

(8) 负责工程人员。事故协助处理技术支持，物流与采购支持，合同管理，管道事故处理过程中地理信息系统。

如果事故影响涉及现场外人员或财物，重大事件控制委员会需要在警察局集合商讨。一旦出现紧急严重情况，事态发展情况应与当地居民沟通，降低风险。

4）事故调查

事故调查是一项非常重要的工作。监控系统从有关参数偏离正常范围开始在系统中按事故调查分析的要求，自动储存与事故生成密切相关的全部数据，可以从数据中得到宝贵的经验教训。所以，事故调查是一项非常重要必不可少的工作。

5.4.3 城市重大危险源监控实例

1）系统概述

城市的重大危险源监控：

首先，利用数据库技术、网络技术、地理信息技术和多媒体技术将重大危险源的基本信息、地理信息、城市综合信息、事故后果分析模型、应急预案构成一个有机的整体，建立城市重大危险源动态管理系统，实现对重大危险源进行动态监控管理。

其次，通过规范化学事故应急预案技术内容，开发智能化的化学事故应急预案编辑平台，提供企业编写规格内容统一的化学事故应急预案方法和措施。

然后，提出重大危险源安全监督管理的目标，要求企业定期申报，建立重大危险源监督管理机制；提供企业可通过网络系统进行重大危险源登记，定期申报重大危险源变更情况及重大事件的基本情况的条件。

第四，结合城市地理信息，在紧急情况下通过事故预案给出事故影响范围及重大危险源及周边环境情况，指导建立警戒区域、应急预案等，为应急指挥和决策提供科学依据。

最后，在信息资源共享的基础上，为建立城市化学事故应急救援联动机制提供翔实的数据基础；根据国家城市安全规划的要求，结合城市功能区规划要求，对城市土地规划、危险源分布、应急救援力量分布等内容进行综合分析、确认和补充。

2）应用实例

2002 年 10 月，某市被科技部、国家安全生产监督管理总局确定为国家“十五”科技攻关课题“城市公共安全综合试点”的试点城市。该市政府高度重视城市公共安全综合试点工作，2003 年结合“数字城市”的实施，要求将国家城市公共安全综合试点工作纳入城市有关应急联动工作整体考虑，决定投资 1.2 亿元，逐步建立完善的城市公共安全应急指挥系统。

（1）重大危险源监控管理系统的总体目标

① 通过重大危险源的申报、登记，建立重大危险源所在单位和安全生产综合监督部门两级长期有效的动态监控管理系统，做到实时了解重大危险源的工作状态，随时掌握重大危险源的有关安全技术工作参数（包括安全技术参数、安全监督管理要求数据）的情况，做到重大危险源所在单位实施有效的日常安全管理，安监部门对重大危险源单位的安全生产工作实施有效的监督管理。

② 通过对危险源的危险性和事故的后果预测以及基于重大危险源风险管理的基本评价方法，对城市重大危险源进行风险分级评估，实现对全市行政区域的安全规划。

③ 建立事故应急救援体系和事故预案，在发生重大危险源事故时提供的信息及技术支持包括：重大危险源及其周围环境的基本技术数据，对危险源进行风险评价、定位；重大危险源事故危及范围和及时启动相应的事故应急处理预案，实现事故救援的有效联动。当发生其他事故引起的重大危险源次生灾害时，为城市公共安全应急指挥系统提供相应基础信息支持，为科学决策实施有效抢救提供技术支持。

（2）城市重大危险源监控管理系统实施内容

重大危险源现场监控：对重大危险源所在单位的现场监控是城市政府和安全生产监督管理部门对重大危险源监控管理系统的基础。为此，必须要求重大危险源所在单位如实申报、登记，并实现有效的现场监控。具体包括：对生产经营单位存在的固定场所重大危险源；建立实时监控系统；实现对重大危险源现场视频和安全技术参数采集体系；力争做到采集数据实现向安监部门危险源监控系统实时传送；确保对重大危险源实施安全监督管理、高效沟通信息、落实应急救援措施等。

监控和运营综合对移动运输危险化学品的运输车辆建立移动危险源 GPS/GPRS/CDMA 监控和运营综合信息服务网络系统，做到对移动危化品运输车辆定位与跟踪、车辆调度与控制、车辆事故求助与报警、车辆查询与监视、车辆轨迹显示与回放、数据传送与处理等。

城市重大危险源监督管理软件开发：系统采用 C/S 操作方式，同时也可以通过 IE 浏览器以 B/S 方式操作的、B/S 与 C/S 相结合的体系结构。

该系统包括：

① 基础数据的管理：重大危险源基础数据；资料和文档数据；数据字典和日常安全管理数据。

② GIS 系统：地图操作功能和地图查询功能。

③ 安全规划：通过调整危险源、防护目标、应急救援力量三者的地理布局，进而达到降低风险提高安全性的目的。

④ 重大危险源辨识与分级管理：根据企业上报技术参数自动进行重大危险源的辨识，并按相关技术标准对重大危险源进行分级管理。

⑤ 城市应急能力评估：根据现有的危险源以及各个部门的应急资源和应急能力评估模型，对整体应急能力进行评估，找出应急能力中的不足，提出应急能力评估基本报告。

⑥ 事故后果模拟：根据事故状态前重大危险源现场安全技术参数，输入相关的数据，模拟事故可能造成的后果及影响范围。如果发生有毒有害气体的泄漏，则可以模拟由于风力的大小和风向的变化对事故造成的后果，并可以在地图上动态显示。

⑦ 应急救援指挥辅助决策：在事故后果模拟的基础上，为应急救援指挥提供辅助决策。该功能还包括事故接报处理、相关数据查询、预案查询、指挥调度辖区内的各类应急资源等。

⑧ 统计与分析：重大危险源的统计；根据事故类型和统计时间对事故的统计；根据事故类型和统计时间对人员伤亡和事故损失统计；其他日常安全管理数据统计与分析。

⑨ 日常安全管理：新建、改建、扩建建设项目的审查；危险化学品登记及生产、储存、经营，矿山企业等申请审查；事故统计与分析；安全培训数据等。

(3) 监控中心建设

城市重大危险源监控管理系统包括一个总控中心，设在市安全生产监督管理局，分控中心设在城市所辖的区(市)安监局，如图 5-9 所示。

总控中心通过电话专线等形式定期和在电信部门的托管服务器进行数据传递。各分控中心通过 Internet 与托管服务器进行连接，进行信息传送。相关企业通过权限设置可访问本企业重大危险源信息，并定期上报安全监督管理数据。

总控中心服务器应用平台基于地理信息技术，包括 B/S 和 C/S 两种结构形式，存储城市完整的重大危险源基础数据，实现全市重大危险源安全监督管理完整功能，并为联动平台提供基础数据。托管服务器仅包括 B/S 应用形式，主要是建立企业和主管部门信息交流平台，存储主要数据包括重大危险源变更管理、设备维护数据、安全检查报告、隐患整改等动态变化数据，通过这些数据及时反映重大危险源安全管理状况。

(4) 重大危险源监控管理系统建设

① 健全组织机构。该城市安全生产监督管理部门建立了以主要领导为组长，分管领导及有关支持单位领导为副组长的城市重大危险源监控管理系统项目建设领导小组，下设办公室和专家组。

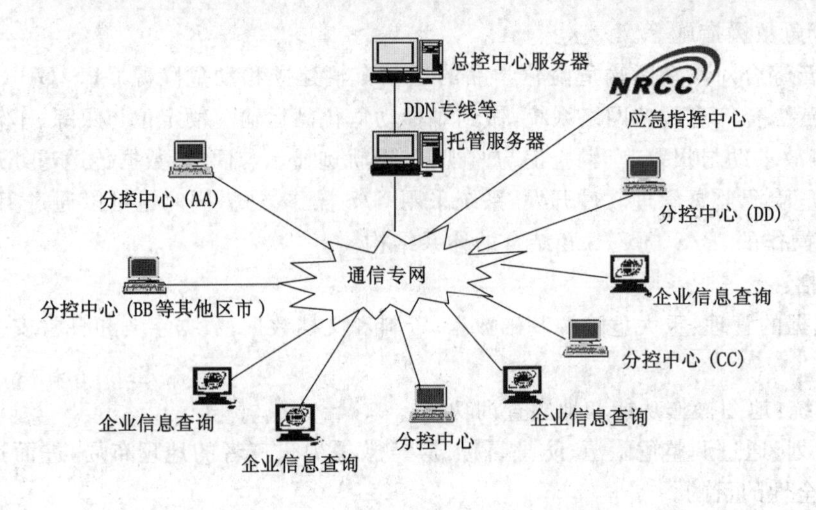

图 5-9　城市重大危险源监控系统

由安全生产监督管理部门相关处室人员组成的办公室负责重大危险源监控管理系统建设的规划、部署，相关法规文件的起草、重大危险源监控管理项目的培训教育、编制资金申请计划，协调市有关部门、单位和企业的相关工作。由大专院校、科研机构、IT 行业公司及大型企业工程技术人员组成的专家组负责危险源的分类、现场监控技术方案的编制、指导危险源单位的监控管理的实施等技术工作。

② 依法规范重大危险源监控管理。起草了《城市重大危险源安全管理规定》，报政府进行审查批准，以政府规章的形式颁布。在该规定中，对重大危险源的管理职责、申报、安全评估、应急预案编写、日常管理、监控手段及定期申报相关数据等方面都做出了明确规定，逐步将重大危险源动态监控管理工作纳入法制化、规范化的管理轨道。

③ 确定工作内容，编制项目技术方案。开发建立城市重大危险源监控管理系统，其内容包括重大危险源基础信息管理、重点目标管理、危险化学品安全卫生信息、应急预案管理、应急资源管理等数据库。系统具有重大危险源分布管理、基础信息查询、评价与分级、后果分析与评估、安全规划、监督管理、统计分析等功能。根据上述要求，编制了重大危险源监控管理系统的技术方案。

④ 逐步完善重大危险源数据库相关数据。要使监控系统具有为安监部门监控管理服务的作用，必须确保数据库中重大危险源有关数据的完整性。它不仅应包括危险源基本普查数据，还必须包括危险源的安全管理数据。

按照国家试点工作的要求，结合城市重大危险源监控管理的需要，及时向国家安全科技研究单位反映重大危险源日常安全管理的要求。对重大危险源的调查摸底表进行了细化，先后修改调查表的内容，针对危险化学品的生产、经营、储存、使用企业的实际情况，增加重大危险源监督管理相关数据和应急资源数据内容，制订了 54 张调查表，以保证通过调查可以全面掌握重大危险源的实际情况，满足重大危险源监控管理系统的需要。

⑤ 开发建立企业重大危险源管理与申报系统。为了规范重大危险源数据填写与申报，结合危险化学品登记和重大危险源安全管理的基本要求，基于 ACCESS 数据库，开发出企业重大危险源管理与申报系统。系统包括以下功能：重大危险源基础数据的填写、申报与管理；危险化学品登记基础信息的填写、申报与管理；危险化学品安全技术说明书生成、编辑与

管理平台；化学事故应急预案编辑与管理平台；在企业内部网络上建立危险化学品和重大危险源管理系统。

⑥ 规划设计重大危险源管理的地理信息图层。根据城市重大危险源管理要求，编制完成了“城市重大危险源监控管理系统地理信息地图图层说明”技术文档，并对城市勘探测绘单位提供的地理信息地图提出了特殊的技术要求，重大危险源分布管理地理信息图层包括城市基础地理信息地图（包括：居民点、重点设施、主要建筑物和构筑物及其他设施、交通道路及附属设施、管线及附属设施、水系及附属设施、地界和地貌等信息）、形成城市基础地理信息地图、重大危险源分布布置图及其他相关图层与示意图 3 个层次。

⑦ 对重大危险源单位进行应用培训，及时收集上报数据。对重大危险源所在单位和安全评价单位统一进行了重大危险源基本知识和应用培训，并为重大危险源单位发放了“企业重大危险源管理与申报系统”，统一了数据上报的准确性。结合危化品的专项治理工作，对该市具有安全评价资质的中介机构进行了重点培训，要求这些单位在进行危险化学品专项评价的同时，应根据国家标准《重大危险源辨识》确认该单位是否构成重大危险源。对构成重大危险源的单位，增加重大危险源评价篇章，做出重大危险源安全状况评定。

(5) 问题与探讨

重大危险源监控管理是一项科技含量较高的项目，目前还在探索阶段，还没有形成固定模式，需要进行探索的还有以下几方面问题：

① 与城市公共安全应急指挥系统的协调根据城市发展和和谐社会的要求，各个城市都将建立“城市公共安全应急指挥系统”，重大危险源监控管理系统与城市 110、120、122、119、地震、人防、防汛、森林防火、燃气监控等均为市公共安全应急指挥系统的子系统。由于各子系统的建设时期不同，可能导致系统的兼容性不够好。为此，市政府有关部门要在保证各子系统的兼容和资源共享方面做出统一安排和相应的调整。资金安排滞后，可能导致危险源监控管理系统的建设进度较慢。

② 重大危险源监督管理专项法规或规章尚未出台，立法与实际工作不一致，要求重大危险源单位建立监控系统、上报相关数据缺少法律依据，致使各种数据收集上报工作动作迟缓。

③ 建立企业现场安全监控系统也是重大危险源监控管理的基础工作，为更好地实施监控，应按国家有关规定的要求，对重大危险源进行分类并制订动态监控方案，企业可根据实际情况选择重大危险源动态监控方案，对重大危险源的实施动态监控。同时，应建立重大危险源事故应急预案，确保应急预案的科学性和可操性。特别要重视市级应急预案和重大危险源所在单位的事故应急预案的制订。为保证其科学性、可行性，应组织专家对危险源单位的应急预案进行全面审查。

5.4.4 重大危险源三维可视化展现

1) 三维可视化概述

可视化作为一门新兴学科，自 1987 年正式确立为一门学科以来，与多媒体和虚拟现实一同成为 20 世纪 90 年代计算机科学中的研究热点。它是用直观的方式洞察数据并揭示其特征的一种数据图形显示。人的大脑中有 50%以上的神经细胞与视觉有关，用各种视觉提示（如透视、阴影或者照明）等来感觉三维世界。因此，可视化是指在大脑中形成对某事物的图像，促进事物的观察力及建立概念。可视化的主要功能是透视不可见的现象和知识，将专家头脑中的隐性知识以一定程度形象化地表达出来。根据所研究的范围和侧重点的不同分为3个分支:科学可视化(scientific visualization)、数据可视化(data visualization)和信息可视化(information visualization)。科学计算可视化侧重科学和技术领域的数据可视化;数据可视化比科学计算可视化的范畴广,还包括经济、金融等其他领域的可视化;信息可视化是指Internet上超文本、图像、文件等抽象信息的可视化。其中,科学计算可视化是可视化技术中的重要分支,它可以使人们在三维图形世界中,直接对具有形体信息的信息进行操作,用以前不可想象的手段来获取信息和发挥自己的创造性,并同计算机进行交流,这种方式使得人和机器以一种直接而自然的方式统一起来。

三维可视化技术实现常用的工具主要有4种,分别是OpenGL、OSG(OpenSceneGraph)、Direct3D和VTK。

(1) OpenGL是美国高级图形和高性能计算机系统公司SGI所开发的一个功能强大、调用方便的底层三维图形库,是专业的3D程序接口,已被设计成为适合于各种计算机环境下的三维图形应用编程界面(API),目前它已成为开放的国际图形标准。应用OpenGL进行三维可视化开发工作量大,对于三维着色、渲染、灯光、材质及其他一些基本的三维图形算法都要自行开发,随着其他可视化应用程序接口的不断发展和完善,OpenGL的优势逐渐丧失;同时,由于系统的开发周期短,因此不采用OpenGL。

(2) OSG的一款高性能的3D图形开发库,广泛应用于可视化仿真、游戏、虚拟现实、高端技术研发以及建模等领域。它使用标准的C++和OpenGL编写而成,结构清晰,而且其代码风格非常的“面向对象”。OSG适用于多种硬件平台,并可在多种不同的图形硬件上进行高效的、实时的渲染。OSG灵活、可扩展的系统特性,使其能自适应不同时期的设计和应用需求。但OSG在三维可视化特别是绘制方面的功能比较弱,三维显示和三维数据解释方面存在一定不足。

(3) Direct3D是微软公司DirectX SDK集成开发包中的重要部分,是基于微软的通用对象模式COM(Common Object Mode)。它所有的语法定义包含在微软提供的程序开发组件的帮助文件和源代码中,具有提高3D游戏在Win95/98中的显示性能的优势,适合多媒体、娱乐、即时3D动画等广泛和实用的3D图形计算。自1996年发布以来,Direct3D以其良好的硬件兼容性和友好的编程方式很快得到了广泛认可,现在几乎所有的具有3D图形加速的主流显示卡都对Direct3D提供良好的支持。由于它是以COM接口形式提供的,所以较为复杂,稳定性差。另外,目前它只在Windows平台上可用。

(4) VTK是由Will Schroder(Will Schroeder, Ken Martin)于1993年在OpenGL的基础上,采用面向对象技术开发的一个开源的可视化工具集。VTK现在是由美国的kitware公司维护,允许全世界所有的人加入到开发者的行列。它自身封装了许多优秀的可视化算法,并具有源代码的开放性、跨平台性、可移植性、模块化设计和生成图像速度快等优点,用户可根据自己的目的自由修改其源代码和编写自己的新类,可以在Windows、Linux、Unix等多种平台上使用,具有众多的编译接口层,如Tcl/Tk,java,python等。因此,VTK赢得了越来越多的用户的青睐。现在VTK的稳定版本是5.0,nightly版本每天都会有更新。正是这些特点和优点的存在,使得VTK在许多行业和领域得到广泛的应用。

2) 危险源的三维可视化

三维可视化技术在危险源的监控和应急处理与决策上有着重要的应用。近年来,我国有毒、易燃、易爆物质等重大危险源引起的火灾、爆炸和毒物泄漏等重大灾害事故时有发生。从风险角度对重大危险源的分布规律、事故发生机理及频率,尤其是基于风险分析的重大危险源管理过程三维可视化的研究成为重大危险源研究的一个主要方向。利用三维地理信息技术，结合虚拟现实技术、模拟仿真技术和计算机集成技术，能更好地解决大型炼化类企业高密度、超大规模模型以及海量数据等技术难题，为企业的安全管理、应急管理、培训演练、动态监控、资产管理、规划展示等带来更全面的解决方案。它还能搭建更贴近真实的三维企业场景，所进行的“应急演练”能达到“身临其境”的感受。

在重大危险源监控领域，三维可视化技术的引进，能够为该领域的研究带来新的契机，主要表现有：

(1) 对重大危险源监控采用三维可视化技术之后，实时性、准确性和高效性大大增强，直观性和可视性显著提高；同时有利于有关领导及时、准确地进行查看和决策，可以有效地降低重大危险源发生事故的可能。如果发生事故，也可以给事故救援和应急疏散提供有力的技术支撑。

(2) 提高工作效率、改善工作质量。利用细致形象的三维模型，可以准确地反映危险源的各个角度和各个层面的细节情况，并能够给出相应的报表，既减轻了工作量，又能多种形式展示重大危险源数据，以便清楚地了解重大危险源情况和分布。

(3) 拓展工作范围。利用三维数据和三维系统平台，可以对以前只能基于平面的风向模型建立起三维的有毒、有害物质扩散模型。

3) 三维展示应急平台的功能和方案

根据三维可视化技术，能够建设一套三维应急平台。应急平台是以现代信息通信技术为支撑，软、硬件相结合的突发公共事件应急保障技术系统，具备日常管理、风险分析、监测监控、预测预警、动态决策、综合协调、应急联动与总结评估等多方面功能，是实施应急预案、实现应急指挥决策的载体。应急平台建设是应急管理的一项基础性工作，对于建立和健全应急机制，预防和应对突发公共事件，减少灾害损失，具有重要意义。图 5-10 是通过三维应急展示平台展示企业设施设备的三维图像。

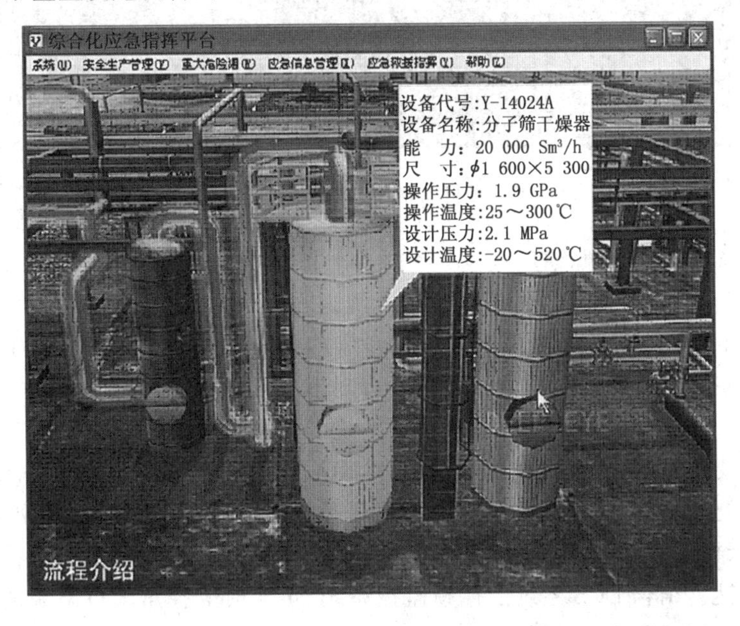

图 5-10　通过三维应急展示平台展示企业设施设备的三维图像

(1) 地理信息及全息化企业管理

基于企业现有的设计图纸或三维设计成果，整合现场采集的图片、文字等信息，可以搭建三维企业场景，在三维场景中真实地再现厂区建筑、各类设施设备以及地下管网等，再融合显示企业周边任意范围的三维地景地貌、行政区划、人口、社会救援力量等，便可对整个流程进行动态展示。平台的技术核心是地理信息系统。地理信息系统是在计算机软硬件的支持下，把各种地理信息按照空间分布及属性，以一定的格式输入、存储、检索、更新、显示、制图、综合分析和应用的技术系统。除了地理信息系统还包含三维全息企业场景，这两项是整个应急展示平台的基础和支撑。图 5-11 平台可将文本预案制作成三维可视化预案。

图 5-11　平台可将文本预案制作成三维可视化预案

(2) 全息化重大危险源管理

危险源是导致事故的根源，开展危险源的辨识与评价，进行有效的控制和管理，可以从源头控制事故和危害，使事故频率降到最低，危害损失降到最少。平台除了可实现危险源空间位置和基本信息查询外，还具有动态监管、自动辨识和分级、事故后果评估、自动巡检、隐患管理等功能。通过建立基于三维地理信息系统的重大危险源动态监管系统，使重大危险源的分布情况更加直观，信息传递更加迅速、准确。利用平台可将重大危险源管理、隐患管理与三维可视化场景结合，在三维场景中直观掌握分布情况，并能快速定位展示。对于重大危险源的评价结果，可基于真实的企业场景进行展示，使重大危险源的影响范围、危害程度等得到直观传达。结合 DCS 系统及视频监控系统，可实时监控重大危险源的运行状态，真实模拟事故状态下的紧急处置措施。

(3) 三维可视化模拟培训

基于真实的三维场景，平台可实现对企业人员进行设备结构及工作原理、设备操作、设备维检修、工艺流程、应急处置等业务的培训。通过将 HAZOP 分析系统与工艺流程相结合，可实现 HAZOP 分析方法的可视化培训。可视化培训除了增强学习的直观性外，还具有可操作性。进行设备维修时，可将传统纸质的设备维检修过程信息进行三维可视化制作，动态展示巡检过程中所关注的设备以及发现异常情况时的维检修过程，并能对设备进行剖切，查看其内部结构，将平时看不到的设备内部结构以及维修方法在三维场景里可视化展现。

(4) 全息化预案管理

全息化预案管理系统提供专门的全息化预案制作工具，基于真实的场景、真实的周边情况和真实的生产数据，通过设定灾情，策划救援及抢修的行动方案，将文本预案制作成三维可视化预案，进行展示、存储，使抽象的预案更具直观性。这样可使预案形象生动、易理解、更具操作性，也可将事故案例进行可视化制作，使得在应急时自动匹配、直观调阅。

应急演练是加强应急救援队伍建设、提高应急人员素质和应急能力的重要措施，是提高事故防范和处置水平的重要途径。根据应急演练的需要，该平台可构建真实的演练场景，通过模拟事故，针对指挥中心、应急救援指挥员以及救援人员等不同角色，演练过程中可通过事故模拟分析，应急救援辅助决策、应急资源管理等功能模拟调配资源、上传下达指令，提高演练的真实性，更好地训练应急指挥人员的分析判断、应变指挥能力等。

(5) 应急响应与辅助决策管理

平台运用专业的数学模型，利用真实准确的设备设施数据、DCS 等实时动态生产数据、真实地理环境数据、气象信息数据等信息，可模拟气体泄漏扩散、火灾、爆炸等事故，真实再现事故场景，根据事故情况和实际环境参数进行灾情推演，可视化查看事故的影响范围及危害程度。在应急状态下，系统可作为事故态势汇报、救援策略下达的可视化通道。这些信息可辅助应急救援和决策，为决策人员在做出决策时提供有益的参考依据。

该项系统可实现覆盖多级行政区域的应急救援指挥，除可联动通常系统的应急职守、接警等功能之外，还可对各种采集系统和通信系统的信息进行直观展示。图 5-12 所示为应急平台可自动规划救援路线和人员疏散路线，系统可根据事故类型和地点自动匹配应急资源，自动规划救援路线和人员疏散路线，并实时掌握应急救援力量到达情况。通过语音通信功能，将事故现场情况进行人工标绘，实现救援信息的快速传递，达到战时动态救援的目的。

近年来，平台已在石油化工、煤矿、电力、港口等行业的多家企业得到成功应用。例如，我国某气田利用该平台进行了多次模拟推演，既节省了实际演习所需的人力、物力、财力，又锻炼了队伍和领导的应急指挥能力。另外，中国海洋石油集团公司(以下简称中国海油)具有海上特殊的作业环境和中下游危险源量多、线长、面广的特点。应急信息系统是中国海油应急指挥系统的重要组成部分，目前中国海油已建成 11 大类应急管理信息系统，其中非常重要的一项就是三维应急信息展示平台，该平台的投入使用是公司应急管理系统的完善和补充，通过该平台使各层级应急信息得以有效共享并可视化展现，直观地展示设施和周边环境的情况，推演事故发展态势，模拟应急救援方案实施，为应急响应决策提供最直接快速的支持，能够有效地提高企业的应急管理水平和应对突发事故的能力。

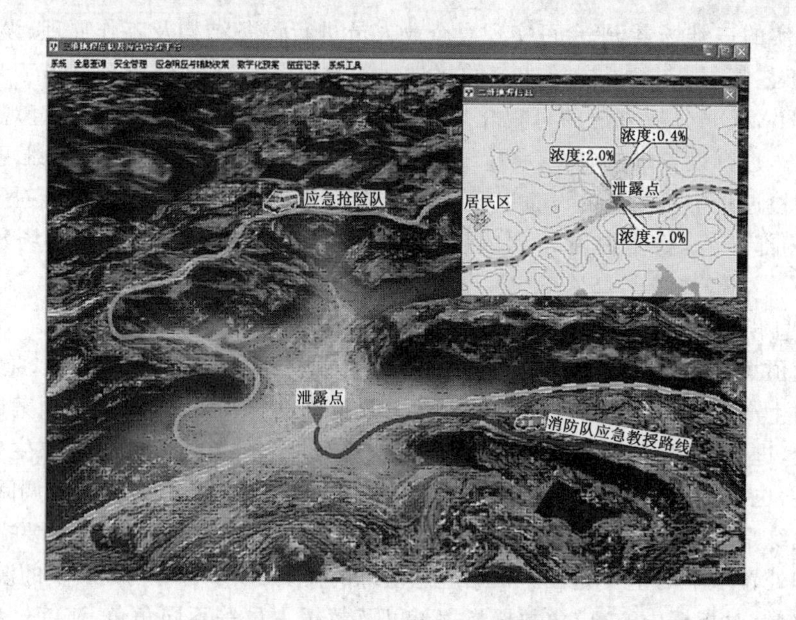

图 5-12 平台可自动规划救援路线和人员疏散路线

本章思考题

1. 危险源监控要点有哪些?
2. 危险源控制预警系统的工作流程是什么?

6 应急管理与事故控制概述

6.1 应急管理

6.1.1 应急管理概念

应急管理(emergency management)是指在应对突发事件的过程中,为了降低突发事件的危害,达到优化决策的目的,基于对突发事件的原因、过程及后果进行分析,有效集成社会各方面的相关资源,对突发事件进行有效控制和处理的过程。

应急管理的目的是要缩减突发事件的范围、来源和影响,改进应急反应,加强完善修复,迅速减少突发事件的损害。

应急管理的内容主要包括:事故分析、预测和预警、应急救援、应急预案编制、应急资源计划、组织、调配、事件的后期处理、应急体系的建设等。

6.1.2 应急管理特征

应急管理主要有以下几方面特征:

1) 及时有效性

突发事件的最大特点是在爆发阶段,其危害性会在短时间内迅速增大。若不能及时采取应对措施或应对措施无效,则会造成事故的发展和恶化,给急救工作造成更大的困难。因此,应急管理首要的、最重要的特性就是及时有效性。

2) 不确定性

所谓不确定性,是指环境的不稳定性和物资的不充分性。由于应急管理是一种危机情境下的非常态管理,其外部环境会急剧变化,突发事件的随机性也会导致应急管理的信息不完全、信息不及时、不准确;同时还造成管理上的人力、财力、技术支持的缺乏,这就增加了应急管理的管理对象不确定性、预测的不确定性、预控的不确定性和处理计划的不确定性。

3) 动态博弈性

突发事件的爆发后发展速度很快,必须在有限的资源条件下和冲突决策的环境下,做出决断并制订应对措施,且要随着事态的发展不断调整应对策略。这就要求在某一阶段采取措施和进行资源优化配置时,必须考虑已经采取的行动和使用的资源配置。此外,应急管理在某个时刻后的后续任务是随所完成子任务的效果和所处环境的状态变化而变化的,这种变化的过程是应对阶段成果和发展趋势的一个博弈过程。

4）心理约束性

应急管理是一种逆境状态下的管理。应急参与主体，尤其是决策者和管理者出于一种高度紧张的心理状态，这种心理状态往往表现为激动、焦虑、恐惧，甚至于内心冲突和心理挫折。这些心理会影响决策者的认知能力、分析和判断能力，进而影响对突发事件的反应和控制。

5）非程序性

突发事件的应对从本质上说是非程序化决策。现实中的不可预见性导致了信息的不可靠或不完备，信息的缺失导致不确定性，无法提供决策所需的基础。突发事件多关系国家和人民的生命财产安全，突然发生，无章可循，演变迅速，并要求在有限信息、有限资源、有限时间的条件下寻求满意的决策，并且随着事态的迅速演变，拖延只会使应急决策和处理更加没有选择的余地。这就体现出对突发事件性质的把握以及日常管理中的针对性和信息管理的重要性。

6.1.3 应急管理的过程

应急管理的过程包括：预警、准备、响应、恢复。其中，预警是指对突发事件的预警；准备是指应急预案的管理；响应是指应急救援处理；恢复是指应急工作的事后处理工作。应急管理的工作流程如图6-1所示。

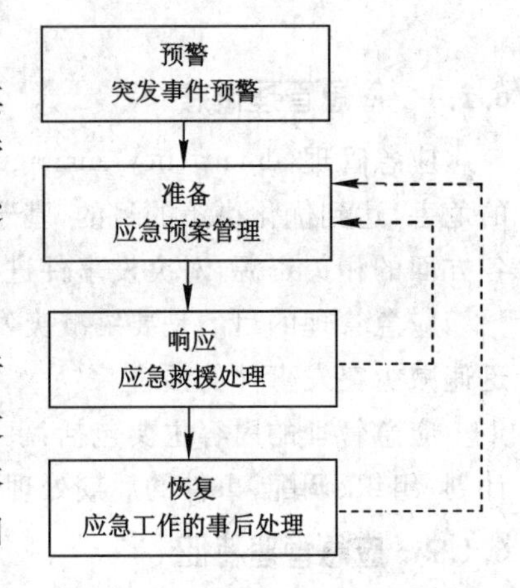

图6-1 应急管理工作流程图

1）预警

应急管理的最高境界不在于突发事件发生以后进行处理，而是在于排除导致突发事件的各种可能性，把突发事件的发生控制在萌芽状态，这样做可以用最小的成本获取最大的社会效益；反之，就会付出高昂的代价。因此，预警是整个程序中非常重要的一个环节。所谓预警，就是根据一些突发事件的特征，对可能出现的突发事件的相关信息进行收集，整理和分析而进行的设施规划和对预警的理论研究，并根据分析的结果给出警示的过程。预警的目的就是对可能发生的事件进行早发现、早处理，从而避免一些事件的发生或最大限度地降低事件带来的伤害和损失。

2）应急准备

首先要加强应急意识普及教育，强化政府、公众的应急意识，做到遇事不乱；其次是制订应急预案，提前设想可能出现的突发事件以及可能爆发的方式、规模，并且准备好多套应急方案，突发事件一旦发生，可以根据实际情况选择方案，同时必须要有完备、充足的物质保障；再次，树立未雨绸缪，防患于未然的意识，采取前瞻性措施，减少突发事件发生的概率和降低可能带来的危害。

因此，预案管理是一个重要内容。预案是对具有一定特征的事件进行应对时可能采取的一些方案的集合。预案管理贯穿在应急管理的主要过程中，如预案的准备和制订就是总结突发事件的处理经验，把它们作为案例记录下来，用于指导将来出现的一些可能事件；对事件的处理过程就是预案的实施和调整过程；预案管理还是对一些可能出现事件的规律的分析和预防。通过研究事件相互之间的联系，寻找其中的一些规律性的特征，来指导预案的准备和制订。另外，预案的完善程度也反映出一个组织处理突发事件的能力。

3）应急响应

突发事件爆发之时就是给社会带来最大危害的时刻，因此对突发事件做出反应是应急管理过程中人们最关注的阶段。应急反应中最重要的是两个方面：首先是处理既发突发事件，尽量减轻突发事件已经造成的损害。要达到这个目标，需要相关部门为决策者提供尽可能多的准确而必要的信息，决策者依靠这些信息才能迅速找到突发事件产生的原因所在，并针对这些原因及时制订出相关的对策和方案，以争取在最短的时间内遏制突发事件的发展和扩张；其次，要注意隔绝突发事件，避免继发突发事件的蔓延。隔绝突发事件的一种途径是通过迅速而有效的应急反应防止突发事件扩大，另一种途径则是加强媒体管理，防止不利于应急管理的谣言流传，同时向大众及时发送出准确而权威的信息，以避免造成社会的恐慌。

与应急响应相对应的管理工作即是对突发事件的应急救援处理，它是整个应急管理的工作核心，主要是对各种已有资源的组织和利用，并在各种方案间进行选择决策。当突发事件出现以后，事件的各种表现形式及特征都将逐步显露出来，这就要求对事件产生的各种影响进行整理分析，对事件未来的发展趋势进行预测，根据分析的结果对各种应对措施做出相应的决策。其间还会涉及对各级政府的法规、政令、条例的遵守以及相关人力资源的调动和物资的调拨等一系列的行动。

4）应急恢复

该阶段应急管理部门需要在突发事件结束之后妥善处理有关政治影响、经济损失、社会稳定等恢复性问题，更重要的是总结经验教训，以修正组织的日常决策和应急处理系统。恢复和重建不仅意味着恢复突发事件中受到损害的物件或实体，也意味着恢复和重建经历了突发事件人们的心理和精神，更意味着弥补突发事件暴露出的管理和体制上的漏洞及不足。

6.1.4 应急管理内容

应急管理工作内容概括起来叫作“一案三制”。

“一案”是指应急预案，就是根据发生和可能发生的突发事件，事先研究制订的应对计划和方案。应急预案包括各级政府总体预案、专项预案和部门预案，以及基层单位的预案和大型活动的单项预案。

“三制”是指应急工作的管理体制、运行机制和法制。

一要建立健全和完善应急预案体系。就是要建立“纵向到底，横向到边”的预案体系。所谓“纵”，就是按垂直管理的要求，从国家到省到市、县、乡（镇）各级政府和基层单位都要制订应急预案，不可断层；所谓“横”，就是所有种类的突发公共事件都要有部门管，都要制订专项预案和部门预案，不可或缺。相关预案之间要做到互相衔接，逐级细化。预案的层级越低，各项规定就要越明确、越具体，避免出现“上下一般粗”现象，防止照搬照套。

二要建立健全和完善应急管理体制。主要建立健全集中统一、坚强有力的组织指挥机构，发挥我们国家的政治优势和组织优势，形成强大的社会动员体系。建立健全以事发地党委、政府为主、有关部门和相关地区协调配合的领导责任制，建立健全应急处置的专业队伍、专家队伍，充分发挥人民解放军、武警和预备役民兵的重要作用。

三要建立健全和完善应急运行机制。主要是要建立健全监测预警机制、信息报告机制、应急决策和协调机制、分级负责和响应机制、公众的沟通与动员机制、资源的配置与征用机制，奖惩机制和城乡社区管理机制等。

四要建立健全和完善应急法制。主要是加强应急管理的法制化建设，把整个应急管理工作建设纳入法制和制度的轨道，按照有关的法律法规来建立健全预案，依法行政，依法实施应急处置工作，要把法治精神贯穿于应急管理工作的全过程。

6.1.5 典型国家的应急管理模式

1) 美国应急管理体系

美国是目前世界上应急管理体系建设得比较完备的国家之一，不断完善的体制、机制和法制建设使其应对突发事件的能力越来越强。美国在应急管理方面的具体做法包括以下方面。

(1) 不断在灾害中完善组织结构

1979 年以前，美国的应急管理也和其他国家一样，属于各个部分和地区各自为战的状态，直到 1979 年，当时的卡特总统发布 12127 号行政命令，将原来分散的紧急事态管理机构集中起来，成立了联邦应急管理局(federal emergency management agency，FEMA)，专门负责突发事件应急管理过程中的机构协调工作，其局长直接对总统负责。我们认为，联邦应急管理局的成立标志着美国现代应急管理机制正式建立，同时也是世界现代应急管理的一个标志。

2001 年发生在纽约的“9·11”事件引起了美国各界对国家公共安全体制的深刻反思，它同时诱发了多个问题，政府饱受各方指责：多头管理带来的管理不力，情报工作失误，反恐技术和手段落后……为了有效解决这些问题，布什政府于 2003 年 3 月 1 日组建了国土安全部，将 22 个联邦部门并入，FEMA 成为紧急事态准备与应对司下属的第三级机构。两年之后，美国南部墨西哥湾沿岸遭受“卡特里娜飓风”袭击，由于组织协调不力，致使受灾最严重的新奥尔良市沦为“人间地狱”，死亡数千人，直到今天在新奥尔良生活的人口还没有达到灾前的 50%。此事件发生以后，国土安全部汲取教训，进行了应急功能的重新设计，机构在 2007 年 10 月加利福尼亚州发生的森林大火中获得重生，高效地解决了加州 50 多万人的疏散问题。

美国的其他专业应急组织还有疾病预防与控制中心，在应急管理中也发挥着重要作用。目前，他们已经拥有一支强有力的机动队伍和运行高效的规程，在突发公共事件中有权采取及时有效的措施。

从以上应急机构演变的过程可以看到，美国的应急管理组织体系在经验和教训中不断成熟，逐渐走向完善。

(2) 健全应急法制体系

1976 年实施的美国《紧急状态管理法》详细规定了全国紧急状态的过程、期限以及紧急状态下总统的权力，并对政府和其他公共部门(如警察、消防、气象、医疗和军方等)的职责做了具体的规范。此后，又推出了针对不同行业、不同领域的应对突发事件的专项实施细则，包括地震、洪灾、建筑物安全等。1959 年，《灾害救济法》几经修改后确立了联邦政府的救援范围及减灾、预防、应急管理和恢复重建的相关问题。“9·11”事件之后，美国对紧急状态应对的相关法规又做了更加细致而周密的修订，现在的体系已经是一个相对全面的突发事件应急法制体系。

现在的美国已形成了以国土安全部为中心，下分联邦、州、县、市、社区 5 个层次的应急和响应机构，通过实行统一管理，属地为主，分级响应，标准运行的机制，有效地应对各类突发的灾害事件。

2）日本防灾减灾机制

日本地处欧亚板块、菲律宾板块和太平洋板块的交界处，并且处于太平洋环火山带，台风、地震、海啸、暴雨等各种灾害极为常见，是世界易遭自然灾害破坏的国家之一。在长期与灾难的对抗中，日本形成了一套较为完善的综合性防灾减灾对策机制。

（1）完善的应急管理法律体系

作为全球较早制定灾害管理基本法的国家，日本的防灾减灾法律体系相当庞大。《灾害对策基本法》中明确规定了国家、中央政府、社会团体、全体公民等不同群体的防灾责任，除了这一基本法之外，还有50多部各类防灾减灾法，建立了围绕灾害周期而设置的法律体系，即基本法、灾害预防和防灾规划相关法、灾害应急法、灾后重建与恢复法、灾害管理组织法五个部分，使日本在应对自然灾害类突发事件时有法可依。

（2）良好的应急教育和防灾演练

日本政府和国民极为重视应急教育工作，从中小学教育抓起，培养公民的防灾意识；将每年的9月1日定为“灾害管理日”，8月30日至9月5日定为“灾害管理周”，通过各种方式进行防灾宣传活动；政府和相关灾害管理组织机构协同进行全国范围内的大规模灾害演练，检验决策人员和组织的应急能力，使公众能训练有素地应对各类突发事件。

（3）巨灾风险管理体系

日本经济发达，频发的地震又极易造成大规模经济损失。为了有效地应对灾害，转移风险，日本建立了由政府主导和财政支持的巨灾风险管理体系，政府为地震保险提供后备金和政府再保险。巨灾保险制度在应急管理中起到了重要作用，为灾民正常的生产生活和灾后恢复重建提供了保障。

（4）严密的灾害救援体系

日本已建成了由消防、警察、自卫队和医疗机构组成的较为完善的灾害救援体系。消防机构是灾害救援的主要机构，同时负责收集、整理、发布灾害信息；警察的应对体制由情报应对体系和灾区现场活动两部分组成，主要包括灾区情报收集、传递、各种救灾抢险、灾区治安维持等；日本的自卫队属于国家行政机关，根据《灾害对策基本法》和《自卫队法》的规定，灾害发生时，自卫队长官可以根据实际情况向灾区派遣灾害救援部队，参与抗险救灾。

近年来，日本其他类型的人为事故灾害也在不断增加。例如，东京地铁沙林毒气事件就造成了10人死亡，75人重伤，4 700人受到不同程度的影响。如何完善应急管理机制，提高应急管理能力，迎接新形势下的危机与挑战，这些问题已成为日本未来应急管理工作的一项新任务。

3）澳大利亚应急管理

澳大利亚位于南半球的大洋洲，地广人稀，人口主要集中在悉尼这样的中心城市和沿海地区。在过去的几十年里，由于周围都是无边无际的大海，澳大利亚在战略上一直是一个处于低威胁的国家，其突发事件主要是自然灾害这一类，如洪水、暴雨、热带风暴、森林大火等，相应的应急管理也带有自己的鲜明特色。

（1）层次分明的应急管理体系

澳大利亚设立了一套三个层面且承担不同职责的政府应急管理体系。第一，联邦政府层面，隶属于澳大利亚国防部的应急管理局（EMA）是联邦政府主要的应急管理部门，负责管理和协调全国性的紧急事件管理；第二，州和地区政府层面，已经有六个州和两个地区通过立法，建立委员会机构以及提升警务、消防、救护、应急服务、健康福利机构等各个方面的能力来保护生命财产、环境安全；第三，社区层面，澳大利亚全国范围内约有700个社区，它们虽然不直接控制灾害响应机构，但在灾难预防、缓解以及为救灾进行协调等方面承担责任。

(2) 森林火灾防治

澳大利亚地处热带和亚热带地区，在干旱季节，气温高、湿度小、风大，森林植被以桉树为主，桉树含油脂多，特别易燃，一旦发生火灾，极易形成狂燃大火，并产生飞火，很难扑救，森林损失十分严重。针对这些情况，澳大利亚经多年试验研制出了以火灭火的办法，采取计划火烧措施防治森林火灾，并采用气象遥感、图像信息传输和计算机处理等技术，实现了实时、快速、准确地预测预报森林火灾。此外，社会民众还成立了森林防火站、“火灾管理委员会”(AFAC)等民间组织来应对火灾。

(3) 志愿者为特色的广泛社会参与

在澳大利亚，应急响应志愿者是抗灾的主力军，他们来自于社区，并服务于社区，积极参与社区的减灾和备灾活动。州应急服务中心是志愿者抗灾组织中比较普遍的一种形式，帮助社区处理洪灾和暴雨等灾害，而且志愿者并不是业余的，他们都参加培训且达到职业标准，并能熟练操作各种复杂的救灾设备。

4) 加拿大的应急管理

加拿大大部分地区属于寒带，冬季时间长，40%的陆地为冰封冻土地区，蒙特利尔冬季的温度可至−30 ℃，主要的自然灾害是冬季的暴风雪。所以，加拿大的应急管理是“以雪为令”。

(1) 重视地方部门作用的应急管理体系

加拿大自1948年成立联邦民防组织，到1966年，其工作范围已延伸到平时的应急救灾。1974年，加拿大将民防和应急行动的优先程序倒过来。1988年，加拿大成立应急准备局，使之成为一个独立的公共服务部门执行和实施应急管理法。加拿大的应急管理体制分为联邦、省和市镇三级，实行分级管理。政府要求：任何紧急事件首先应由当地官方进行处置，如果需要协助，可再向省或地区紧急事件管理组织请求；如果事件不断升级以致超出了省或地区的资源能力，可再向加拿大政府寻求帮助。

(2) 应对雪灾的全国协作机制

加拿大各级政府形成了一套针对雪灾的高效和系统的应急对策。清雪部门是常设机构，及时清理积雪，保障道路畅通，责任主要在各省市政府。其中，省政府负责辖区内高速路，市政府负责市内道路。据统计，加拿大全国每年清雪费用高达10亿加元，各级政府也都有专门的年度清雪预算。加拿大清雪基本是机械化，每个城市都配有系统的清雪设备，为把暴风雪的影响降到最低，加拿大各省市特别注重调动全社会的配合和参与。加拿大环境部网站不仅每天分时段公布各地市详细的天气预报，还提供未来一周的每日天气预报，并及时发布暴风雪等极端天气警报；各省市设有免费的实时路况信息热线；电台和电视台一般是每隔半小时播报一次当地天气和路况情况；各省市也都把清雪的预算、作业程序和标准以及投诉电话等公布在其官方网站上，供公众监督。加拿大各省(市)还常常通过多种方式向公众介绍防范冰雪天气的知识和技巧，提高公众应对暴风雪的能力。

5) 我国的应急管理

我国是一个自然灾害、公共卫生事件、事故灾难等突发事件多发的国家。每年约有20万人因此死亡，直接经济损失3 000亿元。而“非典”、“H1NI”等造成的影响更为深远，损失难以统计。

现代社会中的突发事件有着3个明显的特点:一是损失大,突发事件往往不仅造成财产损失,还造成人身损失;不仅造成眼前损失,还造成长远损失。二是影响广,突发事件不仅造成经济影响,还会产生社会影响、政治影响。三是社会关注程度高,随着社会的发展和进步,人民对生命的珍爱、对财产的关注、对行为的预期、对秩序的渴望,比以往任何时候都要高。因此,对政府如何应对突发事件的关注程度应提高。

应急管理是对突发事件的全过程管理,根据突发事件的预防、预警、发生和善后四个发展阶段,应急管理可分为预防与应急准备、监测与预警、应急处置与救援、事后恢复与重建四个过程。应急管理又是一个动态管理,包括预防、预警、响应和恢复4个阶段,均体现在管理突发事件的各个阶段。应急管理是一项完整的系统工程,可以概括为"一案三制",即突发事件应急预案,应急机制、体制和法制。

应急管理属于管理学的分支,主要学习公共行政学、管理学等交叉学科知识,掌握应急管理知识体系,毕业后能够在各级政府应急管理专业部门以及企事业单位从事公共管理并擅长危机评估和应急管理。学生必须具备应对危机事件的基本心理素质、有一定领导才能,能够为政府及其他各类组织在紧急事件出现时,提供应对的计划、组织协调行动并处理恢复工作。

6.2 事故控制

6.2.1 事故含义

所谓事故(accident),是指人们在实现有目的行动过程中,由不安全的行为、动作或不安全的状态所引起的、突然发生的、与人的意志相反且事先未能预料到的意外事件,它能造成财产损失,生产中断以及人员伤亡。

在事故的各种定义中,伯克霍夫(Berckhoff)的定义较为著名。伯克霍夫认为,事故是人(个人或集体)在为实现某种意图而进行的活动过程中,突然发生的、违反人的意志的、迫使活动暂时或永久停止的事件。事故的含义包括:

(1) 事故是一种发生在人类生产、生活活动中的特殊事件,人类的任何生产、生活活动过程中都可能发生事故。

(2) 事故是一种突然发生的、出乎人们意料的意外事件。由于导致事故发生的原因非常复杂,往往包括许多偶然因素,因而事故的发生具有随机性质。在一起事故发生之前,人们无法准确地预测什么时候、什么地方、发生什么样的事故。

(3) 事故是一种迫使进行着的生产、生活活动暂时或永久停止的事件。事故中断、终止人们正常活动的进行,必然给人们的生产、生活带来某种形式的影响。因此,事故是一种违背人们意志的事件,是人们不希望发生的事件。

事故是一种动态事件,它开始于危险的激化,并以一系列原因事件按一定的逻辑顺序流经系统而造成的损失,即事故是指造成人员伤害、死亡、职业病或设备设施等财产损失和其他损失的意外事件。事故有生产事故和企业职工伤亡事故之分。生产事故是指生产经营活动(包括与生产经营有关的活动)过程中,突然发生的伤害人身安全和健康或者损坏设备、设施或者造成经济损失,导致原活动暂时中止或永远终止的意外事件。

6.2.2 事故分类

事故分类主要是指企业职工伤亡事故的分类。根据有关安全生产法规和标准，目前较广泛的事故分类有以下 3 种：

(1) 按伤害程度分类

事故发生后，按受伤害者造成损伤以致劳动能力丧失的程度分类，这种分类是按伤亡事故造成损失工作日的多少来衡量的，而损失工作日是指受伤害者丧失劳动能力(简称失能)的工作日。各种伤害情况的损失工作日数，可按标准《企业职工伤亡事故分类》(GB441－86)中有关规定计算或选取。

轻伤：损失工作日为 1 个工作日以上(含 1 个工作日)，105 个工作日以下的失能伤害。

重伤：损失工作日为 105 个工作日以上(含 105 个工作日)的失能伤害，重伤的损失工作日最多不超过 6 000 个工作日。

死亡：其损失工作日定为 6 000 日，这是根据我国职工的平均退休年龄和平均死亡年龄计算的。

(2) 按严重程度分类

发生事故后，按照职工所受伤害程度和伤亡人数分类。

轻伤事故：只有轻伤的事故；

重伤事故：有重伤没有死亡的事故；

死亡事故：一次死亡 1～2 人的事故；

重大伤亡事故：一次死亡 3～9 人的事故；

特大伤亡事故：一次死亡 10 人以上(含 10 人)的事故。

(3) 按发生原因分类

直接原因：机械、物质或环境的不安全状态，见《企业职工伤亡事故分类标准》(GB 6441—86)附录 A-A6 不安全状态，以及人的不安全行为。

间接原因：技术上和设计上有缺陷，教育培训不够，劳动组织不合理，对现场工作缺乏检查或指导错误，没有安全操作规程或不健全，没有或不认真实施事故防范措施，对事故隐患整改不力等。

(4) 重大事故的分级

根据生产安全事故(以下简称事故)造成的人员伤亡或者直接经济损失，事故一般分为以下等级：

① 特别重大事故是指造成 30 人以上死亡，或者 100 人以上重伤(包括急性工业中毒，下同)，或者 1 亿元以上直接经济损失的事故。

② 重大事故是指造成 10 人以上 30 人以下死亡，或者 50 人以上 100 人以下重伤，或者 5 000 万元以上 1 亿元以下直接经济损失的事故。

③较大事故是指造成 3 人以上 10 人以下死亡，或者 10 人以上 50 人以下重伤，或者 1 000万元以上 5 000 万元以下直接经济损失的事故。

④ 一般事故是指造成 3 人以下死亡，或者 10 人以下重伤，或者 1 000 万元以下直接经济损失的事故。

6.2.3 事故原因分析

1）事故的直接原因

所谓事故的直接原因，是指直接导致事故发生的原因，又称为一次原因。大多数学者认为，事故的直接原因只有两个，即人的不安全行为和物的不安全状态。据统计，大多数事故既与人的不安全行为有关，也与物的不安全状态有关。也就是说，只要控制好其中之一，即人的不安全行为或物的不安全状态中有一个不发生，或者使两者不同时发生，就能控制大多数事故，减少不必要的损失。这种措施对于事故的预防与控制是非常重要的，因为控制两者和控制两者之一的代价是完全不一样的。

（1）人的行为与事故的发生

不安全行为是人表现出来的且与人的心理特征相违背的非正常行为。在生产活动中，曾引起或可能引起事故的人的行为称为不安全行为。不安全行为一定会导致事故，即使物的因素作用是事故的主要原因，也不能排除隐藏在不安全状态背后的人的行为失误的转换作用。人的因素是指个体人的行为与事故的因果关系。个体人的行为就是人的个体遵循自身的生理原则而表现的行动，任何人都会由于自身与环境因素影响对同一事故的反应表现出差异。

不同的个体人在一定动机驱动下，为了某些单纯目的，表现的处理行为很不一致。然而，不同的个体人都遵循同一程序，即行为起因、因素影响、目的。人的自身因素是人的行为内因；环境因素是人的行为外因，是影响人的行为的条件。

（2）物的状态与事故的发生

把生产过程中发挥作用的机械、物料、生产对象以及其他生产要素统称为物。物都有不同的形式、性质的能量，有出现能量意外释放，引发事故的可能性。从能量与人的伤害间的联系定义，由于物的能量释放引发事故的状态，称为物的不安全状态。从发生事故的角度，也可把物的不安全状态看做为曾引起或可能引起事故的物的状态。

在生产过程中，物的不安全状态容易出现。所有的物的不安全状态都与人的不安全行为或人的操作、管理失误有关；经常在物的不安全状态背后也隐藏着人的不安全行为或人失误。物的不安全状态反映了物的自身特性，人的素质和人的决策水平。物的不安全状态的运动轨迹一旦与人的不安全行为的运动轨迹交叉，就形成发生事故的时间与空间。因此，物的不安全状态是发生事故的直接原因，正确判断物的具体不安全状态，控制其发展，对预防、消除事故有直观的现实意义。

在生产中，针对物的不安全状态的形成及发展，在进行施工设计、安排、实际操作时采取有效的控制措施，把物的不安全状态消除在生产活动进行之前，这些都是安全管理的重点。

2）事故的间接原因

事故的间接原因是指使事故的直接原因得以产生和存在的原因。事故的间接原因有以下 7 种：技术上和设计上有缺陷，教育培训不够，身体的原因，精神的原因，管理上有缺陷，学校教育的原因，社会历史原因。其中前五条又称为二次原因，后两条又称基础原因。事故原因统计表明，85％左右的事故都与人的因素有关，如果能够采取合适的管理措施，大部分事故将会得到很好的控制。因此，人的因素是事故发生乃至造成严重损失的最主要原因。

6.2.4 事故控制技术和方法

1）事故控制原理

事故控制原理是指以现代管理科学为基础的安全管理上的原则，用于人流、物质流、信息流及其组合中控制事故的发生。它是现场安全生产和文明生产的管理理论。

广义的事故控制原理包括八项一般管理原理和五项安全原理，其含义是减少事故发生的概率，降低其风险。13项事故控制原理如下：

(1) 系统原理

系统原理是指为了达到安全管理的目标，运用系统理论，对安全管理的对象进行充分的系统分析。系统理论的主要特征是目的性、整体性和层次性。

(2) 整分合原理

在整体规划下明确分工，在分工基础上进行有效的综合。其主要含义为：整体把握、科学分解、组织综合。

(3) 反馈原理

由控制系统把信息输送出去，又把其作用结构返送回来，并对信息的再输出发生影响，起到控制作用，已达到预期的目的。

(4) 封闭原理

任何一个系统管理手段必须构成一个连续封闭的回路，才能实施有效的管理。一个管理系统除指挥中心和执行机构外，必须有监督机构和反馈机构，才能形成管理的封闭回路。

(5) 能级原理

按能量大小进行合理分级，使安全管理的内容动态地处于相应的能级之中。能级原理要遵循的三条原则：管理能级必须按层次——经营层、管理层、执行层和操作层；对不同的能级应表现出不同的权利、物质利益和精神荣誉；各类能级必须动态地对应。

(6) 人本原理

各项管理活动都应以调动人的主观能动性和创造性为根本。

(7) 动力原理

有效的安全管理是靠物质动力、精神动力和信息动力的综合运用。

(8) 弹性原理

安全管理要有充分的弹性，及时适应客观事物各种可能的变化，各项管理活动必须依据市场情况的变化而变化，从局部到整体的弹性管理去适应。

(9) 安全目标管理原理

为实现安全生产，制定总体安全目标值，发挥下属单位、领导和职工的主观能动性，以自我控制为主实现安全目标，实现事故控制。

(10) 对人的安全管理原理

造成事故的直接原因是物的不安全状态和不安全行为，从而强调管理人的行为。

(11) 设备和物质的安全管理原理

现代的设备安全管理是对设备的设计、制造、安装、调试、使用、修理、改造、报废和更新等全过程进行安全管理。同时，对系统中的物质流要建立合理的秩序和安全环境。

(12) 建立良好作业环境

加强操作环境的管理进行检查，其检查内容包括：对危险有害环境的现场是否进行了充分的调查；整理、整顿、清扫的实施方法是否明确具体；工作人员是否积极进行了建立物的安全存放秩序；检查环境秩序的工作是否定期进行。

(13) 管理失误主因论

强调管理者责任的事故致因理论。管理失误是产生"人失误"和"物故障"这两个直接原因的原因；管理失误是促成隐患的主因，也是造成人的不安全行为的根由。

2) 事故控制原则和对策

事故控制的基本原则：安全技术、安全教育、安全管理，简称3E原则。3E原则所包含的事故预防和控制的对策措施如下：

① 生产设备的事故防治措施：由日本学者北川彻三提出，即围板、栅栏、护罩；隔离；遥控；自动化；安全装置；紧急停止；夹具；非手动装置；双手操作；断路；绝缘；接地；增加强度；遮光；改造；加固；变更；劳保用品；标志；换气；照明。

② 防止能量转移于人体的措施：限制能量；用较安全的能源代替危险性大的能源；防止能量积聚；控制能量释放；延缓能量释放；开辟能量释放渠道；在能源上设置屏障；在人、物与能源之间设置屏障；在人与物之间设置屏障；提高防护标准；改善工作条件和环境，防止损失扩大；修复和恢复。

③ 消除、预防设备、环境危险和有害因素的措施：消除；减弱；屏蔽和隔离；设置薄弱环节；联锁；防止接近和距离防护；取代操作人员；传递警告和禁止信息。

④ 安全教育措施：对从业人员进行安全意识教育；安全生产的方针、政策的宣传教育；安全法规、安全规章制度、劳动纪律教育；安全管理知识教育；安全技术知识教育；安全技能教育。

⑤ 安全管理措施：安全检查、安全审查和安全评价。

本章思考题

1. 应急管理的过程是什么？
2. 事故控制原理是什么？
3. 事故控制的对策有哪些？

第二篇

典型行业危险源辨识与案例分析

7 典型行业危险源辨识与防治

7.1 煤矿危险源辨识与防治

煤矿主要灾害来源有5大类：瓦斯、煤尘、水、火、顶板。这5大灾害源严重威胁着矿井的安全生产和作业人员的生命安全。同时，由于煤矿生产环境的特殊性，在生产过程中还常发生电器、机械、坠落等事故，由噪声、粉尘、温度、湿度等有害因素对井下作业人员造成职业危害。

7.1.1 煤矿危险源的特性

根据煤矿重大危险源的定义与特性，可以看出：煤矿危险源与工业领域的危险源有着较大的不同，应着重考虑煤矿存在的重大事故危险类别，而将存在的危险物质及其数量作为参考因素。煤矿危险源主要有以下4种特性：

(1) 煤矿事故波及范围一般局限于矿井内部。

(2) 在煤矿重大事故中，导致人员和财产重大损失的根源，既有井下采掘系统内危险物质与能量，也有系统外的失控的能量和物质。

(3) 煤矿危险源是动态变化的。随着工作面的推进，采区的接替，水平的延伸，不仅井下工作地点发生了变化，而且地质条件、通风状况、工作环境等都可能发生改变，进而可能使危险源的风险等级发生改变。

(4) 煤矿危险源的危险物质和能量在很多情况下是逐渐积聚或叠加的。比如，在通风不良的情况下，瓦斯可以积聚到爆炸下限浓度5%，甚至燃烧浓度达到16%以上。再如，老空区、废旧巷道的积水，采煤工作面的矿山压力的逐步增大等。

7.1.2 煤矿危险源的确定

对煤矿进行危险源辨识，首先必须明确辨识范围和危害类型。

1) 辨识范围

(1) 新建、扩建、改建生产设施及采用新工艺的预先危险源识别。

(2) 在用设备或运行系统的危险源识别。

(3) 退役、报废系统或有害废弃物的危险源识别。

(4) 化学物质的危险源识别。

(5) 工作人员进入作业现场各种活动的危险源识别。

(6) 外部提供资源、服务的危险源识别。

(7) 外来人员进入作业现场的危险源识别。

(8) 外来设备进入作业现场的危险源识别。

2) 危害类型

(1) 物理性危险、有害因素:设备设施缺陷、防护缺陷、电危害、噪声危害、振动危害、电磁辐射、运动物危害、明火、造成冻伤的低温物质、造成灼伤的高温物质、粉尘、作业环境不良、信号缺陷、标志缺陷等。

(2) 化学性危险、有害因素:易燃易爆性物质、自燃性物质、有毒物质、腐蚀性物质等。

(3) 生物性危险、有害因素:致病微生物、传染病媒介物、致病动物、植物等。

(4) 心理、生理性危害因素:体力、听力、视力负荷超限。健康状况异常、情绪异常、冒险心理、过度紧张等。

(5) 行为性危害因素:违章指挥、违章作业、监护失误等。

7.1.3 煤矿危险源辨识方法

煤矿危险源识别常用的方法可分为两类:

1) 经验分析预测法

应用安全检查表(在大量实践经验基础上编制根据而成的)、安全技术标准、安全操作规程和工艺技术标准等进行分析,作出定性的描述。

2) 理论分析法

即利用安全系统工程与安全分析模型分析。理论分析法可分为:

(1) 事故致因理论分析,如事故频发倾向论、事故因果连锁等。

(2) 安全分析法。安全分析法主要有两类:一类是对已生的事故进行分析,即从事故中找出引起事故发生的隐患,称为事故分析,如事故树分析方法、事件树分析、因果分析法等;另一类是安全分析模型。

3) 通用部分危险源的辨识

各单位由工区管理人员、专业技术人员主持,组织员工以会议讨论的形式,确定出通用部分危险源,填写危险源识别表和危险源评价表。

(1) 矿井水、火、瓦斯、煤尘、顶板、冲击地压等重大自然灾害直接识别为通用部分危险源。

(2) 本单位员工在工作现场都可能遇到的危险因素,识别为本单位通用部分危险源,如工作面风量不足、无管理人员跟班上岗、安监员空岗、无规程、措施施工等。

(3) 员工自入矿门到下井前,地面遇到的危险因素,识别为本单位通用部分危险源。

(4) 员工从井口进入工作现场时,在路途中遇到的危险因素,识别为通用部分危险源。

4) 工作现场特殊部分危险源的辨识

危险源识别负责人在工作现场组织员工对当班工作中遇到的危险源进行辨识,并做好记录。

(1) 按工种进行危险源识别。煤机司机、绞车司机、扒装机司机、机电工、爆破工、钻眼工等工种,在现场工作时,遇到的危险源识别为特殊部分危险源,并现场填写《危险源辨识与控制表》,进行签字。

(2) 按工序进行危险源识别。例如:掘进工作面现场可以按钻眼、爆破、临时支护、扒装运输、验收等工序进行危险源识别;采煤工作面现场可以按割煤、出煤、移溜、移架、支护、放顶等工序进行危险源识别。在钻眼工序中，可以识别出电煤钻电缆漏点、风管脱落、断钳子、水管断裂等危险源。

(3) 按岗位进行危险源识别。例如：绞车房、压风机房、零星岗等工作岗位的环境和设备运行时，产生的危险源识别为特殊部分危险源。

(4) 在现场工作时，不但要对静态危险源进行识别，也要对动态危险源进行识别。静态危险源就是现场客观存在的、不随时间和客观条件的变化而变化的危险源，如火药管理不善，发生意外爆炸。动态危险源就是在现场生产时，由于客观条件不断变化而产生的危险源，如采煤过程中存在冒顶片帮、支柱卸荷、煤机牵引链断链等危险源。

7.1.4 煤矿危险源辨识的步骤

(1) 准备和整理

包括矿井辨识对象范围、收集矿井地质条件、设计资料，有关的规程和技术方针、技术装备的要求、人员配备、工作制度、劳动组织形式、灾害预防与处理计划、事故案例、现场调查以及制定辨识实施计划等。

(2) 危险因素的辨识分析

主要应用危险源辨识理论和安全系统工程的原理与方法(事故的致因理论、检查表、事故树以及因果分析法等)分析危险的性质、模式、范围及发生条件，危险发生的影响范围、发生的时间和空间条件等。

(3) 辨识过程

水、火、瓦斯、矿尘、冒顶是煤矿普遍存在、危害最为严重的五大灾害，而且煤矿生产相当复杂，有些在空间相对独立的子系统，如采煤工作面、掘进工作面等。也可以根据事故致因上具有一定的独立性的系统划分为数个相对独立的单元，这样便于操作、灾害控制、安全管理。

(4) 风险控制与安全对策

根据辨识对象的安全类别，对高于安全等级的危险必须制定相应技术和管理措施，落实减少或控制危险的措施。对辨识结果为可接受或允许的风险，应采取对策防止煤矿生产条件变化时危险增加。

7.1.5 煤矿危险源辨识

1) 矿井瓦斯灾害

矿井瓦斯事故是煤矿安全生产中最严重的危害之一，在煤矿生产过程中，如果对瓦斯认识不足、控制不当和管理不到位，很可能造成灾难性事故。尤其是高瓦斯矿井或由于煤层瓦斯压力较高、地质构造较复杂、地应力较大、煤层破坏严重时，在此区域作业的采掘工作面极易发生煤与瓦斯突出导致瓦斯事故的发生。其主要危害形式有：

(1) 瓦斯窒息

矿井瓦斯涌出量较大，如果通风系统管理不善；通风巷道风流反向、采空区或煤层中高浓度瓦斯涌出；工作人员误入未及时封闭停风的巷道；或由于停风导致瓦斯积聚而未采取相应措施等，都可能导致人员误入，缺氧窒息而亡。

(2) 瓦斯燃烧

煤层瓦斯含量较高，生产过程中瓦斯涌出量较大，通风不能将瓦斯及时稀释并排出，将在局部地点形成瓦斯积聚，一旦接近火源就可能发生瓦斯燃烧，酿成火灾，火灾引起瓦斯爆炸等一系列灾难性事故。

（3）瓦斯爆炸

瓦斯爆炸发生的条件是瓦斯积聚达到爆炸极限浓度、引爆火源和足够的氧气。井下的照明、爆破火焰、电气火花、摩擦火花等都可能成为引爆火源。在井下瓦斯超限和局部瓦斯积聚达到爆炸极限浓度时，接近火源都有可能发生瓦斯爆炸，甚至引起煤尘、瓦斯连锁爆炸，造成人员伤亡、财产巨大损失。瓦斯积聚的原因及地点见表7-1。

表 7-1　　瓦斯主要危险、有害因素及作业场所

序号	危险、有害因素	作业场所	致因分析
1	瓦斯超限	采煤工作面、掘进工作面、回风流	煤层瓦斯异常涌出、通风系统不合理、通风系统故障、回采误入本矿老窑或邻矿老空区
2	局部瓦斯积聚	采煤工作面上隅角	瓦斯异常涌出、通风系统故障
3	局部瓦斯积聚	掘进巷道巷帮、顶帮空顶、空帮	冒顶、顶帮插背不严、通风系统故障及管理不善
4	局部瓦斯积聚	机电硐室、联络巷	瓦斯异常涌出、通风系统故障、通风设施损坏及管理不善
5	瓦斯爆炸	采煤工作面、掘进工作面、机电硐室、联络巷	瓦斯异常涌出、通风系统故障及管理不善
6	瓦斯燃烧、爆炸	采煤工作面、掘进工作面、火区附近巷道	瓦斯积聚遇明火引起瓦斯燃烧、爆炸
7	瓦斯燃烧	采煤工作面、掘进工作面	爆破、明火引燃
8	瓦斯窒息	联络巷、硐室及盲巷	联络巷、硐室未配风，废弃盲巷未及时密闭，人员误入

2）火灾

火灾发生的三要素是可燃物、引火火源和氧气。煤矿火灾危险的辨识主要从可燃物和引火火源两个方面进行分析。煤矿生产过程中的火灾根据引火火源的性质可分为外因火灾和内因火灾。无论哪种火灾的发生都将造成巨大的经济损失和人员的大量伤亡。

发生在煤矿井下或井口附近，直接影响矿井安全生产的火灾称为矿井火灾。矿井火灾一般发生在井下有限空间（采空区、巷道、硐室、采掘工作面等），燃烧过程与地面火灾相比，燃烧不激烈，烟雾和火焰较小，能生成大量有毒、有害气体；因受到地下空间限制，扑灭火灾和抢险救灾工作都较复杂和困难。矿井火灾主要危险、有害因素及作业场所见表7-2。

表 7-2　　矿井火灾方面主要危险、有害因素及作业场所

序号	危险、有害因素	作业场所	致因分析
1	橡胶可燃物	采煤工作面	电缆、胶管等
2	橡胶可燃物	掘进工作面	电缆、胶管等
3	木质可燃物	木支护地段，木垛处，备用木材料处	坑木支护，存放大量木料，防火措施不力
4	橡胶可燃物	机电设备，电缆处	橡胶电缆不阻燃

续表 7-2

序号	危险、有害因素	作业场所	致因分析
5	煤炭燃烧	煤仓，煤巷，采煤工作面，掘进工作面，采空区	被引燃、自燃
6	油料	机电硐室等	放置不当
7	电火源	用电及工作场所	产生电弧，电火花，静电火花，电气设备失爆
8	高温火源	焊接作业，爆破作业地点等	放明炮、糊炮，不装水炮泥，炮眼深度不够；焊接作业产生的火星等
9	摩擦发热	机械设备处	运转不良，摩擦生热
10	明火火源	焊接作业及其他地点	气焊、电焊等作业未按防火制度操作，吸烟等

矿井火灾具有很大的危害性，主要表现在：

(1) 发生火灾时，会生成大量有毒气体和窒息性烟雾，同时还可形成火风压，造成风流逆转，严重威胁井下人员的生命安全和健康。

(2) 在有瓦斯和煤尘爆炸危险的矿井，当发生火灾时，容易引起瓦斯煤尘爆炸，从而扩大了灾害的影响范围。

(3) 煤炭自然发火会损失大量煤炭资源，除燃烧掉一部分煤炭外，由于火区周围要留有大量的防火煤柱，且一些回采煤量要被长期封闭在隔绝区内不能回采，下分层或下邻近分层的开拓煤量有时也被封闭，直接影响了正常生产，将降低矿井产量，矿井正常的生产接替也将遭受影响。

(4) 当火势发展迅速时，采区和工作面的大量机电设备、材料、工具等都来不及拆运，会被长期封闭在火区内，造成重大经济损失。

(5) 扑灭火灾要耗费大量的人力、财力、物力，人身安全时刻受到威胁，且火灾扑灭后恢复生产时仍需付出很大代价。

3）水灾

在建设和生产过程中，地表水、含水层水、老塘积水等都有可能引发矿井水灾。造成排水设备以及实际排水费用增加，或造成淹井，直接危及矿山安全。

水灾的发生条件：一是较大的积水；二是要形成导水通道。对矿井水害的辨识主要是研究水源及其对矿井建设与生产的影响、地表水系对矿井涌水量的影响、奥灰水对矿井开采的影响以及空区积水对掘进、回采等工作的影响等。水害主要因素及作业场所见表 7-3。

表 7-3　水害主要危险、有害因素及作业场所

序号	危险、有害因素	作业场所	致因分析
1	地表水溃入井下	采掘工作面、巷道等	开采后冒裂带产生的地裂缝与之沟通时，断层带及封孔不良的钻孔导水
2	老窑及采空区突水	采掘工作面、巷道等	未按规定留设防水煤柱，或未采取探放水措施，巷道掘进误入本矿或老采空区

续表 7-3

序号	危险、有害因素	作业场所	致因分析
3	第三、四系孔隙水突水	采掘工作面、巷道等	开采后冒裂带产生的地裂缝与之沟通时，断层带、构造破碎带、陷落柱及封孔不良的钻孔导水
4	灰岩岩溶水	采掘工作面、巷道等	采空垮落、裂隙带、断层带、构造破碎带、陷落柱或钻孔导水
5	灰岩岩溶水	采掘工作面、巷道等	采空垮落、裂隙带、断层带、构造破碎带、陷落柱或封孔不佳的老钻孔
6	奥陶系灰岩岩溶裂隙水	采掘工作面、巷道等	采后底板裂隙、断层带、构造破碎带、陷落柱或封孔不佳的老钻孔
7	井下淹井	井下	排水系统故障、井下水异常涌出

4) 煤尘

一些特殊的行业在生产作业过程中会产生大量固体微粒即粉尘，粉尘按其在环境中的存在状态分为浮尘和积尘。悬浮在空气中的粉尘叫作浮尘；从空气中沉降下来的粉尘叫作积尘。矿井开采过程中产生的粉尘称为矿尘。《煤矿安全规程》对粉尘最高允许浓度的规定见表 7-4。矿尘的危害、有害因素及作业场所见表 7-5。

表 7-4　《煤矿安全规程》对粉尘最高容许浓度的规定

序号	粉尘中游离 SiO_2 含量/%	最高容许浓度/($mg \cdot m^{-3}$)	
		总粉尘	呼吸性粉尘
1	≤5	20.0	6.0
2	5～10(含 10)	10.0	3.5
3	10～25(含 25)	6.0	2.5
4	25～50	4.0	1.5
5	≥50	2.0	1.0
6	<10 的水泥粉尘	6.0	

表 7-5　矿井粉尘方面主要危险、有害因素及作业场所

序号	危险、有害因素	作业场所	致因分析
1	煤尘浓度超限	采煤工作面	无综合防尘措施，防尘措施不到位，无风、微风或风速超限，浮煤多
2	煤尘浓度超限	煤巷掘进工作面	无综合防尘措施，防尘措施不到位，无风、微风或风速超限，浮煤多
3	煤尘浓度超限	运输巷道	防尘措施不到位，无风、微风或风速超限，没有定期冲洗巷帮，清理浮煤和积尘
4	煤尘浓度超限	回风巷道	防尘措施不到位，没有定期冲洗巷帮，清理浮煤和积尘
5	岩尘浓度超限	岩巷掘进工作面	无综合防尘措施，防尘措施不到位，无风或微风
6	浮煤多，积尘严重	运输巷道	没有定期冲洗巷帮，清理浮煤和积尘
7	浮煤多，积尘严重	回风巷道	没有定期冲洗巷帮，清理浮煤和积尘
8	煤尘浓度超限	转载点	防尘措施不到位，无风或微风

粉尘具有很大的危害性，主要表现在：

(1) 污染工作场所，危害人体健康，引起职业病。工人长期吸入大量的岩尘可引起硅肺病，长期吸入大量的煤尘可引起煤肺病，长期吸入大量的煤、岩混合粉尘可引起煤硅肺病。

(2) 矿尘在一定条件下可以爆炸。有些矿尘(如硫化尘)在一定条件下可以爆炸；煤尘可以在完全没有瓦斯的情况下爆炸，对于瓦斯矿井，煤尘则有可能参与瓦斯同时爆炸，煤尘或瓦斯煤尘爆炸，都将给矿山毁灭性的破坏，酿成严重灾害。

(3) 加速机器磨损，缩短精密仪器使用寿命。随着矿山机械化、电气化、自动化程度的提高，粉尘对设备性能及其使用寿命的影响将会越来越突出。

(4) 工作场所能见度，增加工伤事故的发生概率。

5) 地压灾害

地压灾害主要表现为巷道或工作面的片帮、冒顶。对于有冲击地压危害的矿井，由于冲击地压的能量释放具有高强度、瞬时间、破坏性大等特点，所以对矿井安全威胁很大。认识和掌握矿井冲击地压的显现及其规律对矿山安全尤为重要。顶板主要危险、有害因素及作业场所见表 7-6。

表 7-6　　顶板主要危险、有害因素及作业场所

序号	危险、有害因素	作业场所	致因分析
1	冒顶	采煤工作面	未及时支护，控顶距超过作业规程的规定，支护端面距过大，顶板松软破碎且背顶不严，工作面来压未加强支护造成摧垮支架，支架失效，工作面端头未加强支护，支架架设不牢固，支架未防倒措施等
2	冒顶	掘进工作面	未及时支护，支护端面距过大，起爆前未加强支护，顶板松软破碎且背顶不严，遇地质构造或老空区且背顶不严，支护设计不合理，支护强度不够
3	冒顶	一般巷道	巷道支架损坏后未及时维修，受开采动压影响区域，受地下水影响区域
4	片帮	采煤工作面	工作面压力大，来压未加强支护，煤壁松软破碎，遇工作面地质构造或老空区
5	片帮	掘进巷道	巷道支架架设不牢固，无撑木或拉杆造成支架失稳破坏，巷道压力大造成支架破坏
6	片帮	一般巷道	巷道支架损坏后未及时维修
7	老塘窜矸	采煤工作面	工作面后方采空区侧未采取有效的挡矸措施
8	大块煤矸滚落(伤人)	采煤工作面	煤层倾角较大煤矸滚落
9	大块煤矸滚落(伤人)	巷道	掘进巷道角度大于 17°后煤矸滚落
10	支架倒架(伤人)	采煤工作面	工作面支架架设不牢固，支柱失效，未防倒防滑措施
11	压摧垮工作面	采煤工作面	工作面初次来压、周期来压预报不准，来压期间未加强支护，工作面支护强度设计不合理，工作面地质条件变化后未及时采取有效措施
12	巷道大面积垮落	巷道	巷道支护设计不合理，遇不良地质条件后未及时调整支护方案和支护参数或采取必要的技术措施，受开采动压影响未加强支护

6）机电运输事故

煤矿井下机电事故：按事故影响程度可分为重大机电事故、一般机电事故、二类机电事故等；按设备和系统可分为机械事故、电气事故、运输事故、其他事故等。另外，按事故责任可分为：由于生产单位人员过失引起的事故，由于其他单位人员过失引起的事故，由于自然灾害的原因引起的事故等。

通过对一些机电运输事故的统计分析，得出诱发机电运输事故主要因素有：运输设备和机电设备保护装置失效、机电工人素质低、机电设备选型不合格、管理人员违章指挥等。国有煤矿大多为综合机械化采煤，井下煤炭运输多采用胶带或机车运输，井下运输巷多采用机械运送人员上下班。因此，对煤矿机电运输事故辨识是非常重要的一项工作。

7）煤矿生产系统中职业灾害辨识

职业病是一种人为的疾病，其发生率与患病率的高低直接反映疾病预防控制工作的水平。近年来，生产环境中存在的粉尘、噪声、振动、高温、高湿、高气压、不良体位、黑暗环境等职业危害因素也引起了政府和企业的重视，尤其是煤矿井下生产环境中存在的粉尘、噪声、振动、高温、高湿、高气压、不良体位以及黑暗环境等职业危害因素，均不同程度地对广大煤矿工人的身心健康造成影响，成为发生安全事故的诱因。

(1) 煤尘职业危害

① 尘肺病。在煤矿井下回采、掘进、运输及提升等各生产过程中，其作业操作（如钻眼放炮、清理工作面、装载、运输、转载、顶板管理等）中均会产生煤尘。煤尘与其他粉尘一样，主要通过呼吸道进入人体，其次是皮肤接触，部分粉尘溶于口腔唾液或黏附在食物上也能吞入消化道，后两者侵入人体的量较小。人体对粉尘的进入具有防御功能，呼吸道和肺部均有排除和清除粉尘的能力。不同粒径的煤尘在鼻、肺、呼吸道各部位的沉积率如图7-1所示。只是长期大量吸入煤矿粉尘会破坏人体防御功能，使清除功能受损，而过量的煤矿粉尘沉积，导致人体损伤，形成各种疾病。

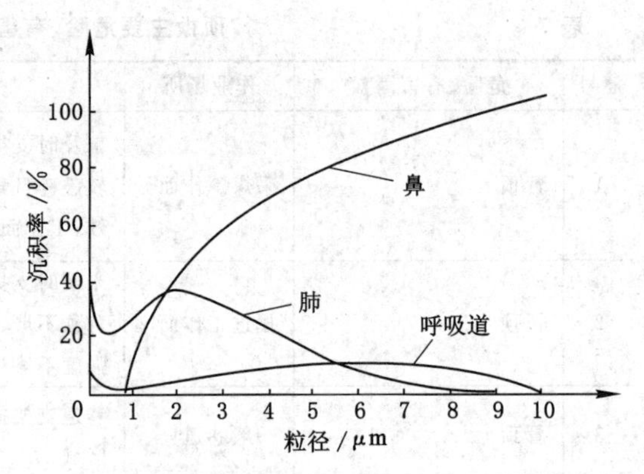

图7-1 不同粒径在各部位的沉积率

煤矿工人长期在粉尘环境中工作，可引起各种疾病，如尘肺病、肺气肿、尘源性支气管炎、慢性阻塞性肺部疾患等。危害最大的是尘肺病（矽肺、煤肺等）。尘肺是工人在生产过程中由于长期吸入高浓度的粉尘而导致的以肺组织纤维化为主的一种疾病。

尘肺病根据煤矿工人接触粉尘的性质可以认为有3种主要类型：

a. 煤肺。长期在单纯有煤尘的环境下作业的工人，他们接触的粉尘主要是煤尘。这类人员发生的尘肺在病理上有典型的煤尘纤维灶和肺气肿，这类肺部病变称为煤肺。煤肺发病工龄多在二三十年以上，病情进展缓慢，危害较轻。

b. 矽肺。长期在煤矿岩石掘进工作面作业的工人，他们接触的粉尘主要是含游离 SiO_2 较高的岩尘。这类人员发生的尘肺在病理上除有组织纤维化外，还有典型的矽结节形成，属矽肺类型。病理上有典型的矽结节改变，发病工龄短，一般为10～15 a。矽肺的发病率较高，病情发展较快，危害严重。

c. 煤矽肺。一般煤矿井下工人多数都在有煤尘产生和有岩尘产生的两种作业环境下工作过,他们接触的粉尘既有煤尘也有岩尘。所患的尘肺兼有煤肺和矽肺的病理改变特征,这类尘肺称煤矽肺。煤矽肺是我国煤工尘肺最常见的类型,发病工龄多在 5～20 a,病情发展较快,危害严重。

② 慢性阻塞性肺病。国内外许多研究已证实,长期吸入煤尘不但引起尘肺,还会引起慢性阻塞性肺疾病,包括慢性支气管炎、支气管哮喘及肺气肿。在临床上,慢性阻塞性肺病可以独立存在而不伴有明显尘肺,其发病机理尚未明了,可能与吸烟、呼吸道感染及遗传因素等均有关系。

③ 上呼吸道炎症。粉尘首先侵入上呼吸道黏膜,早期引起其功能亢进,黏膜下血管扩张、充血,黏液腺分泌增加,以阻留更多粉尘,长久则酿成肥大性病变;然后由于黏膜上皮细胞营养不良,终将造成萎缩性病变,呼吸道抵抗力下降,容易继发病毒及细菌等感染性疾病。

④ 肺癌。有研究表明,一些有煤矿开采的地区,人群中肺癌的发病有升高趋势,可能与吸入煤矿生产性粉尘有关。据英国 24 个煤矿的统计数据,接触煤矿粉尘工人与不接触粉尘人群中的肺癌发病率无明显差别。煤矿病人肺癌的发病机制有待进一步探讨。

(2) 噪声危害

煤矿井上下在通风、回采、掘进、运输及提升等各生产过程中都会产生噪声,煤矿工人长期工作在高噪声环境下而又没有采取有效的防护措施,必将导致永久性的无可挽回的听力损失,甚至导致严重的职业性耳聋。

研究表明:噪声在 80 dB(A)以上时,对人体健康就有影响;而在 110 dB(A)时,则会对人体产生直接危害。《煤矿安全规程》第 477 条规定:“井上和井下作业地点的噪声,不应超过 85 dB(A)。”噪声对人的生理、心理、行为都会产生不同程度的影响,有时这种影响会导致人的误操作和违章等不安全行为。

噪声不仅对井下职工的工作有直接影响,过高的噪声还危害人体健康,导致多种疾病。它会影响人的听觉器官、神经系统和心血管系统,使人耳鸣,导致听力和对声音的分辨率下降;噪声还会增加人的疲劳程度,影响反应时间,分散注意力,影响人的动机、情绪和主动性,使人单调乏味、烦恼暴躁,不能在嘈杂的环境中准确无误地接受和区别联络信号,难以清晰发现和辨别危险的声音信号,降低人对环境安全度判断的准确性。

长时间在强噪声干扰的环境中工作会使人烦恼,心情紧张,无法安心工作,有时还会产生一种无形的困扰感,导致井下人员分心,不容易集中精力操作,影响工作能力和反应速度。

噪声对人的行为也有一定程度的影响。人在嘈杂的环境中工作,由于噪声的掩蔽效应,使人听不到事故的前兆和各种警戒信号,容易发生事故。研究发现,对在井下采掘工作面工作的井下职工来说,如果噪声降低 14.5%,就会使劳动生产率提高 8.8%,行为失误率降低 24%。

(3) 温度对井下职工生理、心理及行为的影响

气温过高或过低,对人体均有不良影响。根据煤炭行业有关单位研究得到以下结论:最适宜的井下空气温度为 15～20 ℃(采掘工作面的空气温度≤26 ℃是较合适的);气温达 28 ℃时,工人除稍有闷热外,对其健康和劳动能力并无不良影响;当温度超过 28 ℃时,人就会汗流浃背,心率速增,并感到闷热难耐,同时产生不适乃至疲惫和头晕,作业中反应变得迟钝。在此情况下,其操作能力必然会逐渐降低,因此也就容易出现差错,甚至造成事故。

人体散热的程度取决于:人体皮肤温度与周围空气温度之差;空气相对湿度以及空气流

动速度。井下空气温度的变化直接影响人的体温，随着生产现场的温度变化，要想保持体温的恒定，人体就要作出相应的反应。人体自行调节身体温度的生理机能很有限，人的心理、生理承受能力也很有限。当超过人体正常调节的限度，人的生理机能就会遭到破坏，并进而影响到人的心理情绪，使人心情烦躁，行为出现异常反应，导致违章和事故的发生。据国外有关资料报道，如果以 17～22.5 ℃时的事故率为 0 来测算，则男性在 11.4 ℃时，事故率为 38%，在温度为 25.3 ℃时，事故率则为 40%。

(4) 湿度对井下职工生理、心理及行为的影响

空气湿度能有两个作用：一是空气的热传导随着湿度的增加而增加，如在寒冷的冬天，潮湿的空气会很快将体表温度传导出去，使人觉得冷些；二是潮湿的空气会干扰蒸发过程。

人体内的热量通过辐射、对流和汗水蒸发 3 种方式散发出去，而矿井内空气温度、湿度、风速对人体散热的影响则是综合性的。空气温度影响对流和辐射，当空气温度达 37 ℃左右时，对流和辐射的散热作用完全停止。湿度影响汗水蒸发，风流影响对流和蒸发。井下职工主要是通过排汗的方式将热量散发出体外，而潮湿的空气则会阻碍这个过程的顺利进行。井下职工在温度高、湿度大、风速小的空气中，体内热量散发不出去，就会觉得闷热、不舒服，所以热天人们会感到潮湿的空气比实际温度高一些。

在煤矿井下，温度都在 30 ℃以上，有的更高。这样，相对湿度的大小就直接影响着水分蒸发的快慢。当温度高、湿度大以及气流不畅时，人体排出汗液及热量的过程受到阻遏，人们工作时出的汗不易蒸发，而附在体表或浸在工作服上，散热效果很差，使人感到闷热、烦躁不安，体能减退，极易产生误操作，特别是当温度在 25 ℃以上时，湿度越高，差错率就越大，如温度为 30 ℃，相对湿度为 75%时所出现的差错率比相对湿度为 60%时高出 20%。

(5) 照度对井下职工生理、心理及行为的影响

良好的照明给人一种愉悦的感觉刺激，而我国矿山井下绝大多数工作场所照明条件差。眼睛是人体接受外界信息的主要器官，在接受信息、认识事物时，占人体“五感”的 75%～87%。工作场所的照明质量差，照度水平低，使人观察事物吃力，增加能量消耗，恶化眼的调视和聚会能力。适当的照度可以增加辨识能力，有利于辨别物体高低、深浅、颜色以及相对位置，还可以扩大视野，有利于增加判断反应时间，减少失误判断。资料表明，由于工作场所照明条件差，照度不符合要求的人身事故率为 5%，在人身事故间接原因中占 20%。

在煤矿井下，绝大多数工作场所照明条件很差，单凭井下职工头盔上的矿灯，照度低、照距短，救护队观察事物和操作时很吃力，影响其视觉的分辨能力。光线过暗，视线不好，会使人多耗费精力去看清事物，时间一长，易产生疲劳，因而也必然会影响安全生产，甚至因此而发生事故。同时，井下矿灯是直接光，当直照人眼时，还会产生眩目效应，强光刺激眼睛造成短暂的视力骤降，使视觉的暗适应遭到破坏，产生视觉不舒适感和注意力分散，从而增加了事故发生的概率。

(6) 有毒、有害气体危害

新鲜清洁的空气能给人的大脑充足供氧，从而使其思维敏捷，肢体动作协调一致，有利于提高工作和生活效率；相反，吸入气味不好的空气，则会引起诸如头痛、倦怠或昏昏欲睡的综合征，甚至中毒。

前面已经介绍了瓦斯的危害，这里将对其他有毒有害气体，主要是 CO、NO_x、H_2S 和 SO_2 对人体的危害做下简单介绍。

① CO 与人体血液中的血红蛋白相结合，干扰人体内氧的输送。井下空气中 CO 浓度

达到12.5 mg/m^{3}时，即可影响人体的中枢神经系统；当CO浓度达到750 mg/m^{3}时，由于人体组织内细胞的严重缺氧而窒息，甚至死亡。

② NO_x的毒性是CO的6.5倍，它对人的危害更大。NO_x是一种呼吸道刺激性毒物，不易为上呼吸道吸收，而深入下呼吸道和肺部。

当NO_2与CO共存时，其毒性更强。根据实测结果看，井下爆破作业所产生的炮烟中，往往是CO、NO_2共存，所以炮烟中毒比单一的CO、NO_2中毒都严重。

NO_2对人体的毒害与其浓度和作用时间有关。NO_2的浓度超过500×10^{-6}时，人吸入后迅速严重中毒，达到776×10^{-6}时人吸入后迅速死亡。

③ 人体吸入大量的SO_2气体时，可以引起肺水肿。H_2S有毒气体成分主要作用于人体的中枢神经系统，易引起急性中毒而死亡

7.2 危险化学品行业危险源辨识与防治

7.2.1 危险化学品行业危险源的辨识

危险化学品生产经营活动中存在着许多重大安全事故隐患，危险化学品爆炸、泄漏事故屡屡发生，对人民生命财产构成重大威胁。危险化学品在生产、充装、运输、使用过程中极易发生爆炸和火灾事故，如果管理不善，极易发生危险，威胁国家和人民的生命财产安全。近年来，我国危险化学品行业事故多发，主要由于小型危险化学品企业受经济利益驱动，生产工艺设备简单，无证生产、生产设备简陋、管理不到位等原因造成。

危险化学品行业由于工艺环境复杂、工艺过程繁多，在进行危险化学品行业危险、有害因素的识别时，一般以危险物质为主线，参照《企业伤亡事故分类》(GB 6441—86)，综合考虑起因物、引起事故的先发的诱导性原因、致害物、伤害方式，并结合工艺流程及具体的作业条件、作业方式、使用的设备设施及周围环境、水文地质等情况。

1) 危险化学品行业危险、有害因素的识别

危险化学品企业所涉及的危险、有害物质的物质特性，可从危险化学品安全技术说明书中获取。进行危险、有害物质的危险性识别与分析是消除事故隐患、保障安全生产的主要手段。危险、有害物质分为9类：易燃、易爆物质，有害物质，刺激性物质，腐蚀性物质，有毒物质，致癌、致突变及致畸物质，造成缺氧的物质，麻醉物质，氧化剂。

《常见危险化学品的分类及标志》(GB 13690—92)将145种常用的危险化学品分为爆炸品、压缩气体和液化气体、易燃气体、易燃固体(含自燃物品)和遇湿易燃物品、氧化剂和预计过氧化物、有毒品、放射性物品、腐蚀品等8类。

《危险化学品安全管理条例》(国务院第344号令)将危险化学品分为爆炸品、压缩气体和液化气体、易燃气体、易燃固体(含自燃物品)和遇湿易燃物品、氧化剂和有机过氧化物、有毒品、腐蚀品等7类。

2) 危险化学品行业事故特点

危险化学品事故的类型主要是火灾、爆炸、中毒窒息、灼伤等事故，还有一种情况是危险化学品发生泄漏或其他人们不希望的发生的、仅造成财产损失或环境污染等后果的事故。

(1) 危险化学品在事故起因中起重要的作用

危险化学品的性质直接影响到事故发生的难易程度。这些性质包括毒性、腐蚀性、爆炸

品的爆炸性(包括敏感度、安定性等)、压缩气体或液化气体的蒸汽压力、易燃性和助燃性、易燃液体的闪点、易燃固体的燃点和可能散发的有毒气体和烟雾、氧化剂和过氧化剂的氧化性等。

① 具有毒性或腐蚀性危险化学品泄漏后,可能直接导致危险化学品事故,如中毒(包括急性中毒和慢性中毒)、灼伤(或腐蚀)、环境污染(包括水体、土壤、大气等)。

② 不燃性气体可造成窒息事故。

③ 可燃性危险化学品泄漏后遇火源或高温热源即可发生燃烧、爆炸事故。

④ 爆炸性物品受热或撞击,极易发生爆炸事故。

⑤ 压缩气体或液化气体容器超压或容器不合格极易发生物理爆炸事故。

⑥ 生产工艺、设备或系统不完善,极易导致危险化学品爆炸或泄漏。

(2) 危险化学品在事故后果中起重要的作用。事故是由能量的意外释放而导致的。危险化学品事故中的能量主要包括机械能和化学能。危险化学品的能量是危险化学品事故中的主要能量。

(3) 危险化学品事故的发生,必然有危险化学品意外的、失控的、人们不希望的化学或物理变化。这些变化是导致事故的最根本的能量。

(4) 危险化学品事故主要发生在危险化学品生产、经营、储存、运输、使用和处置废弃危险化学品的单位,但并不仅局限于上述单位。危险化学品事故主要发生在危险化学品的生产、经营、储存、运输、使用和处置废弃危险化学品过程中,但也不仅仅局限于发生在上述过程中。

3) 危险化学品事故的发生机理

一起危险化学品事故,需要两个基本条件:一是危险化学品发生了意外的、人们不希望的变化,包括化学变化、物理变化以及与人身作用的生物化学变化和生物物理变化等;二是危险化学品的变化造成了的人员伤亡、财产损失、环境破坏等事故后果。具体分类如下:

(1) 危险化学品泄漏

① 易燃易爆化学品→泄漏→遇到火源→火灾或爆炸→人员伤亡、财产损失、环境破坏等。

② 有毒化学品→泄漏→急性中毒或慢性中毒水→人员伤亡、财产损失、环境破坏等。

③ 腐蚀品→泄漏→腐蚀→人员伤亡、财产损失、环境破坏等。

④ 压缩气体或液化气体→物理爆炸→易燃易爆、有毒化学品泄漏。

⑤ 危险化学品→泄漏→没有发生变化→财产损失、环境破坏。

(2) 危险化学品没有发生泄漏

① 生产装置中的化学品→反应失控→爆炸→人员伤亡、财产损失、环境破坏等。

② 爆炸品→受到撞击、摩擦或遇到火源等→爆炸→人员伤亡、财产损失等。

③ 易燃易爆化学品→遇到火源→火灾、爆炸或放出有毒气体或烟雾→人员伤亡、财产损失、环境破坏等。

④ 有毒有害化学品→与人体接触→腐蚀或中毒→人员伤亡、财产损失。

⑤ 压缩气体或液化气体→物理爆炸→人员伤亡、财产损失、环境破坏等。

危险化学品事故最常见的模式是危险化学品发生泄漏而导致的火灾、爆炸、中毒事故,这类事故的后果往往也非常严重。

7.2.2 危险化学品行业重大危险源的辨识

重大危险源是指长期或临时生产、加工、搬运、使用或储存危险物质，且危险物质的数量等于或超过临界量的单元。危险化学品行业所涉及的重大危险源类别如下：

1）储罐区(储罐)

储罐区(储罐)重大危险源是指储存表 7-7 所列类别的危险物品，且储存量达到或超过其临界量的储罐区或单个储罐。毒性物质分级见表 7-8。

表 7-7 储罐区(储罐)临界量

类别	物质特性	临界量	典型物质举例
易燃液体	闪点<28 ℃	20 t	汽油、丙烯、石脑油等
	28 ℃≤闪点<60 ℃	100 t	煤油、松节油、丁醚等
可燃气体	爆炸下限<10%	10 t	乙炔、氢、液化石油气等
	爆炸下限≥10%	20 t	氨气等
毒性物质*	剧毒品	1 kg	氰化钠(溶液)、碳酰氯等
	有毒品	100 kg	三氟化砷、丙烯醛等
	有害品	20 t	苯酚、苯肼等

表 7-8 毒性物质分级

分级	经口半数致死量 $LD_{50}/(mg \cdot kg^{-1})$	经皮接触 24 h 半数致死量 $LD_{50}/(mg \cdot kg^{-1})$	吸入 1 h 半数致死浓度 $LC_{50}/(mg \cdot L^{-1})$
剧毒品	$LD_{50} \leqslant 5$	$LD_{50} \leqslant 40$	$LC_{50} \leqslant 0.5$
有毒品	$5 < LD_{50} \leqslant 50$	$40 < LD_{50} \leqslant 200$	$0.5 < LC_{50} \leqslant 2$
有害品	(固体)$50 < LD_{50} \leqslant 500$ (液体)$50 < LD_{50} \leqslant 2\,000$	$200 < LD_{50} \leqslant 1\,000$	$2 < LC_{50} \leqslant 10$

注：摘自《化学品安全标签编写规定》(GB 15258—1999)

储存量超过其临界量包括以下两种情况：

(1) 储罐区(储罐)内有一种危险物品的储存量达到或超过其对应的临界量。

(2) 储罐区内储存多种危险物品且每一种物品的储存量均未达到或超过其对应临界量，但满足下面的公式：

$$\frac{q_1}{Q_1}+\frac{q_2}{Q_2}+\cdots+\frac{q_n}{Q_n}\geqslant 1$$

式中 $q_1, q_2, \cdots, q_n$——每一种危险物品的实际储存量。

$Q_1, Q_2, \cdots, Q_n$——对应危险物品的临界量。

2）库区(库)

库区(库)重大危险源是指储存表 7-9 所列类别的危险物品，且储存量达到或超过其临界量的库区或单个库房。

表 7-9　库区(库)临界量

类别	物质特性	临界量	典型物质举例
民用爆破器材	起爆器材*	1 t	雷管、导爆管等
	工业炸药	50 t	梯恩梯炸药、乳化炸药等
	爆炸危险原材料	250 t	硝酸铵等
烟火剂、烟花爆竹		5 t	黑火药、烟火药、爆竹、烟花等
易燃液体	闪点<28 ℃	20 t	汽油、丙烯、石脑油等
	28 ℃≤闪点<60 ℃	100 t	煤油、松节油、丁醚等
可燃气体	爆炸下限<10%	10 t	乙炔、氢、液化石油气等
	爆炸下限≥10%	20 t	氨气等
毒性物质	剧毒品	1 kg	氰化钾、乙撑亚胺、碳酰氯等
	有毒品	100 kg	三氟化砷、丙烯醛等
	有害品	20 t	苯酚、苯肼等

"*"表示起爆器材的药量,应按其产品中各类装填药的总量计算。

储存量超过其临界量包括以下两种情况:

(1) 库区(库)内有一种危险物品的储存量达到或超过其对应的临界量。

(2) 库区(库)内储存多种危险物品且每一种物品的储存量均未达到或超过其对应临界量,但满足下面的公式:

$$\frac{q_1}{Q_1}+\frac{q_2}{Q_2}+\cdots+\frac{q_n}{Q_n}\geqslant 1$$

式中　$q_1,q_2,\cdots,q_n$——每一种危险物品的现存量。

$Q_1,Q_2,\cdots,Q_n$——对应危险物品的临界量。

3) 生产场所

表 7-10 中所列类别的危险物质量达到或超过临界量的设施或场所,包括以下两种情况:

(1) 单元内现有的任一种危险物品的量达到或超过其对应的临界量。

(2) 单元内有多种危险物品且每一种物品的储存量均未达到或超过其对应临界量,但满足下面的公式:

$$\frac{q_1}{Q_1}+\frac{q_2}{Q_2}+\cdots+\frac{q_n}{Q_n}\geqslant 1$$

式中　$q_1,q_2,\cdots,q_n$——每一种危险物品的现存量;

$Q_1,Q_2,\cdots,Q_n$——对应危险物品的临界量。

表 7-10 生产场所临界量表

类别	物质特性	临界量	典型物质举例
民用爆破器材	起爆器材*	0.1 t	雷管、导爆管等
	工业炸药	5 t	梯恩梯炸药、乳化炸药等
	爆炸危险原材料	25 t	硝酸铵等
烟火剂、烟花爆竹		0.5 t	黑火药、烟火药、爆竹、烟花等
易燃液体	闪点<28 ℃	2 t	汽油、丙烯、石脑油等
	28 ℃≤闪点<60 ℃	10 t	煤油、松节油、丁醚等
可燃气体	爆炸下限<10%	1 t	乙炔、氢、液化石油气等
	爆炸下限≥10%	2 t	氨气等
毒性物质	剧毒品	100 g	氰化钾、乙撑亚胺、碳酰氯等
	有毒品	10 kg	三氟化砷、丙烯醛等
	有害品	2 t	苯酚、苯肼等

"*"表示起爆器材的药量，应按其产品中各类装填药的总量计算。

4）压力管道

（1）长输管道

① 输送有毒、可燃、易爆气体，且设计压力大于1.6 MPa的管道。

② 输送有毒、可燃、易爆液体介质，输送距离大于等于200 km且管道公称直径≥300 mm的管道。

（2）公用管道

中压和高压燃气管道，且公称直径≥200 mm。

（3）工业管道

① 输送GB 5044中，毒性程度为极度、高度危害气体、液化气体介质，且公称直径≥100 mm的管道。

② 输送GB 5044中极度、高度危害液体介质、GB 50160及GB J16中规定的火灾危险性为甲、乙类可燃气体，或甲类可燃液体介质，且公称直径≥100 mm，设计压力≥4 MPa的管道。

③ 输送其他可燃、有毒流体介质，且公称直径≥100 mm，设计压力≥4 MPa，设计温度≥400 ℃的管道。

5）锅炉

（1）蒸汽锅炉额定蒸汽压力大于2.5 MPa，且额定蒸发量大于等于10 t/h。

（2）热水锅炉额定出水温度大于等于120 ℃，且额定功率大于等于14 MW。

6）压力容器

（1）介质毒性程度为极度、高度或中度危害的三类压力容器。

（2）易燃介质，最高工作压力≥0.1 MPa，且 PV≥100 MPa·m^3 的压力容器（群）。

7.2.3 危险化学品行业重大危险源的管理

在辨识重大危险源后企业应对其进行风险评价。风险评价的内容包括：辨识各类危险因素及其原因与机制；评价事故发生的概率；评价事故后果；结合事故发生的概率与后果评价其风险大小。

重大危险源划分为国家级、省（区、市）级、市（地）级和县（市）级 4 级。生产经营单位对本企业的重大危险源责任，对重大危险源登记建档，进行定期检测、评估、监控，并制订应急预案，告知从业人员和相关人员在紧急情况下应当采取的应急措施。生产经营单位应当按照国家有关规定将本单位重大危险源及有关安全措施、应急措施报有关地方人民政府负责安全生产监督管理的部门和有关部门备案。

重大危险源的监督管理内容包括：一是要开展重大危险源的普查登记；二是开展重大危险源的检测评估；三是对重大危险源实施监控防范；四是对有缺陷和存在事故隐患的危险源实施治理；五是通过对重大危险源的监控管理，既要促使企业强化内部管理，落实措施，自主保安，又要针对各地实际，有的放矢，便于政府统一领导，科学决策，依法实施监控和安全生产行政执法，以实现重大危险源监督管理工作的科学化、制度化和规范化。

7.3 建筑施工行业危险源辨识与防治

7.3.1 建筑业职业健康安全管理现状

建筑施工行业是高危行业之一，它有着劳动人员密集、人员素质差、重体力劳动、工作环境条件差、交叉作业现象普遍、工期紧等特点，建筑施工行业事故多发。统计数据表明：建筑安全事故造成的直接和间接损失在英国可达项目总成本的 3%～6%，美国工程建设中安全事故造成的经济损失已占到其总成本的 7.9%，而在我国香港特别行政区这一比例已达到 8.5%。国内虽没有正式的统计数据，但相信也不会例外。在建筑市场中，这一比例已经超过了承包商的平均利润率。可见，安全问题已经成为建筑业发展的巨大障碍。随着我国建筑技术的不断发展，施工机械化水平的不断提高，工程规模不断扩大，风险程度也有增大的趋势，因此需要进行科学管理和评价。

7.3.2 建筑业危险源辨识及风险评价现状

目前，建筑行业安全评价主要有两个方面：一是对施工企业的安全评价，主要评价施工企业安全施工的能力；二是对施工现场的安全评价，但是由于施工现场是一个不断发展变化的动态过程，随着工程进度的发展，施工现场的平面布置，立体结构都会发生变化，因此施工现场安全评价的时效性较差。施工企业安全评价主要从施工企业的机构和人员设置、安全管理等方面来进行的，评价施工企业有没有安全生产的能力。而施工现场安全评价主要以施工现场的危险有害因素辨识为主，考察施工项目现场的安全管理、安全防护设施等情况。

《安全生产许可证条例》指出，国家对矿山企业、建筑施工企业和危险化学品、烟花爆竹、民用爆破器材生产企业实行安全生产许可制度，企业取得安全生产许可证应依法进行安全评价。另外，《安全生产法》第二十四条规定：“生产经营单位新建、改建、扩建工程项目（以下统称建设项目）的安全设施，必须与主体工程同时设计、同时施工、同时投入生产和使用。安全设施投资应当纳入建设项目概算。”但是，对施工现场及施工企业都没有严格要求进行安全评价的规定。因此，目前很多的施工企业及施工现场都没有进行安全评价。

7.3.3 建筑施工主要危险有害因素

参照有关危险源分类方法，建筑施工的主要有以下危险有害因素。

1）按导致事故和职业伤害的原因分类

按照《生产过程危险和有害因素分类与代码》（GB/T 13861—2009），将导致事故发生的危险和有害因素分为：人的因素、物的因素、环境因素和管理因素。

（1）人的因素

① 心理、生理性危险和有害因素：负荷超限，包括体力负荷超限、听力负荷超限、视力负荷超限、其他负荷超限；健康状况异常；从事禁忌作业；心理异常，包括情绪异常、冒险心理、过度紧张、其他心理异常；辨识功能缺陷，包括感知延迟、辨识错误、其他辨识功能缺陷；其他心理、生理性危险和有害因素。

② 行为性危险和有害因素：指挥错误，包括指挥失误、违章指挥和其他指挥错误；操作错误，包括误操作、违章作业和其他操作错误。

③ 监护失误。

④ 其他行为性危险和有害因素，包括脱岗等违反劳动纪律的行为。

（2）物的因素

① 物理性危险和有害因素：设备、设施、工具、附件缺陷，包括强度不够、刚度不够、稳定性差、密封不良、耐腐蚀性差、应力集中、外形缺陷、外露运动件、操纵器缺陷、制动器缺陷、控制器缺陷、设备设施工具附件其他缺陷；防护缺陷，包括无防护、防护装置设施缺陷、防护不当、支撑不当、防护距离不够、其他防护缺陷；电伤害，包括带电部位裸露、漏电、静电和杂散电流、电火花、其他电伤害；噪声，包括机械性噪声、电磁性噪声、流体动力性噪声、其他噪声；振动危害，包括机械性振动、电磁性振动、流体动力性振动、其他振动危害；电离辐射，包括 X 射线、γ 射线、α 粒子、β 粒子、中子、质子、高能电子束等；非电离辐射，包括紫外辐射、激光辐射、微波辐射、超高频辐射、高频电磁场、工频电场；运动物伤害，包括抛射物、飞溅物、坠落物、反弹物、土或岩滑动、料堆（垛）滑动、气流卷动、其他运动物伤害；明火；高温物质，包括高温气体、高温液体、高温固体和其他高温物质；低温物质，包括低温气体、低温液体、低温固体和其他低温物质；信号缺陷，包括无信号设施、信号选用不当、信号位置不当、信号不清、信号显示不准、其他信号缺陷；标志缺陷，无标志、标志不清晰、标志不规范、标志选用不当、标志位置缺陷、其他标志缺陷；有害光照；其他物理性危险和有害因素。

② 化学性危险和有害因素：爆炸品；压缩气体和液化气体；易燃液体；易燃固体、自燃物品和遇湿易燃物品；氧化剂和有机过氧化物；有毒品；放射性物品；腐蚀品；粉尘与气溶胶；其他化学性危险和有害因素。

③ 生物性危险和有害因素。致病微生物，细菌、病毒、真菌、其他致病微生物；传染病媒介物；致害动物；致害植物；其他生物性危险和有害因素。

（3）环境因素

① 室内作业场所环境不良：室内地面滑；室内作业场所狭窄；室内作业场所杂乱；室内地面不平；室内梯架缺陷；地面、墙和天花板上的开口缺陷；房屋基础下沉；室内安全通道缺陷；房屋安全出口缺陷；采光照明不良；作业场所空气不良；室内温度、湿度、气压不适；室内给、排水不良；室内涌水；其他室内作业场所环境不良。

② 室外作业场地环境不良：恶劣气候与环境；作业场地和交通设施湿滑；作业场地狭窄；作业场地杂乱；作业场地不平；航道狭窄、有暗礁或险滩；脚手架、阶梯和活动梯架缺陷；地面开口缺陷；建筑物和其他结构缺陷；门和围栏缺陷；作业场地基础下城；作业场地安全通道缺陷；作业场地安全出口缺陷；作业场地光照不良；作业场地空气不良；作业场地温度、湿度、气压不适；作业场地涌水；其他室外作业场地环境不良。

③ 地下(含水下)作业环境不良:隧道/矿井顶面缺陷;隧道/矿井正面或侧壁缺陷;隧道/矿井地面缺陷;地下作业面空气不良;地下火;冲击地压;地下水;水下作业供氧不当;其他地下作业环境不良。

④ 其他作业环境不良:强迫体位;综合性作业环境不良;以上为包括的其他作业环境不良。

(4) 管理因素

① 职业安全卫生组织机构不健全。

② 职业安全卫生责任制未落实。

③ 职业安全卫生管理规章制度不完善:建设项目“三同时”制度未落实;操作规程不规范;事故应急预案及响应缺陷;培训制度不完善;其他职业安全卫生管理规章制度不健全。

④ 职业安全卫生投入不足。

⑤ 职业健康管理不完善。

⑥ 其他管理因素缺陷。

按照上述分类方法,在建筑施工中人的因素主要有:违章作业、违章指挥和违反劳动纪律;物的因素主要有:物理性危险和有害因素(主要包括设备、设施、工具、附件缺陷,防护缺陷,电伤害,噪声,振动危害,运动物伤害,明火,信号缺陷,标志缺陷,有害光照等),生物性危险和有害因素(主要包括各种传染病等),化学性危险和有害因素(主要包括易燃固体、粉尘与气溶胶);环境因素主要有:恶劣气候和环境,脚手架、阶梯和活动梯架缺陷,地面开口缺陷,作业场地安全通道缺陷,作业场地狭窄等;管理因素的六个方面在建筑施工上都会出现。

2) 按引起的事故类型分类

参照国家标准《企业职工伤亡事故分类》(GB 6441—86),可以将事故分为 20 类,即:物体打击、车辆伤害、机械伤害、起重伤害、触电、淹溺、灼烫、火灾、高处坠落、坍塌、冒顶片帮、透水、爆破、火药爆炸、瓦斯爆炸、锅炉爆炸、容器爆炸、其他爆炸、中毒和窒息、其他伤害。在这些事故类型中,建筑施工的事故主要集中在:高处坠落、坍塌、物体打击、起重伤害、机械伤害、触电等,如图 7-2 所示。

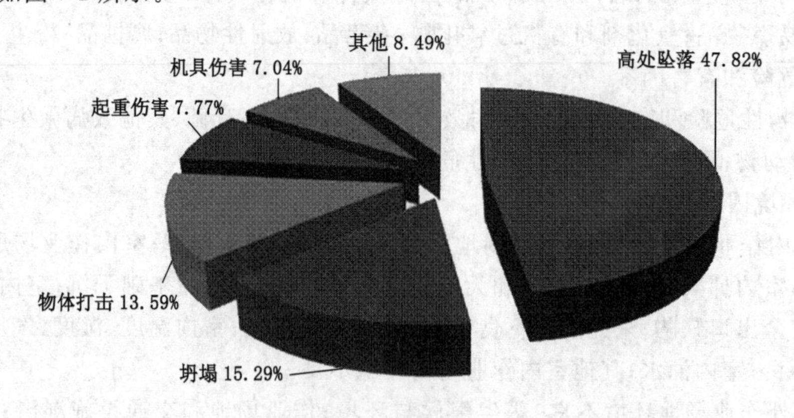

图 7-2　2010 年前三季度我国建筑施工事故类型分布情况

3) 按职业病分类

(1)《中华人民共和国职业病防治法》规定,职业病是指企业、事业单位和个体经济组织等用人单位的劳动者在职业活动中，因接触粉尘、放射性物质和其他有毒、有害因素而引起的疾病。它包括10大类，共计132项，分别是：

① 尘肺，主要有矽肺、电焊工尘肺等13项。

② 职业性放射性疾病，主要有外照射急性放射病外、外照射亚急性放射病、外照射慢性放射病、内照射放射病等11项。

③ 职业性化学中毒，主要有铅及其化合物中毒、汞及其化合物中毒、职业性中毒性肝病等60项。

④ 物理因素所致职业病，主要有中暑、减压病、手臂振动病等7项。

⑤ 职业性传染病，主要有炭疽、森林脑炎等5项。

⑥ 职业性皮肤病，主要有接触性皮炎、光感性皮炎等9项。

⑦ 职业性眼病，主要有化学性眼部烧伤、电光性眼炎3项。

⑧ 职业性耳鼻喉腔疾病，主要有噪声聋、铬鼻病等4项。

⑨ 职业性肿瘤，主要有石棉所致肺癌、间皮癌，联苯胺所致膀胱癌等11项。

⑩ 其他职业病，主要金属烟热、滑囊炎(限井下工人)等。

(2)《职业病危害因素分类目录》(国卫疾控发〔2015〕92号)将职业病危害因素分为6大类，而在施工现场造成职业病的主要危害有以下5个方面：

① 粉尘类

a. 粉尘是指在生产过程中产生并能较长时间浮游在空气中的固体微粒。施工现场主要含游离的二氧化硅粉尘、水泥尘(硅酸盐)、石棉尘、木屑尘、电焊烟尘、云母尘、金属粉尘。

b. 主要受危害的工种有混凝土搅拌司机、水泥上料工、材料试验工、石工、风钻工、炮工、出碴工、电(气)焊工等工种。

c. 粉尘对人体的危害主要表现：当吸入肺部的生产性粉尘达到一定数量时，就会引起肺组织逐渐硬化，失去正常的呼吸功能，即尘肺病。

② 化学因素类。主要有铅及其化合物、聚氯乙烯、一氧化碳、二氧化碳、苯、二甲苯、汽油、亚硝酸盐等。

③ 物理因素类。主要有室外高温作业，可能导致中暑；高气压，可能导致减压病；低气压，可能导致高原病、航空病；局部振动，可能导致手臂振动病，可造成手指麻木、胀痛、无力、双手震颤、手腕关节骨质变形、指端白指和坏死等；噪声，可能导致噪声性耳聋，也可能引起人们心跳加快、血压升高、恶心呕吐、神经性衰弱疾病及导致肠胃病和溃疡病发作。

④ 导致职业性皮肤病的危害因素。导致光敏性皮炎的危害因素——焦油、沥青；导致电光性皮炎的危害因素——紫外线；导致黑变病的危害因素——焦油、沥青、汽油、润滑油等；导致痤疮的危害因素——沥青、润滑油、柴油、煤油、聚氯乙烯；导致化学性皮肤灼伤的危害因素——硫酸、硝酸、盐酸、石灰水。高湿可能导致的职业病包括职业性浸渍、糜烂等。

⑤ 地下环境或有限空间作业对施工人员的影响。主要表现在通风不良、湿度大、光线暗等，使各种职业有害因素对人产生更大影响。

7.3.4 建筑施工危险源辨识和安全评价

为贯彻落实"安全第一、预防为主、综合治理"的方针，促进建设工程安全生产、文明施工规范化、标准化和制度化管理，提高施工安全监督管理水平，根据《建筑法》建设工程施工安全评价，要求安全评价人员依据《建筑施工安全检查标准》(JGJ 59—2011)、《施工企业安全生产评价标准》(JGJ/T 77—2010)等标准的规定,对建设工程施工现场安全生产情况进行监督、检查,并做出公正、客观、科学的安全评价结论。建设工程施工全过程具体的安全评价监督工作由建设行政主管部门委托建设工程安全监督机构(简称安监机构)进行。

7.3.4.1 建筑施工企业安全评价

《施工企业安全生产评价标准》的颁布与实施对施工企业安全生产条件、业绩及相应安全生产能力进行评价提供了科学依据,也给实现施工企业安全生产评价工作规范化、制度化,促进施工企业安全生产管理水平和施工生产的本质安全程度的提高创造了条件。

按照《施工企业安全生产评价标准》(JGJ/T 77－2010)的要求,对施工企业安全生产评价类别应包括企业自我评价、企业上级主管对企业进行评价、政府行政主管部门对企业进行评价、业主对企业进行评价 4 个类别。也就是说,除政府行政主管部门对企业进行评价外并不排斥施工企业上级主管和业主对企业进行评价及企业自我评价。因此,企业在施工生产过程中,应按照企业规章、生产与市场需求,定期进行企业安全现状评价,随时了解企业安全生产条件状况,对企业安全生产业绩进行动态监测。通过对企业本期安全生产能力的总体评价,提出安全生产可持续改进措施意见,以指导企业下期安全生产,真正体现安全管理的预见性,达到事先预防控制的目的,实现安全生产的动态管理。

1) 评价内容

建筑施工企业安全评价的内容包括安全生产管理评价、安全技术管理评价、设备和设施管理评价、企业市场行为评价和施工现场安全管理评价等 5 个方面。

(1) 安全生产管理评价

安全生产管理评价应为对企业安全管理制度建立和落实情况的考核,其内容包括安全生产责任制度、安全文明资金保障制度、安全教育培训制度、安全检查及隐患排查制度、生产安全事故报告处理制度、安全生产应急救援制度等 6 个评定项目。

① 安全生产责任制度。企业应建立各部门、各级(岗位)安全生产责任制度,建立、完善安全生产管理目标,将目标层层分解,制订年度安全生产目标计划并保障实施。企业还应建立相应的安全生产责任制考核制度,对各项制度的落实情况进行检查和监督。

② 安全文明资金保障制度。企业应建立具有针对性的安全生产、文明施工资金保障制度,制定具体措施加以保障,明确安全生产、文明施工资金使用、监督及考核的责任部门或责任人,并按规定对安全生产、文明施工措施费的落实情况进行考核。

③ 安全教育培训制度。企业应建立安全教育培训制度,编制年度安全教育培训计划,明确企业主要负责人,项目经理,安全专职人员及其他管理人员,特种作业人员,待岗、转岗、换岗职工,新进单位从业人员等的安全教育培训要求,并按照要求进行落实,记录实施情况。

④ 安全检查及隐患排查制度。企业应建立安全检查及隐患排查制度,并对所属的施工现场、后方场地、基地等组织定期和不定期地进行安全检查,对检查出的隐患应定人、定时、定措施进行整改并落实,将有关检查及隐患排查治理情况记录在案。

⑤ 生产安全事故报告处理制度。企业应建立生产安全事故报告和调查处理制度,及时、如实地上报施工生产中发生的伤亡事故,对已发生的和未遂的事故,应按照“四不放过”原则进行处理,并建立事故档案。

⑥ 安全生产应急救援制度。企业应建立应急救援管理制度,结合本企业的施工特点,制定易发、多发事故部位、工序、分部、分项工程的应急救援预案,落实应急救援预案的组织、

机构、人员和物资，并按照有关规定对应急预案组织实施演练，并对演练结果进行分析总结和提高。

(2) 安全技术管理评价

安全技术管理评价应为对企业安全技术管理工作的考核，其内容应包括法规、标准和操作规程配置，施工组织设计，专项施工方案(措施)，安全技术交底，危险源控制等5个评定项目。

① 法规、标准和操作规程配置。企业应建立相应制度，确保企业能够及时、有效地通过各种渠道收集适应的法律、法规和标准，以及各工种安全技术操作规程，确保将有关文件送达有关部门和人员，同时有关部门和人员应及时组织学习和贯彻。

② 施工组织设计。企业应建立施工组织设计编制、审核、批准制度，在施工组织设计中明确针对性强的、有效的安全技术措施，并按照制度贯彻实施。

③ 专项施工方案(措施)。企业应建立危险性较大的分部、分项工程专项施工方案的编制、审核、批准制度，明确本单位需要进行专家论证的危险性较大的分部、分项工程名录(清单)，并按照有关制度要求贯彻实施。

④ 安全技术交底。企业应制定安全技术交底制度，明确安全技术交底资料的内容、编制方法及交底程序，并遵照执行，使安全技术交底能真正发挥其作用。

⑤ 危险源控制。企业应建立危险源监管制度，定期和不定期地进行危险源辨识，列出危险源名录，并对危险源进行分级管理，对重大危险源制定管理方案或相应措施，建立危险源公示和告知制度，编制有针对性的应急预案，保证预案实施有效。

(3) 设备和设施管理评价

设备和设施管理评价应为对企业设备和设施安全管理工作的考核，其内容应包括设备安全管理、设施和防护用品、安全标志、安全检查测试工具等4个评定项目。

① 设备安全管理。企业应建立完备的机械、设备(包括应急救援器材)采购、租赁、安装、拆除、验收、检测、使用、检查、保养、维修、改造和报废制度，建立设备管理台账和技术档案，配备设备管理的专(兼)职人员，并按照制度贯彻实施。

② 设施和防护用品。企业应建立个人劳保用品的发放、使用管理制度，建立施工现场临时设施(包括临时建、构筑物、活动板房)的采购、租赁、搭设与拆除、验收、检查、使用的相关管理规定，并遵照实施。

③ 安全标志。企业应建立施工现场安全警示、警告、标志使用管理规定，并遵照执行，定期检查实施情况。

④ 安全检查测试工具。企业应制定施工场所安全检查、检验仪器、工具配备制度，建立安全检查、检验仪器、工具配备清单。

(4) 企业市场行为评价

企业市场行为评价应为对企业安全管理市场行为的考核，其内容包括安全生产许可证、安全生产文明施工、安全质量标准化达标、资质机构与人员管理制度等4个评定项目。

① 安全生产许可证。企业必须取得安全生产许可证后才能承接施工任务，在安全生产许可证暂扣期间不得承接工程，且企业承发包工程项目的规模和施工范围与本企业资质相符，企业按照取得安全生产许可证的条件配备和考核企业主要负责人、项目负责人和专职安全管理人员。

② 安全生产文明施工。企业在安全生产文明施工方面不应受到处罚、处分或通报

批评。

③ 安全质量标准化达标。企业安全质量保准化优良率和年度达标合格率应高于国家或地方规定。

④ 资质机构与人员管理制度。企业应建立安全生产管理组织体系(包括机构和人员等)、人员资格管理制度,并按照规定设置专职安全管理机构,配足专职安全管理人员。实行总、分包的企业应制定对分包单位资质和人员资格的管理制度,并遵照有关制度执行和落实。

(5) 施工现场安全管理评价

施工现场安全管理评价应为对企业所属施工现场安全状况的考核,其内容应包括施工现场安全达标、安全文明资金保障、资质和资格管理、生产安全事故控制、设备设施工艺选用、保险等6个评定项目。

① 施工现场安全达标。企业应对所属的施工现场按《建筑施工安全检查标准》(JGJ 59—2011)及相关现行标准规范进行检查,所有施工现场必须合格。

② 安全文明资金保障。企业所属的所有施工现场都应将施工现场安全生产、文明施工所需资金编制计划并实施,做到专款专用。

③ 施工现场分包资质和资格管理。施工现场应制定对分包单位安全生产许可证、资质、资格管理及施工现场控制的要求和规定,且在总包与分包合同中明确参建各方的安全生产责任,分包单位承接的施工任务必须符合其所具有的安全资质,作业人员必须取得相应的安全资格,并按照规定配备项目经理、专职(兼)职安全生产管理人员。

④ 生产安全事故控制。应对现场常见的、多发的或重大的隐患进行排查,制定防治措施,并根据实际情况、有针对性地制定事故应急救援预案,按照有关规定进行预案演练,建立应急救援组织,落实救援人员和救援物资。

⑤ 设备设施工艺选用。不得使用国家明令淘汰的设备或工艺,不得使用不符合国家现行标准的且存在严重安全隐患的设施,不得使用超过使用年限或存在严重隐患的机械、设备、设施、工艺,不得使用不合格的钢管、扣件,现场安全警示、警告标志的使用必须符合标准,现场职业危害的防治措施要有针对性。

⑥ 保险。现场必须按照规定办理意外伤害保险。

2) 评价方法和评价等级

施工企业每年度应至少进行一次自我考核评价。发生下列情况之一时,企业应再进行复核评价:(1) 适用法律、法规发生变化时;(2) 企业组织机构和体制发生重大变化后;(3) 发生生产安全事故后;(4) 其他影响安全生产管理的重大变化。

施工企业考核自评应由企业负责人组织,各相关管理部门均应参与。评价人员应具备企业安全管理及相关专业能力,每次评价不应少于3人。评价方法采用安全检查表法,可参考《施工企业安全生产评价标准》(JGJ/T 77—2010)中附录A(施工企业安全生产评价表)编制相应的安全评价表。附录A中的安全生产评价表A-1为安全生产管理评分表,A-2为安全技术管理评分表,A-3为设备和设施管理评分表,A-4为企业市场行为评分表,A-5为施工现场安全管理评分表。

抽查及核验企业在建施工现场,应符合下列要求:(1) 抽查在建工程实体数量,对特级资质企业不应少于8个施工现场;对于一级资质企业不应少于5个施工现场;对于一级资质以下企业不应少于3个施工现场;企业在建工程实体少于上述规定数量的,则应全数检查。

(2) 核验企业所属其他在建施工现场安全管理状况，核验总数不应少于企业在建工程项目总数的50%。(3) 当抽查发生因工死亡事故的企业在建施工现场，应按事故等级或情节轻重程度，在此基础上分别增加2～4个在建工程项目，或增加核验企业在建工程项目总数的10%～30%。

在评价施工企业安全生产条件能力时，附录A的表都采用100分制计分，并采用加权法计算总分，权重系数见表7-11。

表7-11 权重系数

评价内容			权重系数
无施工项目	①	安全生产管理	0.3
	②	安全技术管理	0.2
	③	设备和设施管理	0.2
	④	企业市场行为	0.3
有施工项目	①～④加权值		0.6
	⑤	施工现场安全管理	0.4

最终评价结果将有在建工程的企业分为合格和不合格2个等级，而无在建工程的企业分为基本合格和不合格2个等级，见表7-12。

表7-12 评价结果

考核评价等级	考核内容		
	各项评分表中的实得分数为零的项目数(个)	各评分表实得分数(分)	汇总分数(分)
合格	0	≥70 且其中不得有一个施工现场评定结果为不合格	≥75
基本合格	0	≥70	≥75
不合格	出现不满足基本合格条件的任意一项时		

7.3.4.2 建筑施工企业的安全监管

1) 建筑施工企业安全监管的基本原则

2005年8月，我国一些地区相继发生建设工程重大安全事故，造成严重的人身伤亡和财产损失，建设工程安全生产形势严峻，表明某地区出现主管部门监管措施不力、监管职责不清、一些企业安全生产基础工作薄弱等问题。为进一步加强建设工程安全生产工作，防止和减少各类事故发生，建设部、国家安全生产监督管理总局联合发出《关于加强建设工程安全生产工作的紧急通知》，提出的建筑施工企业安全监管基本原则如下。

(1) 明确职责，落实责任

建设工程安全生产监督管理应遵循行政许可法的规定，强化项目审批许可后的动态监管。按照谁颁发施工许可(或开工报告)、谁履行安全生产监管职责、谁负责安全生产指标控制的原则，建设行政主管部门和其他有关部门要切实履行安全监管职责，加大安全监管力度。各地区安全生产监督管理部门要切实加强对建设工程安全生产工作的综合监督管理，应将国务院安委会下达的建筑业安全生产控制总指标按照法律、法规规定和职责分工进行横向展开分解，以明确监管职责，落实监管责任。

(2) 找准问题，强化监管

各地要认真分析本地区建设工程安全生产工作的薄弱环节和事故高发类型，深刻吸取重大事故教训，制定行之有效的措施，大力开展预防高处坠落、施工坍塌等事故的专项整治活动，切实消除各类事故隐患。要针对汛期暴雨、台风频发的特点，及早制定有关应急预案；要督促施工企业强化对基坑开挖、起重吊装、模板工程等危险性较大的工程施工的监控，确保汛期施工安全。要加强巡查，发现重大事故隐患，督促企业立即整改；拒不整改的，要对其项目经理等严厉处罚。

(3) 依法许可，加强监督

各地建设行政主管部门和其他有关部门要严格实施建筑施工企业安全生产许可制度。在审核发放施工许可证时，要依法对已经确定的施工企业是否具有安全生产许可证进行审查。

2）建筑施工质量的日常安全监管

建设行政主管部门坚持以人为本，深入宣传贯彻《国务院关于进一步加强安全生产工作的决定》《建设工程安全生产管理条例》和《安全生产许可证条例》，建立建设工程安全生产控制指标体系和安全生产责任网络，落实各级安全生产责任制，坚持安全生产工作目标不放松。

工程开工前建设单位必须办理施工安全监督手续，施工单位应同期提供下列资料，由安监机构审查安全生产、文明施工管理制度。

(1) 安全生产、文明施工责任制。

(2) 安全生产、文明施工目标管理要求（按建设部《建筑安全生产监督管理规定》和各省工程建设安全监督暂行规定的要求编写）。

(3) 施工组织设计（施工组织设计应包括专职安全员配备情况，安全生产、文明施工措施，基坑支护、模板工程等专项技案和专项用电施工组织设计等内容，并经施工单位技术负责人审核签名和加盖公章后才能使用）。

(4) 安全生产、文明施工检查制度。

(5) 安全教育制度。

(6) 特种作业人员上岗证。

(7) 物料提升机（钢井架、龙门架）、塔式起重机、外用电梯等设备和施工机具进场及安装使用管理制度。

安监机构应在5个工作日内对以上资料审查完毕，向施工单位提出安全生产、文明施工管理制度的审查意见。对审查不合格的工程，安监机构应责令施工单位限期整改、重新报送审查，审查合格方能领取施工许可证。

3）建筑工程全过程安全管理

建筑工程安全管理是对建设项目从勘察设计到竣工验收全过程的安全工作进行策划、组织、指挥、协调、监督控制和改进的一系列管理活动，目的在于保证建筑工程的安全和建筑工人的人身安全。建筑工程安全管理涉及建设单位、勘察设计单位、施工单位、工程监理单位以及与建筑工程有关的生产经营单位。在建筑工程全过程的安全管理过程中，不同阶段有相应的重点工作。

(1) 勘察设计阶段

建设单位与具备相应资质的勘察设计单位签订合同，并向勘察设计单位提供施工现场及毗邻区域水、电、气、热、通信等地下管线及地质资料。勘察设计单位应当提供建筑工程全面、准确的地质测量和水文资料，并按照建筑安全标准进行设计，以保证建筑结构的安全和作业人员的安全。

(2) 建设准备阶段

建设单位在编制招标文件时，要有懂建筑专业的安全技术人员参加，并载明承揽项目的技术要求和安全要求；作业环境及安全措施所需费用应当专项计提，不列入竞价项目；招标时承包单位的安全业绩要纳入评标标准；评标时要有安全方面的专家参加。

建设单位要与具备相应资质等级的施工单位、监督单位签订合同，制定合理工期。建设单位在申请施工许可证前，应当向当地建筑工程安全监督机构提交工地安全方案，包括建设单位与施工单位各自的安全责任、该项目的安全风险评估报告、安全生产保证体系及安全生产专项施工措施。

建设单位不得购买或者强行要求施工单位购买、使用不符合安全卫生标准的建筑材料、防护用品及机械设备；不得为施工单位指定上述产品的生产厂、供应商。生产经营单位为建筑工程提供的安全防护用品、零配件、建筑材料等应当符合安全卫生标准和噪声控制标准，并按照生产和安装标准对其产品配齐有效的保险、限位等安全设施和装置，同时提供检测合格证明及下列资料：产品的生产许可证；产品的有关技术标准、规范；产品的有关图纸及技术资料；产品的技术性能、安全防护装置的说明。

(3) 建设实施阶段

工程监理单位应将建筑工程施工方案的安全审查内容，纳入监理范围，实施安全、质量、工期和投资 4 项同步控制。

建设单位不得要求施工单位违反建筑工程安全生产法律、法规和强制性标准进行施工。

施工单位应当建立以本单位安全生产第一责任人为核心的分级负责的安全生产责任制，设立安全生产管理部门，配备与工程规模相适应的安全工程师，并向工程项目派驻项目安全工程师。项目安全工程师负责有关安全生产保证体系有效运行和实现安全管理目标的人员、物资、经费等资源计划，对项目安全生产保证体系实施过程进行监督、检查，组织参与安全技术交底和安全防护设施验收，纠正和制止违章指挥、违章作业，验证预防措施和应急预案。

施工单位应当接受建筑工程安全监督机构的监督管理，分阶段向当地建筑工程安全监督机构申请安全审核。

施工单位应当针对下列工程编制专项安全施工方案：土方开挖工程；模板工程；起重吊装工程；脚手架工程；施工临时用电工程；垂直运输机械安装拆卸工程；拆除、爆破工程；其他危险性较大的工程。同时，进入施工现场的垂直运输和吊装、提升机械设备应当经检测机构检测合格后方可投入使用。

施工单位应当根据不同施工阶段和周围环境及天气条件的变化，采取相应的安全防护措施。施工单位的项目经理、安全管理人员应当经过上级安全培训、考核合格后，持证上岗。

(4) 竣工验收交付使用阶段

工程竣工后，施工单位应当办理单位工程竣工施工安全评价，向建筑工程安全监督机构提交单位工程竣工施工安全管理资料。

安全管理资料是证明施工现场满足安全要求的程度并提供客观证据的文件，也是施工现场实行全过程安全管理的主要记录，还是建筑工程监督机构对工程项目考核的重要内容。安全资料的记录正确与否，体现了企业对工程项目的安全管理能力。工程施工安全管理应做到：安全记录齐全（包括台账、报表、原始记录等），并按有关规定去建立、收集和整理，确定种类、格式；确定安全部门或相关人员，收集、整理包括分包单位在内的各类安全管理资料，进行标识、编目和立卷，并装订成册；安全记录的储存和保管，要有专人负责，储存的环境应利于保存和检索。

建筑工程项目全过程安全管理，始于勘察设计，终于工程项目竣工验收，勘察设计、施工、监理及与建筑工程有关的生产经营单位，只有按以上要求做好各自的工作，才能切实保证建筑工程的安全性能，保障施工人员及其相邻居民的人身和财产安全。

4）建筑施工企业安全生产管理机构设置及专职安全生产管理人员配备

2004 年 12 月 1 日，原建设部发布《关于印发〈建筑施工企业安全生产管理机构设置及专职安全生产管理人员配备办法〉和〈危险性较大工程安全施工方案编制及专家论证审查办法〉的通知》（建质〔2004〕第 213 号文），对建筑施工企业安全生产管理机构设置及专职安全生产管理人员配备做出如下规定。

（1）建筑施工企业所属的分公司、区域公司等较大的分支机构应当各自独立设置安全生产管理机构，负责本企业（分支机构）的安全生产管理工作。建筑施工企业及其所属分公司、区域公司等较大的分支机构必须在建设工程项目中设立安全生产管理机构。安全生产管理机构的职责主要包括：落实国家有关安全生产法律法规和标准、编制并适时更新安全生产管理制度、组织开展全员安全教育培训及安全检查等活动。专职安全生产管理人员是指经建设主管部门或者其他有关部门安全生产考核合格，并取得安全生产考核合格证书在企业从事安全生产管理工作的专职人员，包括企业安全生产管理机构的负责人及其工作人员和施工现场专职安全生产管理人员。企业安全生产管理机构负责人依据企业安全生产实际，适时修订企业安全生产规章制度，调配各级安全生产管理人员，监督、指导并评价企业各部门或分支机构的安全生产管理工作，配合有关部门进行事故的调查处理等。企业安全生产管理机构工作人员负责安全生产相关数据统计、安全防护和劳动保护用品配备及检查、施工现场安全督查等。施工现场专职安全生产管理人员负责施工现场安全生产巡视督查，并做好记录。发现现场存在安全隐患时，应及时向企业安全生产管理机构和工程项目经理报告；对违章指挥、违章操作的，应立即制止。

（2）建筑施工总承包企业安全生产管理机构内的专职安全生产管理人员应当按企业资质类别和等级足额配备，根据企业生产能力或施工规模。

（3）建设工程项目应当成立由项目经理负责的安全生产管理小组，小组成员应包括企业派驻到项目的专职安全生产管理人员，专职安全生产管理人员的配置按建筑工程、装修工程按照建筑面积计算。

（4）施工作业班组应设置兼职安全巡查员，对本班组的作业场所进行安全监督检查。

（5）危险性较大工程（基坑支护与降水工程、土方开挖工程、模板工程、起重吊装工程、脚手架工程拆除、爆破工程、其他危险性较大的工程）应当在施工前单独编制安全专项施工方案。

（6）安全专项施工方案编制审核建筑施工企业专业工程技术人员编制的安全专项施工

方案，由施工企业技术部门的专业技术人员及监理单位专业监理工程师进行审核，审核合格，由施工企业技术负责人、监理单位总监理工程师签字。

(7) 建筑施工企业应当组织专家组进行论证审查。

(8) 专家论证审查。

7.3.4.3 建筑工程施工安全评价

1) 建筑施工总体安全评价办理程序

(1) 安全评价分为阶段安全评价和总体安全评价。阶段安全评价工作的实施由建设单位牵头，组织监理单位和施工单位对工程项目的施工安全按阶段进行检查、评价，监理单位作具体的评价工作；总体安全评价工作由安监机构实施。

(2) 监理单位对工程项目施工安全进行阶段安全评价时，应根据《建筑施工安全检查标准》(JGJ 59—2011)对施工现场进行逐项检查评分，填写安全检查评分表，作出评价意见和评定等级。

(3) 每阶段安全评价结束后，监理单位3日内填写《建筑工程施工阶段安全评价表》，经建设单位认可后，与安全检查评分表和施工现场安全管理资料一并由施工单位及时报送安监机构。

(4) 建筑工程项目竣工前，施工单位向安监机构提出总体安全评价申请报告，安监机构对阶段安全评价书、打分表和总体安全评价书的内容进行审核；对符合要求的申请，安监机构在3个工作日内出具《建筑工程施工安全评价书》。

(5) 未进行总体安全评价、未取得《安全评价书》的建筑工程，不得进行工程竣工验收备案。

(6)《建筑工程施工安全评价书》一式4份，一份与各阶段安全评价资料和建设工程开工前安全条件备案资料由安监机构归成该工程项目施工安全档案；一份由建设单位归入工程竣工验收备案文件，监理单位、施工单位各存一份。

2) 建筑工程施工质量安全评价的主要阶段

建筑工程施工安全评价按下列6个阶段进行。

(1) 施工准备评价

在施工现场准备完毕后，对场地平面布局、临时用电、给排水、办公和生活设施等进行评价。

建立企业申请安全评价的资料文件清单，汇总装订成册，在接受评价时应及时递交。文件清单中主要包括：企业概述；企业营业执照、资质证书、安全生产许可证复印件；企业本期生产经营活动情况说明；企业本期安全生产自我评价报告；评价表采用《施工企业安全生产评价标准》(JGJ/T 77—2010)附录A、附录B中规定的表格；企业安全生产管理文件，具体包括：① 企业现行有效文件清单目录；② 安全生产责任制度文本，包括安全生产管理机构设置规定，各级各类人员安全生产岗位职责，安全管理目标、指标和管理方案，奖惩考核制度等；③ 安全生产规章制度文本，包括资金保障，教育培训，安全检查，事故报告和处理等；④ 安全生产管理规定文本，包括技术管理，设备管理，安全生产操作规程，分包单位资质和人员资格。供应单位、安全设施和防护、特种设备、安全检查测试工具等企业管理规定或形成职业健康安全管理体系文件中的“程序文件”“作业指导书”等；企业建立的重大危险源清单，企业危险源辨识、评价记录；企业审批的施工组织设计、专项安全技术方案1～3份(企业备份，评价后返还)；企业本期安全生产事故档案、事故报表；企业安全生产业绩统计表及相关证书、文件的复印件等。

（2）达标评价

该阶段的评价应在工程施工至下列进度时进行：

① 房屋建筑工程地下室基坑超过 3 m 时。

② 地下室深度不足 3 m 或无地下室的房屋建筑工程施工至第三层楼面时。

③ 市政基础设施工程开工一个月后或完成工程量 15%时。

（3）结构施工评价

10 层以下的房屋建筑工程封顶时进行一次评价；10 层以上的房屋建筑工程，其主体结构施工应在每完成 10 层时，分别评价一次，结构封顶时还应进行一次评价；市政基础设施工程在结构施工阶段，每 3 个月评价一次，直至结构完工。

（4）装饰施工评价

在外脚手架拆除前，进行装饰施工安全评价。

（5）竣工评价

工程竣工验收交付使用前，进行一次工程竣工评价。

每次安全评价前，施工单位必须对照有关标准，组织班组、项目、企业进行三级安全生产检查，如实填写记录、检查情况，对需整改的，应提出整改意见，并由施工单位技术、安全部门按《施工企业安全生产评价标准》规定的“建筑施工安全检查评分汇总表”的内容填写自评意见。

安全评价检查组必须由 3 名以上安监人员组成，其中电气和机械专业的安监人员各不少于 1 人，依据《施工企业安全生产评价标准》对现场进行逐项检查评分，做出评价意见和评定等级。竣工评价还应对施工材料、设备清场等文明施工情况进行审查。检查组应综合 6 个阶段的评价意见、安全事故记录，并作出总体评价结论意见，报安监机构负责人核定等级和签发《建筑工程施工安全评价书》。

工程施工每一阶段的各次安全评价，根据《施工企业安全生产评价标准》分为优良、合格、不合格 3 个等级。其中文明施工单项检查 80 分及其以上为优良，70 分（包括 70 分）至 80 分为合格，低于 70 分为不合格。竣工评价结论按历次评价评分的平均值评定等级，施工阶段发生 1 起重大安全事故或安全评价及文明施工单项检查累计 2 次不合格的，竣工等级降低一级；施工阶段发生 2 起重大安全事故或安全评价及文明施工单项检查累计 3 次不合格的，竣工等级评价为不合格。

（6）编制安全评价报告

按照《安全评价通则》（AQ 8001－2007）附录 D：安全评价报告格式的要求编写安全评价报告，建筑施工安全评价报告范例略。

3）施工现场安全评价内容及方法

施工现场安全评价通常也采用安全检查表评价法，按照《建筑施工安全检查标准》（JCJ 59—2011），对建筑施工现场安全评价主要包括：安全管理、文明施工、脚手架、基坑支护与模板工程、“三宝”及“四口”防护、施工用电、物料提升机与外用电梯、塔吊、起重吊装和施工机具十大项，并分 12 个安全评分表进行评分，然后汇总成总评价表，十大项所占的评分比重是不相同的，见表 7-13。

表 7-13　　　　　　　　**建筑施工安全检查评分汇总表**

企业名称：　　　　　　　　经济类型：　　　　　　　　资质等级：

单位工程(施工现场名称)	建筑面积/m^2	结构类型	总计得分(满分分值 100 分)	项目名称及分值									
				安全管理(满分分值10 分)	文明施工(满分分值20 分)	脚手架(满分分值 10分)	基坑支护与模板工程(满分分值 10 分)	“三宝”及“四口”防护(满分分值 10 分)	施工用电(满分分值10 分)	物料提升机与外用电梯(满分分值10 分)	塔吊(满分分值10 分)	起重吊装(满分分值5 分)	施工机具(满分分值5 分)

评语：

检查单位		负责人		受检项目		项目经理	

12 个安全评分表可以大致分为 3 个部分，即安全管理、文明施工及其他 10 个危险性较大的专项安全评分。其中安全管理、文明施工、脚手架、基坑支护与模板工程、施工用电、物料提升机与外用电梯、塔吊、起重吊装等八大项分保证项目和一般项目，保证项目是要重点检查和必须保证的。当保证项目中有一项不得分或保证项目小计小于 40 分时，此检查评分表不应得分；当多人对同一个项目进行评分时，最终评分结果取加权平均值，专业安全人员所占权重要大些。

结合《职业健康安全管理体系规范》(GB/T 28001—2001)，按照《建筑施工安全检查标准》(JCJ59—2011)中规定的安全管理评分标准，重点对以下 13 项进行施工现场审查、评价。

(1) 安全生产责任制

责任制内容必须明确各自工作范围的安全责任和安全管理目标的分解执行，不得逾越各自管理权限。结合各自安全生产职责，企业和项目要分别成立安全生产领导小组，同时编制安全生产管理网络图，定期检查安全生产责任制的执行情况并考核。

(2) 安全管理控制目标

企业的安全管理目标必须有正式文件和传阅记录，项目的安全管理目标必须有上级部门审批和传阅记录。

(3) 安全生产管理制度

企业的安全生产管理制度必须是受控文件，并且有传阅记录，项目的安全生产管理制度必须有经过上级部门审批和项目发放记录。

(4) 安全生产资金保障

企业按照建立安全生产资金保障制度制订年度资金计划，保留落实资金的各种单据备查；项目将实际发生费用汇报总公司，现场留存单据。企业和项目填写安全生产、文明施工资金预算表和统计表，应相互对应。

费用范围参照即将施行的《建筑工程安全防护、文明施工措施费用及使用管理规定》。

(5) 安全教育与培训

企业定期对各部门和员工进行安全教育、培训，项目对全体人员分工种、分部、分项、分季节进行安全教育、培训，尤其危险源应有单独教育记录。同时要求被教育人员签名，不得伪造代签。

核查项目建立职工劳动保护教育卡、安全员及特殊工种人员、中小型机械作业人员名册（复印件），节前节后安全教育记录、新进场工人教育记录、安全教育记录（定期月或季度）、班前安全活动、安全周讲评记录。

(6) 安全用品采购

安全用品包括安全帽、安全网、安全带、漏电开关、配电箱、限位装置、保险装置、电缆、钢管、扣件、起重绳、活动房等。

企业或项目分包单位采购安全用品时，必须在企业合格供应商目录中选择地方行业管理部门认定的合格产品；采购时应收集提供安全用品的质保书、合格证等质量证明材料和供应商的生产许可证、营业执照等证明文件，并将其附在安全用品采购验收资料表上。

(7) 分包管理

核查企业以受控文件方式公布合格分包方名录，分包方安全生产能力评价记录、项目与分包方签订的安全管理协议书、分包方的安全职责和落实情况资料、分包方开展安全活动资料等。

(8) 施工过程控制

核查施工过程中的基础、主体、装饰等分部，土方、桩基、脚手架、模板、钢筋、混凝土、塔吊装拆、物料提升机装拆、外用电梯装拆、砌筑抹灰、墙面石材、人工拆除、防水等分项，电工、电焊工、气焊工、起重工、木工、钢筋工、混凝土工、瓦工等工种的安全技术交底。交底双方必须签字确认，不得伪造代签。有分包的还要核查总包对分包进场安全总交底。

核查现场安全设施移交表、三级动火许可证及模板、外架、塔吊、外用电梯、物料提升机拆除申请表等资料。

(9) 危险源控制

企业应对危险源识别、评价，对重大危险源进行控制、策划、建档，制定针对性应急预案（含重大危险源控制清单和检查记录）。

施工组织设计必须经过上级部门审批发放。其内容包括：专项安全技术措施、危险源认定和预防控制措施，并对涉及人员进行组织设计安全交底。

(10) 事故应急救援

编制应急救援计划（含高处坠落、物体打击、机械伤害、触电、坍塌、重大意外事故、火灾、中毒、中暑等），内容涵盖可能发生的原因和造成的后果、组织机构和职责分工、报告程序、处理程序、应急物资准备及设施、人员基本救治方法、事故调查处理建议等。对应急救援预案演练和评价记录表进行核查。

(11) 安全检查和纠正措施

按照提供的公司和项目安全检查汇总表，核查公司和项目安全检查日记、安全检查记录，包括行业管理部门或项目上级单位对现场的安全检查记录。项目检查类型应包括：定期安全检查、专项（施工用电、大型起重机械、特殊类脚手架、防暑降温等）安全检查、季节性、节假日前后等。同时对应核查隐患整改通知书、安全检查罚款通知书。

其他需核查的项目安全检查资料有扣件式钢管脚手架、悬挑架、提升架验收单；模板支撑系统验收单（含计算书）；井架（龙门架）搭设、落地操作平台验收单；施工现场临时用电的接地电阻测试、移动手持电动工具、电工巡视验收单；施工机具验收单；基坑支护验收及监测记录；洞口、临边防护验收记录等。

(12) 安全改进

企业和项目安全生产领导小组应定期召开会议，总结和执行安全生产自我评估。现场核查安全会议记录、安全自我评估报告、安全整改汇总和纠正措施执行回复等资料。

(13) 安全资料收集

企业和建筑工程项目应建立适用的职业健康安全管理法律法规和其他要求清单，定期评价更新。要保证对新颁布发行的国家安全生产法律法规、职业病防治、行业规章制度、地方主管部门颁发的规章制度、安全技术规范标准和安全操作规程等及时获取的有效渠道。安全资料分类装订，统一格式，需签字部分不得代签。

4) 建筑工程施工安全评价标准

建筑施工安全检查评分，应以汇总表的总得分及保证项目达标与否，作为对一个施工现场安全生产情况的评价依据，分为优良、合格和不合格 3 个等级：优良要求各评分表的保证项目都必须得分，保证项目得分之和要大于 40 分，且汇总表得分之和要大于 80 分；合格要求各评分表的保证项目都必须得分，保证项目得分之和要大于 40 分，且汇总表得分之和大于 70 分，或者，有一评分表未得分，但汇总分大于 75，或者，起重吊装或施工机具检查评分表未得分，而汇总分大于 80 分；不符合优良和合格的情况即是不合格。

7.3.4.4 建筑工程施工安全专业标准体系

建筑工程施工和建筑企业安全评价主要根据《建筑施工安全检查标准》(JGJ 59—2011)和《施工企业安全生产评价标准》(JGJ/T 77—2010)中的评分表进行评价，但在评分表中很多评分项的评分标准并不明确具体，针对某评分项还可以以专业安全标准为参考，制定详细的专项安全检查表。2003 年 1 月 2 日，建设部制定了包括城市规划、城镇建设、房屋建筑三个部分的工程建设标准体系，建筑工程施工安全专业标准包括在房屋建筑部分的体系当中。每部分体系分为基础标准(在某一专业范围内作为其他标准的基础并普遍使用，具有广泛指导意义的术语、符号、计量单位、图形、模数、基本分类、基本原则等的标准，如城市规划术语标准、建筑结构术语和符号标准等)、通用标准(覆盖面较大的共性标准，可作为制定专业标准的依据，如通用的安全、卫生与环保要求，通用的质量要求，通用的设计、施工要求与试验方法以及通用的管道技术等)和专业标准(针对某一具体标准化对象作为通用标准的补充、延伸制订的专项标准，覆盖面一般不大，如某种工程的勘察、规划、设计、施工、安装及质量验收的要求和方法，某个范围的安全、卫生、环保要求，某项试验方法，某种产品的应用技术以及管理技术等)三个层次。房屋建筑部分编号为 3，在体系中将质量和安全合并在一起其专业编号为 4。建筑施工质量与安全专业标准体系框图如图 7-3 所示。

建筑施工安全专用标准主要包括下面一些标准。

(1)《建筑施工安全检查标准》(JGJ 59—2011)。本标准是建筑施工安全检查的标准，主要内容包括施工现场的安全管理、脚手架模板、垂直运输、基坑等分部分项工程安全检查。

(2)《建筑施工门式钢管脚手架安全技术规程》(JGJ 128—2010)。本标准适用于建筑施工中门式钢管脚手架的使用与管理，主要内容包括门式(多功能)钢管脚手架的设计构造、搭设和使用的安全技术指标和要求。

(3)《建筑施工土石方工程安全技术规范》(JGJ 180—2009)。本标准主要是对在土石方工程施工中有关技术管理基本程序、安全防护基本标准及施工作业的基本规定。

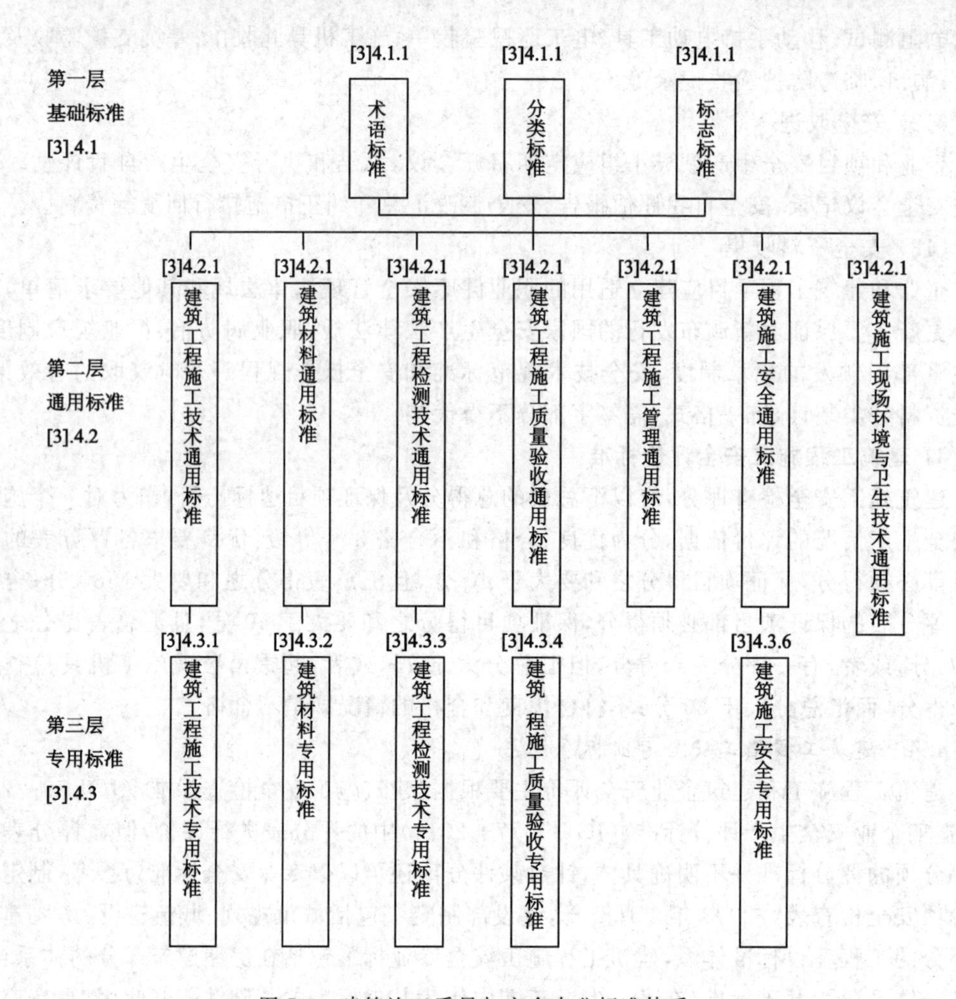

图 7-3　建筑施工质量与安全专业标准体系

(4)《建筑施工扣件式钢管脚手架安全技术规程》(JGJ 130—2011)。本标准适用于建筑施工中扣件式钢管脚手架的使用和管理,主要内容包括扣件式钢管脚手架的设计、构造和使用等技术指标和要求。

(5)《建筑施工碗扣式钢管脚手架安全技术规程》(JGJ 166—2008)。本标准适用于建筑施工碗扣式钢管脚手架的使用和管理,主要内容包括材质、荷载、设计计算、架体构造、使用等技术指标和要求。

(6)《建筑施工木脚手架安全技术规程》(JGJ 164—2008)。本标准适用于建筑施工木脚手架的使用和管理,主要内容包括材质、荷载、设计计算、架体构造、使用等技术指标和要求。

(7)《建筑施工工具式脚手架安全技术规程》(JGJ 202—2012)。本标准适用于建筑施工工具式脚手架的安全技术,主要内容包括附着升降脚手架、悬挑架、挂架、吊篮、卸料平台等技术指标和要求。

(8)《建筑施工模板安全技术规程》(JGJ 162—2008)。本标准适用于建筑施工模板的安全技术,主要内容包括水平和垂直混凝土构件的模板支撑或支架、爬模(提升模板)、滑模、飞模等技术指标和要求。

(9)《建筑施工高处作业安全技术规范》(JGJ 80—2016)。本标准适用于房屋建筑及一般构筑物施工时,高处作业中临边、洞口、攀登、悬空、操作平台及交叉等作业,并将“安全网”内容并入。

(10)《建筑机械使用安全技术规程》(JGJ 33—2012)。本标准适用于建筑安装企业及其附属的工业生产和维修单位的机械和动力设备的使用。“预应力混凝土工程施工”可作为预应力机具使用列入。“焊接”“铆接”可作为“焊接”“铆接”机具使用列入。

(11)《龙门架及井架物料提升机安全技术规程》(JGJ 88—2010)。本标准适用于新建、整修、拆除等工程施工中,额定起重量在 2 000 kg 以下,以地面卷扬机为动力,沿导轨做垂直运行的高、低架物料提升机。

(12)《建筑施工起重吊装作业安全规程》。本标准中规定“起重吊装作业”属机械使用与施工作业交叉领域,主要内容包括结构和设备吊装安全技术。

(13)《施工现场临时用电安全技术规范》(JGJ 46—2012)。本标准适用于建筑施工现场临时用电工程的中性点直接接地的 380/220 V 三相四线制的低压电力系统,对该系统的设置及安全技术管理做出规定。

(14)《建筑拆除工程安全技术规范》(JGJ 147—2004)。本标准适用于工业与民用建(构)筑物的拆除工程施工,主要内容包括按照有关安全管理程序、安全技术基本要求,以及作业(包括人工拆除、机械拆除、爆破拆除等)安全防护标准、措施和规定进行工程拆除,不包括塔吊、脚手架及模板等拆除。

(15)《建筑施工深基坑工程安全技术规范》。本标准适用于建筑施工中深度大于 5 m 的基坑的开挖和支护,主要内容包括人工和机械开挖程序及边坡支护的计算和常用的支护方法。

(16)《建筑施工顶管工程安全技术规范》。本标准适用于建筑施工中地下暗挖工程,主要内容包括顶管施工的分类、设施、设计计算和实施。

(17)《建筑施工塔式起重机安装、拆除安全技术规程》。本标准适用于建筑施工中常用的塔式起重机的安装、拆除及使用,主要内容包括安装、拆除程序、方法、设计、实施和验收。

(18)《建筑施工施工电梯安装使用安全技术规程》。本标准适用于在建筑施工中用作垂直运输的人与货混用的施工升降机,主要内容包括安装、拆除程序、使用规则、基础及附属设施的设计、构造、性能及验收。

(19)《建筑施工焊接工程安全技术规范》。本标准适用于建筑施工中各类焊接作业,主要内容包括焊接用具,设施、场所、作业等安全防护技术。

(20)《建筑施工有毒有害作业安全技术规范》。本标准适用于工程项目主体结构或装饰装修工程施工的尘、毒作业的安全防护,主要内容包括噪声、粉尘、振动、中毒、失火、爆炸等安全作业及防护指标。

(21)《建筑施工重大安全隐患防治安全规程》。本标准适用建筑施工过程中查找、识别隐患和危险源及重大事故应急预案的实施,主要内容包括高处作业、交叉作业,用电线路,土方开挖等危险点的防治及重大事故应急预案的内容、项目、组织、演练及管理防治措施。

(22)《建筑施工文明工地安全评价标准》。本标准适用于施工现场的安全生产与文明施工,主要内容包括施工现场的场容场貌、现场管理、现场住宿、消防设施、治安管理、标识标牌、生活设施、保健急救、社区服务等项目指标。

(23)《施工现场安全生产目标管理规范》。本规范适用于建筑施工在施工过程中的安全生产管理工作，主要内容包括伤亡事故、安全达标、文明施工等指标体系目标，分解、落实、监督检查、考核评价等指标。

(24)《建筑施工安全生产教育规程》。本规程适用于工程项目管理人员及在施工现场从事施工作业的施工人员安全生产教育培训，主要内容包括：企业负责人、项目经理、专职安全员三类人员考核上岗管理；操作工人的入场前及作业中的三级教育培训内容、程序、实施、考核及建立档案等。

(25)《市政工程施工现场安全管理标准》。本标准适用于管线、道路、桥梁等市政工程的施工现场的安全管理工作，主要内容包括场容、场貌、环境、场所、作业等的安全指标。

(26)《建筑施工安全技术方案编制规程》。本规程适应于建筑施工现场及各分部分项工程安全施工。主要内容包括建筑施工中安全技术措施和专项工程施工方案的设计、计算、构造、措施、审批、实施、检验、管理等指标；新技术、新工艺、新设备使用安全及内业资料整理。

(27)《建筑施工软土及湿陷性黄土基坑支护安全技术规范》。本规范适应于地下水位比较高，土质稀软地区的建筑施工中的基坑支护，主要内容包括稀软、湿陷性土质基坑开挖，支护设计、计算、施度构造施工措施，审批程序，实施管理等项指标。

(28)《建筑安全监管体系分类与编码标准》。本标准的主要内容是各级监管部门用微机管理时各项指标的统一分类与符号，便于全国联网。

(29)《建筑安全层级管理与检查标准》。本标准适用于建设部、各省、市及以下各级主管部门的安全管理、责任制、安全检查及评价等。

(30)《爆破安全规程》(GB 6722—2003)。本标准适用于建筑爆破拆除时的安全技术管理。

(31)《建筑施工现场环境与卫生标准》(JGJ 146—2004)。

坚持“以人为本，关爱生命，构建和谐社会”的理念，坚持“安全第一，预防为主，综合治理”的方针，稳步推进建筑施工企业安全生产工作的标准化和规范化，规范企业安全生产行为，促进建筑施工企业落实安全生产主体责任，实现建筑施工企业安全生产状况好转。建筑施工安全标准化工作要与贯彻执行建筑安全生产法律、法规相结合，建立和落实安全生产责任制，完善施工企业各项规章制度和操作规程；要与改善现场作业条件和农民工生活环境相结合，加大安全科技创新和安全技术改造方面的投入，积极采用新技术、新设备、新工艺和新材料，实现本质安全；要与提高施工企业人员素质相结合，加强安全技术培训，特别是对施工生产一线的农民工的教育和培训，提高他们的职业技能素养，造就一支具有较高素质的施工队伍，努力开创我国建筑施工安全生产的新局面。城市建设活动的复杂专业特性和不安全因素的客观现实，造成建设施工安全重大危险源客观存在。根据有关资料反映，建设施工安全事故发生率占全国工伤事故的第二、三位。特别是在人口居住活动密集的市区施工，一旦发生坍(倒)塌、火灾、爆炸等事故，其涉及往往不仅是施工场所，也包括周围已有建筑、城市运营生命线设施(如供水、电力、燃气、通信等)的使用安全和居民人身安全等重大公共公众利益；危害极大，乃至影响城市社会稳定。根据国务院《建设工程安全生产管理条例》相关规定和参照《危险化学品重大危险源辨识》(GB 18218—2009)的有关标准，进行施工安全重大危险源的辨识，这是加强施工安全生产管理，预防重大事故发生的基础性的、迫在眉睫的工作。

7.3.5 建筑工程施工安全重大危险源

重大危险源是指可能造成重大以上事故的危险源，建筑工程施工的重大危险源也可以根据企业的安全管理水平、安全理念及危险可接受程度，确定某个施工场地的重大危险源，从而集中力量进行重点评价和防治。建筑施工中可能发生的重大以上事故类型主要有火灾、爆炸、坍塌等。

1) 施工安全重大危险源的主要类型及成因

城市建设施工安全重大危险源初步可分为施工场所重大危险源、施工场所及周围地段重大危险源两类。当意外危害发生后，一般会造成人员伤亡或重大财产损失。

(1) 施工场所重大危险源。局限于存在施工过程现场的活动；主要与施工分部、分项(工序)工程，施工装置(设施、机械)及物质有关。对于城市建设施工安全管理组织来说，一个施工项目是一个重大危险源；对企业项目安全管理来说，一个施工项目过程包含若干个危险源。

存在于分部、分项(工序)工程施工，施工装置运行过程和物质的重大危险源包括：脚手架(包括落地架、悬挑架、爬架等)、模板和支撑、起重塔吊、物料提升机、施工电梯安装与运行，人工挖孔桩(井)、基坑(槽)施工，局部结构工程或临时建筑(工棚、围墙等)失稳，造成坍塌、倒塌意外；高度大于 2 m 的作业面(包括高空、洞口、临边作业)，因安全防护设施不符合或无防护设施、人员未配系防护绳(带)等造成人员踏空、滑倒、失稳等意外；焊接、金属切割、冲击钻孔(凿岩)等施工及各种施工电气设备的安全保护(如漏电、绝缘、接地保护、一机一闸)不符合，造成人员触电、局部火灾等意外；工程材料、构件及设备的堆放与搬(吊)运等发生高空坠落、堆放散落、撞击人员等意外；工程拆除、人工挖孔(井)、浅岩基及隧道凿进等爆破，因误操作、防护不足等发生人员伤亡、建筑及设施损坏等意外。

人工挖孔桩(井)、隧道凿进、室内涂料(油漆)及粘贴等因通风排气不畅造成人员窒息或气体中毒的重大危险源。施工用易燃易爆化学物品临时存放或使用不符合、防护不到位，造成火灾或人员中毒意外；工地饮食因卫生不符合，造成集体中毒或疾病。

(2) 施工场所及周围地段重大危险源。存在于施工过程现场并可能危害周围社区的活动，主要与工程项目所在社区地址、工程类型、工序、施工装置及物质有关。对于城市建设施工安全管理组织，从可能危害社区的重要角度来看，一个施工项目应当确定为一个重大危险源，进行辨识和监控。

① 邻街或居民聚集、居住区的工程深基坑、隧道、地铁、竖井、大型管沟的施工，因为支护等设施失稳，坍塌，不但造成施工场所破坏，往往引起地面、周边建筑和城市运营重要设施的坍塌、坍陷、爆炸与火灾等意外。

② 基坑开挖、人工挖孔桩等施工降水，造成周围建筑物因地基不均匀沉降而倾斜、开裂，倒塌等意外。

③ 邻街施工高层建筑或高度大于 2 m 的临空(街)作业面，因无安全防护设施或不符合，造成外脚手架、滑模失稳等坠落物体(件)打击人员等意外。

④ 工程拆除、人工挖孔(井)、浅岩基及隧道凿进等爆破，因设计方案、误操作、防护不足等造成施工场所及周围已有建筑及设施损坏、人员伤亡等意外。

⑤ 因堆放易燃材料，遇到生产施工或生活中火源发生火灾。

另外，住房和城乡建设部于 2009 年颁布了《危险性较大的分部分项工程管理办法》。在其附录中明确列出了“危险性较大的分部分项工程”范围，包括：基坑支护、降水工程；土方开挖工程;模板工程及支撑体系;起重吊装及安装拆卸工程;脚手架工程。还列出了“超过一定规模的危险性较大的分部分项工程范围”,包括:深基工程;模板工程及支撑体系;起重吊装及安装拆卸工程;脚手架工程;拆除、爆破工程;其他工程。

2) 施工安全重大危险源的主要危害

对于建筑施工中的固有危险分析,建筑施工风险来源可归纳为:高处作业、地基条件、环境因素、设备条件与成品材料、其他物质等六方面;从城市建设施工安全管理组织来看,应把建筑施工固有风险和工程项目地处城市社区环境相结合,进行城市建设施工安全重大危险源的辨识和登记。建设施工安全重大危险源,可能造成的危害(事故)形式主要有以下类型:坍塌、倒塌、高处坠落、火灾、爆炸等。

3) 施工安全重大危险源防治

(1) 在国家现行法律、法规的框架下,建立和完善建设施工安全地方(城市)政府规章、制度体系,出台配套的和全社会、主要专业门类齐全的实施细则,依法管理安全生产。

(2) 贯彻《安全生产法》,建立“企业负责、国家监察、行业管理、社会监督”的安全生产管理体系;落实建设施工安全责任制,有效开展城市建设施工安全管理。

(3) 应加强和完善施工安全监督机构建设,目前市、区两级建设工程施工安全监督机构设置薄弱、人员配备不足、无专项开办经费。如市工程质安站和区质安站的安全监督经费均从工程质量监督行政事业收费中摊销,这些都反映建设工程施工安全监督队伍开展工作的实际困境。

(4) 制定和完善城市建设安全技术政策:一方面,应加强政府对建设工程施工安全的监管,保证施工设备及安全措施费为不竞价费用、专项费用;另一方面,应不断淘汰落后的技术、工艺,并采用与经济发展水平同步,适度提高工程施工安全设防标准,从而提升建设施工安全技术与管理水平,降低城市建设施工安全风险。例如:根据工程地质条件,在城市街区的工程深基坑开挖、人工挖孔桩降水、隧道凿进的施工技术方案审查应考虑周围和地面已有建筑、设施的安全,不但要考虑支挡和支撑结构安全,还要采用止水帷幕。

(5) 制定和实施现场大型施工机械安装、运行、拆卸和外架工程安装的检验检测制度。

(6) 开展施工安全重大危险源的辨识和项目施工安全风险评价,对可能影响社区安全的施工项目进行城市建设施工安全重大危险源登记。重大危险源登记的主要内容应包括工程名称、危险源类别、地址(地段)、建设开发单位、施工单位及联系人、联系办法、重大危险源可能造成的危害、施工安全主要措施和应急救援预案(工作)。

(7) 采用先进电子监控技术和监测信息系统,实施项目现场施工安全重大危险源及部位监控。

(8) 建立城市建设施工安全(政府的)和项目施工安全(企业的)联动应急救援预案和运行机制。

(9) 制定和实施对项目施工安全承诺和现场安全管理绩效考评(评价)制度,促使企业建立和完善施工安全长效机制。

7.4 交通运输行业危险源辨识与防治

交通运输是研究铁路、公路、水路及航空运输基础设施的布局及修建、载运工具运用工程、交通信息工程及控制、交通运输经营和管理的工程领域。现代化的交通运输方式主要有公路运输、铁路运输、水路运输、航空运输和管道运输。

五种运输方式的特点分别为：公路适合少量货物的短途运输，短途客运，容易死亡、变质的活物、鲜货的短途运输；空运适合贵重、急需数量不大的货物，大城市和国际的快速客运、报刊、邮件运输等；铁路适合大宗、笨重的中远程运输，要求准时到过的远程客货运输，容易死亡、变质的活物、鲜货的中远程运输；水运适合大宗、笨重、远程、不急需的货物；管道适合大宗流体货物运输。

7.4.1 主要危害

7.4.1.1 公路运输主要危害

1）机动车尾气污染危害

随着社会经济的快速发展，汽车生产量和保有量急剧增加。据公安部交管局调查显示，截至2010年10月，我国机动车保有量已达1.99亿辆，其中汽车8 500多万辆，每年新增机动车2 000多万辆；机动车驾驶人达2.05亿人，其中汽车驾驶人1.44亿人，每年新增驾驶人2 200多万人。汽车工业的快速发展极大地推动了经济的增长，方便了人们的生活。但同时，汽车及汽车行业所带来的环境问题也引起人们越来越多的关注，特别是汽车在运行过程中产生的污染物排放由于对环境和人体健康危害巨大更是被称为头号“汽车公害”。

机动车尾气排放的化合物主要包括：CO、HC、NO_x、SO_2、Pb和固体颗粒物等，其中CO、HC和NO_x是主要的污染物，分担率分别达到71.8%、72.9%和33.8%，固体颗粒物贡献率也接近大气总量的10%。

机动车所产生的大气污染物最高浓度靠近人体呼吸带，长期呼吸这种被污染的空气会对人体健康造成严重危害。

（1）一氧化碳：一氧化碳易于与血红蛋白亲和形成碳氧血红蛋白，削弱了血红蛋白向人体组织输送氧的能力，会导致神经中枢受阻，严重者甚至引起死亡。

（2）碳氢化合物：碳氢化合物成分复杂，含有多种烃类，可以引起头痛、呕吐、失眠、贫血、白血病等症状；苯并芘等系列物质是强致癌物，大气中苯并芘的浓度每增加百万分之一（1 ppm）肺癌发生率就会上升5%。

（3）氮氧化合物：氮氧化合物刺激人眼，容易引起角膜炎等疾病，二氧化氮被吸入肺部严重时可引起肺炎和肺气肿。

（4）颗粒物：颗粒物能黏附二氧化硫及苯芘有毒物质，对人体呼吸道极为有害。德国GSF环境与健康研究中心的科研人员发现，细小颗粒会影响心脏的搏动，可能造成心肌梗死。

（5）二次污染：机动车排出的污染物还可以在阳光紫外线照射下相互作用生成光二次污染物——化学烟雾，其对眼睛和呼吸道具有强烈的刺激性；光化学烟雾还可使橡胶开裂；二次污染物臭氧、过氧乙酯基硝酸酯可使植物叶片出现坏死病斑和枯斑，乙烯可影响植物开花结果；许多影响还可以扩展到大气层中很远的距离并存在很长时间。

2）交通事故危害

道路交通事故是指车辆在道路上因过错或者意外造成人身伤亡或者财产损失的事件，泛指是以公路为主的交通事故。它是一种世界性的公害，给家庭、集体和国家都会带来巨大的损失，已成为世界性的严重社会问题。预计到2020年，交通事故将成为继心血管病和精神压力症之后造成人类非正常死亡的第三大直接原因。

公安部统计数据显示，2012年全年，全国共查处不按交通信号灯指示通行交通违法行为2 649万起，平均每天7万多起。全国接报涉及人员伤亡的路口交通事故4.6万起，造成1.1万人死亡、5万人受伤，分别上升17.7%、16.5%和12.3%。其中，因路口违反交通信号灯导致的事故起数上升17.9%。全国私家车导致的事故起数、死亡人数上升5.5%和6.5%，分别占机动车肇事总数的68.7%和58.8%，比2011年分别上升6.4和6.2个百分点。驾龄不满1年的驾驶人交通肇事导致事故起数、死亡人数同比分别上升22.6%和25.7%，死亡人数占机动车驾驶人肇事总数的15.4%，比2011年高出3.7个百分点。特别是在超速行驶、酒后驾驶、违法会车、违法占道行驶等违法导致的事故中，驾龄不满1年的驾驶人肇事明显居高。

任何事故的发生都有其原因，系统安全理论认为，危险源的存在是事故发生的根本原因，防止道路交通事故就是消除、控制道路交通系统中的危险源。驾驶员只有了解危险源的知识，掌握行车中危险源的辨识方法，才能在行车中有效辨识危险源，提前防范行车风险，从而更有效地避免道路交通事故。

高速行驶的汽车是道路交通的主要危险源。发生道路交通事故，会造成人员伤害、财产损失或者环境破坏，造成这些不良后果的根本原因，主要是高速行驶的汽车具有较大的动能，遇到阻隔，能量意外释放，具有较大的破坏力。高速行驶的汽车是危险源。人类自从发明汽车以来，采取各种技术手段改善对车辆的控制，提高安全性，制定严格的道路交通安全法规，建设高等级的道路和高标准的道路交通安全设施等，避免车辆交叉，减少事故。然而，死伤事故的发生一直没有停歇。导致事故的主要原因在于，驾驶员操作不当，车辆的转向、制动灯控制装置失效等，使得高速行驶的汽车意外释放能量造成伤害。转向、制动等汽车控制装置的失效及驾驶员的操作失误也是危险源。总之，可能导致伤害或疾病、财产损失、工作环境破坏或这些情况组合的根源或状态即是危险源。

根据危险源在事故发生中所起的作用不同，可将危险源划分为根源危险源（又称为第一类危险源）和状态危险源（又称为第二类危险源）。高速行驶的汽车是导致伤害的根本，是根源危险源；转向失控、制动失效、驾驶员操作不当，造成汽车失去控制，成为导致事故发生的诱发因素，属于状态危险源。道路交通系统的危险源，除了行驶的汽车，极端自然灾害，如泥石流、地震等根源危险源外，更多的是状态危险源。道路交通系统的状态危险源可能是一个汽车机械、电路故障，如轮胎爆炸，可能是驾驶员的疲劳驾驶导致短时间瞌睡，可能是冰雪路面，可能是一次交通事故的占道车辆，可能是不遵守交通规则闯红灯的电动自行车，也可能是过马路猛跑的行人。这些状态危险源都会导致行驶的汽车失去控制或躲避不及，对他人和自身造成伤害。根源危险源是客观存在的，防范事故的重点是控制状态危险源。驾驶员要控制不安全行为，时时注意道路异常情况，排除车辆（包括车辆所装货物）不安全状态和环境不良因素对安全驾驶的影响。

交通事故是在特定的交通环境影响下，由于人、车、路、环境诸要素配合失调偶然发生的。道路交通的安全取决于交通过程中人、车、路、环境之间是否保持协调，分析交通事故成因最主要的是分析人、车、路、环境对交通事故形成的影响。道路交通事故成因分析如下：

(1) 人的因素

人是影响交通安全最活跃的因素。在人—车—路—交通环境构成的体系中，车辆由人驾驶，道路由人使用，交通环境要有人的管理。人的因素是造成交通事故的主要原因，由此造成的交通事故约占总事故的95%，驾驶员的违章操作和失误是引发交通事故的主要原因。另外，非机动车骑乘人员和行人缺乏交通安全意识，自我防范意识差，无视交通规则，如横穿公路、与机动车辆抢行、翻越护栏等现象时有发生，人的安全防范意识在道路交通事故中起着决定性作用。

(2) 车辆因素

车辆是现代道路交通的主要运行工具，车辆技术性能的好坏，是影响道路交通安全的重要因素。因为带病行驶、车辆制动失灵、制动不良、机件失灵、灯光失效和车辆装载超高、超宽、超载、货物绑扎不牢固所致的事故不在少数。另外，由于车辆在行驶过程中，各种机件承受的反复交变载荷，当超过一定数量后也会突然发生疲劳而酿成交通事故。

(3) 道路因素

道路本身的技术等级、设施条件及交通环境作为构成道路交通的基本要素，它们对交通安全的影响不容忽视。由于我国低等级公路还比较多，道路狭窄或破损，大部分道路没设中央分隔带和路边两侧护栏，警告、限制等标志数量不足、标志不清不规范、符号模糊难以辨认等，这些都从客观上增加了道路交通伤亡事故的发生率。从道路的设计与施工来看，道路的线形设计和线形组合设计对交通安全的影响非常大。常有的设计缺陷包括：直线路段过长，驾驶员因沿途景观单调，产生驾驶疲劳；弯道和凸形竖曲线半径过小，驾驶员的行车视距变小，视盲区增大；道路坡度(纵坡)大；用短直线连接两个同向曲线；道路路面的附着数过低等。道路施工质量的好坏，对安全行车也有密切关系，如施工时路基压实度不足，会造成路基的不均匀沉降，从而破坏路面，影响交通安全。

(4) 环境因素

交通环境主要是指交通量、混合交通程度与行车速度、交通信息传送、天气状况、道路安全设施、噪声污染以及道路交通参与者之间的相互影响等。驾驶员行车的工作状况不仅受车辆、道路条件的影响，还受到道路交通环境的影响。交通量的大小，直接影响着驾驶员的心理紧张程度，也影响着交通事故率的高低。随着交通量的不断增加，交通条件逐渐成为影响安全行车的主要因素，由于车辆的相互干扰、互成障碍，超车不当，避让不及，常导致交通肇事。我国的混合交通和交通混杂程度严重是交通事故率高的重要原因之一。

3) 公路运输噪声污染危害

公路运输噪声分为机械噪声和非机械噪声。公路运输噪声具有随机性、无规律性，为非稳定态源、无组织不连续排放，是对公路沿线影响最直接的环境污染之一，制约因素包括公路等级、路面状况、交通量及交通组成等。施工阶段噪声是指土石方爆破开挖、施工机械作业等过程中产生的噪声及环境振动。营运期交通噪声是指在公路上营运车辆在运行过程中产生的噪声及环境振动。无论是在施工期间，还是在营运期间，公路运输噪声都是一个很敏感的问题。施工噪声随着道路的竣工而消失，而营运期噪声是长期存在的。

公路运输噪声干扰人们的正常生活和休息，严重时甚至影响人们的身体健康，如引起心血管疾病、内分泌疾病等。噪声可使人的学习和工作效率降低、产品质量下降，在特定条件下甚至成为社会不稳定的因素之一。另外，公路运输噪声还会影响到公路沿线的经济发展。

7.4.1.2 铁路运输的主要危害

1) 铁路运输交通事故危害

铁路运输安全即在铁路运输生产过程中，能将人或物的损失控制在可接受水平的状态，亦即人或物遭受损失的可能性是可以接受的。若这种可能性超出了可接受范围，即为不安全。

处在高速运动状态的列车，一旦发生设备异常或人的操作失误，可供纠正和避免事故的时间很短暂，可供选择的应急方式也很有限。另外，铁路线路、机车车辆等硬设备的成本很高，列车对旅客和货物承载量很大，事故不仅造成巨大的财产损失、人员伤亡和环境破坏，而且由于运输中断将波及路网，打乱运输秩序，影响社会生产和运输的全局。更重要的是，铁路对其运输对象——旅客和货物没有所有权和支配权，而只提供必要的运输服务，因此事故损失涉及广泛的社会因素，会极大地损害铁路的形象，甚至政府的威信，其社会影响的严重性难以估量。

铁路运输事故主要包括行车事故、客运事故和货运事故。凡在行车工作中，因违反规章制度、违反劳动纪律或技术设备不良及其他原因造成人员伤亡、设备损坏，影响行车或危及行车安全的，均构成行车事故(如冲突、脱轨、火灾或爆炸)。若按事故的性质、损失及对行车造成的不同影响，可将行车事故分为重大事故、大事故、险性事故和一般事故。客运事故包括旅客伤亡事故和行李被盗、丢失、破损、票货分离或票货不符、误交付和其他 7 种，并按损失程度，分为重大事故、大事故和一般事故。货物在铁路运输过程中，发生灭失、短少、变质、污染、损坏以及严重的差错，在铁路内部均属于货运事故。货运事故分为火灾、被盗、丢失、损坏、变质、污染及其他，并按照损失程度，分为重大事故、大事故和一般事故。

2) 铁路运输噪声危害

在铁路运输给我们带来诸多便利的同时，其对环境的影响也是人们必须面对的问题。其中，振动和噪声干扰对社会影响最大。噪声主要来源于钢轨与车轮的转动声(轮轨噪声)；车体的空气阻力声(空气声)；建筑物噪声及受电装置的受电系统声(集电系噪声)。

轮轨噪声是钢轨和车轮振动发出的噪声，是铁路运输的主要噪声源，轮轨噪声的产生来源于 3 个方面：

(1) 由于钢轨顶面或车轮踏面的不均匀磨耗及线路不平顺产生的噪声。

(2) 钢轨接头、扣件不密接或部分轨枕失效引起的冲击噪声。

(3) 车轮通过小半径曲线时，由于挤压外轨产生的摩擦及车轮在钢轨上滑动而产生的噪声。

列车运行中所受阻力包括机械阻力和空气阻力，列车低速运行时，机械阻力是主要的，运行速度达到 100 km/h，空气阻力与机械阻力大致相同，当速度达 200 km/h，空气阻力占基本阻力的 70%，当运行速度提高，空气阻力所占比例更大。

建筑物噪声主要是由于车轮与钢轨之间的振动，经由钢轨传向建筑物而产生的第二次振动声，它主要来源于桥梁的二次振动。

凡由机车受电弓引发的声音，统称集电系统噪声，集电系统噪声包括：伴随受电弓沿接触导线的滑动而引发的机械振动声；由于受电弓脱弓时产生的电弧声以及整个受电弓发出的风切音。其中，电弧噪声最大，有时瞬时可 100 dB。

7.4.1.3 航空运输主要危害

1) 航空事故

航空事故又称为空难，是指飞机等在飞行中发生故障、遭遇自然灾害或其他意外事故所造成的灾难，即由于不可抗拒的原因或人为因素造成的飞机失事，并由此带来灾难性的人员伤亡和财产损失。

全世界每年死于空难的约 1 000 人，而死于道路交通事故的达 70 万人。从这个意义上讲，乘飞机也许是最安全的交通方式。然而，一旦发生飞机失事，幸存者却寥寥无几。飞机起飞后的 6 分钟和着陆的 7 分钟内最容易发生意外事故，国际上称为“可怕的 13 分钟”。据航空医学家统计，在我国有65%的事故发生在这13分钟内。因此，乘坐飞机时应按要求在起飞前就要系好安全带。空中常见的紧急情况有密封增压舱突然低落、失火或机械故障等。一般机长和乘务长会简明地向乘客宣布紧急迫降的决定，并指导乘客应采取应急处理。

空难产生的主要原因有：

(1) 经验不足，操作及判断失误等原因，导致飞行事故的发生。某些生产人员对工作中的安全措施其实是非常熟悉的，知道如何完成工作任务，也知道安全注意事项，却忽视了自己在工作中的安全，发生事故后分析才知道问题出在哪里。

(2) 天气因素。恶劣天气情况下，如雷雨、冰雹等，可能会引起飞机机械或通信导航问题。

(3) 飞行性能因素。飞行性能因素主要是指飞机的部件质量出现问题而影响飞行安全。

(4) 空中交通管制人员的指挥失误和机务维修人员的维修工作失误，也是飞行事故的主要因素之一。

(5) 政治因素和其他因素。如恐怖主义分子袭击、蓄意破坏和暴力行为以及鸟撞等，对航空运输飞行安全都构成严重的威胁。虽然有一些因素并不能直接导致飞行事故，但有可能产生安全隐患。当隐患发展到一定程度时，就可能引起质的变化，导致飞行事故的发生，因此决不能掉以轻心，一个小的失误，后果将不堪设想。

2) 飞机噪声

飞机噪声是指飞机飞行时存在的各种噪声源的声辐射总和。飞机的噪声源主要为动力装置噪声和空气动力噪声(机体噪声)。飞机噪声危害严重，涉及对舱内和舱外的影响，关系到飞机与生态、飞机与人类、人与自然以及航空与社会的许多方面，治理噪声刻不容缓。

飞机舱内噪声对人的影响，轻者影响邻座间的谈话与语言交流，重者影响乘客情绪，增加烦躁、不安，关系身心愉快与旅途舒适，严重时危害健康。飞机噪声引起心身疾病的概率相当大，且治疗较困难，需要较长的调养恢复期，给人的日常生活和工作带来很大的麻烦。飞机噪声对人体的直接危害会破坏人体神经，使血管产生痉挛，加速毛细胞的新陈代谢，从而加快衰老期的到来。

飞机舱外噪声直接影响到大环境，涉及对航线沿线的影响，对机场周边的影响，尤其在起飞和降落时影响最大，严重时会成为公害。

飞机噪声对生物界也有危害。众所周知，飞机噪声使南极企鹅等海鸟的心跳加快早已成定论。例如，飞机噪声会影响机场周围鸡、牛的情绪导致养鸡场的产蛋量下降、奶牛场的产乳量下降。

7.4.1.4 水路运输的主要危害

水运的主要危害为水上事故。水上事故是指在海洋开发、航运、水上水下施工及水产养殖、捕捞等海上活动中，由于航海者或海洋开发工作人员的疏忽及某些不可抗力造成的意外损失或灾祸。水运交通事故不仅会造成船只的损伤和人员的重大伤亡，而且会给水上环境造成严重污染。水上事故可分为：碰撞或触碰、风灾、触礁或搁浅、自沉、冰损、火灾或爆炸事故等，其中碰撞或触碰、风灾和触礁或搁浅事故所占比例比较大。

水运事故的有害因素和隐患：

1) 外界条件

视距降低。由于气象条件的影响，如雾、雨、雪和夜间引起的视距降低，目测距离的受限，导致船舶发生事故的概率增大。

气象恶劣给船舶带来不可抗拒的自然灾害。热带飓风、台风，中纬气旋和寒潮带来的强风、风浪，均给船舶海上航行造成不可抗拒的自然灾害。

海上礁石、浅滩及水中障碍物必给船舶航行带来影响。近年来，在我国青岛中沙多次发生搁浅事故，但在加设了航标后，事故已大为减少。

航路的自然条件和交通密度的影响。这主要指狭窄航道和交通密集水域，其航道宽度、弯曲度、深度、危险物的分布、航路标志的设置，船舶活动的密度和频度，船舶遭遇态势(对遇、横交和追越)和概率等因素，均增加了船舶导航的难度。船舶的碰撞事故与这些因素有着很重要的关系。

海上灯塔、航路标志出故障、海上航行资料失效。这主要指海上灯塔、浮标、岸标等助航设施出故障，如电源中断及遭破坏等，均可导致船舶误航概率增大。

2) 技术(人—机控制)故障

船舶的动力装置、电力系统技术故障。由于船体强度减弱或船体、机械有严重缺陷，造成船舶航行事故。

操舵及螺旋桨遥控装置失控。由于船桥遥控的舵机和主机系统故障，使得船桥对车、舵的操纵失去控制，导致船舶事故发生。

惰性气体系统故障。主要对油轮而言，在装卸原油或清洗油舱过程中，惰性气体系统对降低原油防爆上限温度及防止油料的爆炸起着重要作用。实践证明，90%以上的油轮爆炸事故是由于未装或因该系统出故障而发生的。

导航设备故障。因导航设备本身性能不稳定，出现了技术故障，使其失去了导航性能(指向、定位和计程)应有的作用，使航线、船位的准确度和可靠性受到影响。

通信设备故障。因船舶通信设备本身的性能不稳定，出现了技术故障，使船、岸或船与船之间的通信中断，彼此情况不能及时沟通，在港区或不良视距条件下，易造成船舶之间发生碰撞事故。

3) 不良的航行条件

船桥人员配备不齐全、组织混乱。船上值班人员擅离职守，航海驾驶人员工作不认真不严肃，缺乏应有的工作责任心，无视安全航行规章。船长过分依赖引水员，对其错误行动未能及时纠正等。

人员理论知识和实践经验贫乏。船员航海知识浅薄，技术素质低劣以及海上经验不足，均是导致海损事故发生的因素。对多起海事原因的分析表明，约有 2/3 以上的海事是由人为因素造成的，说明船员条件是水运安全的直接重要因素。

航海图、资料失效。航海图及资料是保证航行安全的基本工具之一。航海图资料的及时性和完整性是航行安全的起码保证。在使用过程中，未能及时按航行通告、警告修正航海图和航海资料，使这些资料陈旧，降低了其实用价值，会给航行带来不可估量的损失。

船桥指挥部位工作条件的影响。船桥指挥部位工作条件的优劣，可直接或间接地影响驾驶人员的操作。船桥视野的受限，影响了船上对外界的观察瞭望；内部通信的不畅通可阻碍航行指令及时下达；光线、通风的不充分，都可使船员疲劳和不适。

4) 导航的失误

航行计划不符合“安全”和“经济”的原则。“安全”和“经济”是计划航线的主要原则，两者不能有所偏废。船在启航前，由于对航区海情了解不够、思考不周，忽略了障碍航行的不利因素，制订了不周密的航行计划，进而导致船舶的海事。如在航线设计过程中，片面地为了达到“经济”效益，而将航线设计的距离危险物较近；在转向点处没有设置可供测定船位的物标；没有考虑特殊海区风流对航行的影响；对船上的导航仪表误差估计不足等，都是形成航线设计错误的重要因素。

5）其他

由于国际形势的不断变化，一些国家海盗犯罪分子活动日益猖獗，海盗袭击也是造成的船只损伤和人员伤亡因素之一。

7.4.1.5 管道运输主要危害

1）泄漏危害

泄漏是影响油气管道安全的主要因素。管道的腐蚀穿孔、突发性的自然灾害（如地震、滑坡、河流冲刷）以及人为破坏等都会造成管道泄漏，乃至破裂，威胁到管道的安全运行。

除了设备本身的问题，腐蚀是油气管道发生的最大危害因素。油气管道遭受腐蚀后，会给油气田造成巨大的经济损失，甚至导致灾难性事故和环境污染。

（1）管道的腐蚀

管道腐蚀中由于土壤之间的透气性差异引起的腐蚀的例子比较多见。管道的腐蚀会造成管道很多地方壁厚变薄，导致管道的变形和破裂，甚至可能穿孔发生泄漏事故。若管道外防腐层在运输、施工中被破坏，而未进行及时修补或不能满足防腐需要，管道阴极保护系统失效，管道敷设于强腐蚀土壤中，也容易导致泄漏事故的发生。

天然气中含有的砂、铁锈等尘粒、机械杂质随气流流动，可以磨损管道造成破坏；若水露点不合格或试压后清管干燥不彻底，管内存水会产生内腐蚀，腐蚀严重会造成管道破坏，引发事故。

长距离输送管道埋在地下，受到土壤及其他因素影响，可能会产生化学腐蚀等因素。海底管道由于长距离及海底管道所处环境的特点，腐蚀是海底管道中非常重要的危害因素。

（2）管道材料缺陷或焊接缺陷

管材缺陷可导致管道强度达不到要求而出现裂缝或断裂现象，管材强度和性能的降低，使之难以遏制裂纹的扩展，造成巨大损失；管道接头焊接质量差或未焊透等原因造成管道强度不够，不能维持安全运行要求，从而发生泄漏事故。

（3）人为引起的危害

据统计，我国的管道运输事故发生了多起，有将近两成的事故是由于违规操作引起的，人为造成的泄漏事故排在整个管道运输事故的第三位。

人为引起的危害包括：误操作：由于作业人员的误操作问题；违章指挥：管道运输中，指挥调度人员指挥失误也可能引起事故的发生；紧急情形下作业失误：作业人员由于安全知识掌握不够，技术不熟练等情况下，容易造成发生紧急情况时误操作。

（4）盗油现象时有发生

由于石油工业生产本身特点及区域偏远的特点，致使盗油活动非常多。随着社会发展及石油价格攀升，越来越多的不法分子加入到盗油活动中，很多都已经发展成为团伙作案。不法分子打孔盗油造成油品的泄漏，不仅使管道及其防腐系统遭受到极大的破坏，而且污染环境，尤其现在很多盗油团伙已经延伸到海上作案，对海域环境产生极大的影响。

（5）地质灾害（山洪、泥石流、地震等）

尤其地震对现役管道造成的突然袭击，加上现役管道常年工作，由各种作用造成缺陷和损伤，就可能使管道无力支撑这些突如其来的打击，而告失效。

2）火灾危害

在正常情况下天然气是在密闭系统中输送的，一旦系统发生故障导致密闭输送的天然气发生泄漏，天然气与空气混合形成爆炸性气体，达到爆炸极限或遇点火源就会发生火灾爆炸事故。

石油在运输的过程中，原油各种成分之间、原油与管道及设备的摩擦将会产生静电负荷，如果储运管道未接地，管道容易聚集静电荷而产生静电电位导致火花放电，引起火灾。

7.4.2 防治措施

7.4.2.1 公路运输危害的防治措施

1）机动车尾气污染防治措施

目前，世界各国都陆续采取了多种对策、措施和方法来控制和减少机动车排放污染。我国汽车排放法规的建立与实施起步较晚，自 1994 年 5 月起，我国才开始实施汽车排放限值法规。在充分借鉴欧洲、美国和日本三大排放法规体系的经验后，我国在全面等效采用欧盟(EU)指令的基础上形成了中国排放法规体系轻型汽车排放标准发展历程，见表 7-14。

表 7-14　　中国轻型汽车排放标准发展历程

发展进程	排放标准	中国实施日期	欧洲实施时间	相差年份
国 1(欧Ⅰ)	GB 183521－2001	2001 年 4 月	1992 年	9 年
国 2(欧Ⅱ)	GB 183522－2001	2004 年前后	1996 年	8 年
国 3(欧Ⅲ)	GB 183523－2005	2007 年	2000 年	7 年
国 4(欧Ⅳ)	GB 183523－2005	2013 年 7 月	2005 年	8 年

机动车污染物排放控制是一项庞大而复杂的系统工程，它与机动车的设计、制造、使用、维修、燃油品质等直接相关，同时也与城市的道路建设、路网状况、运输组织、城市交通管理以及财税政策等紧密相连。

针对我国机动车污染物控制现状，可以从以下几个方面采取措施进行综合控制：

（1）从源头治理，加大对汽车生产企业的监控

加强源头控制，提高新车质量是解决机动车排放污染最有效的措施之一。新车的定型、生产质量和排放污染物的标准、出厂、销售等关键环节的监督管理，直接关系到新车出厂后对大气环境的影响程度。因此，首先必须从源头抓起，对机动车生产严格执行国家的排放标准。对生产企业的监控不仅体现在对新生产汽车的类型认证、生产一致性管理方面，还应加强对售出车辆的环保召回管理。

（2）倡导绿色交通，实施有效的交通控制与管理

绿色交通是基于低碳运输的内涵，发展多元化的都市交通工具，以减低交通拥挤、降低污染、促进社会公平、节省费用的交通运输系统。绿色交通工具的优先排级依次为步行、自行车、公共交通、共乘车，最末为单人驾驶的自用车。

此外，还应对城市交通进行先进有效的控制与管理。目前，国际上所使用的有助于控制汽车排放污染的交通管理手段主要有：限速；限制最长怠速时间；扩大公共运输；大力推行智能交通系统。

（3）改善车用油品质量

车用燃油品质的好坏，会对机动车排放污染产生直接影响，因此加强对车用燃油品质的管理就成为控制机动车排放污染的重要环节。汽油中的硫会使催化转化器的催化活性和转化效率降低，从而影响排放净化效果。需要改善车用燃油质量，调整汽油、柴油标准中硫含量指标，实现车用燃油低硫化。

(4) 加强在用车辆的管理

机动车污染物排放量与其使用时间(或行驶里程)有很大的关系，随着机动车使用时间的增加，发动机工作状况越来越差，排放逐渐恶化。因此，应该加强对在用车辆尾气排放的监管：一是严格机动车报废制度，车辆达到报废条件的即禁止其继续运行；二是对于排放超标的机动车经反复维修仍不能达到排放标准的应强制报废；三是引入在用车辆的检测与维护制度，加强管理，严格控制在用车辆的排放水平。

(5) 改善道路交通状况，完善道路交通管理系统

据统计，车辆行驶速度在 25 km/h 以下时的排污是速度在 50 km/h 时的 2 倍。采取科学的交通管理，针对交通路网规划、交通管理体系、城市发展战略等涉及汽车运行状况的因素采取有效的改进办法，解决公路交通运输拥堵问题，为汽车使用创造良好的外部环境，减少交通污染。

(6) 利用减少汽车污染的激励政策以及其他经济手段

引导汽车制造企业和消费者共同控制汽车污染，采取措施完善的环保管理体制，加大宣传力度，增强公民的环保意识。

2) 道路交通事故防治措施

要控制危险源必须首先辨识危险源，也就是找出运输活动中存在哪些根源危险源和状态危险源。辨识危险源包含两个过程：识别、确定特性。识别危险源是为了确定系统中存在哪些危险因素；确定危险源特性是为了根据其性质采取相对应的控制措施，也使根源危险源得到有效控制，处于相对安全的状态，同时消除状态危险源。道路运输过程中存在多种多样的危险源，这些危险源中，有的可能直接导致事故发生，如车辆故障等；有的可能是事故发生的深层次原因或根本原因，如企业管理不完善等。无论哪种危险源，只要存在，就会为事故发生埋下隐患。

(1) 完善道路安全设施，不断改善道路通行条件

道路的不安全因素主要包括典型道路的不安全因素、特殊道路的不安全因素及路面通行条件不良。高速公路行车速度高，山区道路弯多、坡长等特点，会影响行车安全。交叉路口、隧道、桥梁、城乡接合部及临时修建道路等特殊路段的外观、构造及特征与一般路段有很大差异，车辆经过时容易出现事故，驾驶员必须提高警惕。在施工路面、障碍路面、涉水路面及冰雪路面等道路上行驶，危险性较高。

当道路运输硬件设施条件达到一定水平的时候，道路运输的软环境建设——辅助运输服务设施和交通安全工程设施，安全标志和安全保障等体系建设应引起高度重视，并进行专项配套建设。应做好交通标志、标线、交通信号及可变信息牌的设置工作，在雨、雾、雪天等灾害气候条件下应制订交通管预案，合理控制交通流量，疏导好车辆通行；在城市道路，应实现人车分流，进行合理的交通渠化，科学地控制道路的进、出口；在交通量超过道路通行能力的路段，可以通过限制交通流量的方法来保证交通安全，同时路段的管理者在流量调整阶段，向车辆发布分流信息，提供最佳绕行路线。

(2) 加强车辆维护，提高汽车的安全性能

道路运输过程中，车辆、行李物品及货物也是不安全因素，主要表现在车辆本身特点引发的行车不安全因素，车辆结构、技术状况的不安全状态及车内物品、车载货物存在的危险。提高运输车辆安全技术性能，保障运输安全，进一步完善和健全车辆技术保障体系，强化车辆技术性能的检测和监督。坚持营运车辆定期维护、检测制度，确保运输车辆技术状态完好，杜绝车辆带病行驶。严禁车辆非法改装，逐步完善有关机动车辆的核载标定及改装的规范、标准，规范车辆核载的标定及车辆改装行为。

(3) 以人为本，改变公路设计理念

学习借鉴国外道路安全审计制度，将道路安全因素贯穿于道路设计、建设和管理中。在公路设计评审时，应强调公路人性化设计，考虑上路行驶的驾驶人员的感受，体现以人为本的设计理念。总结和避免公路设计造成交通安全事故的隐患，为交通安全营造良性环境。

(4) 提高道路交通安全管理的科技水平

加强宏观调控，优化交通结构，全面提高交通安全管理技术水平，提高交通管理信息化服务水平，向科技要道路资源、向科技要路面警力。

(5) 加强监管力度，减少道路交通人的不安全行为

道路运输过程中，驾驶过程中违规驾驶、错误操作、注意力分散及其他交通参与者的不安全行为等这类与人有关的危险源统一称为道路运输过程中人的不安全行为。驾驶员性格、心理缺陷，如易激动、急躁、懒惰、侥幸心理、自负、自卑、马虎大意等，这些因素容易使驾驶员出现危险的驾驶行为，酿成事故。驾驶员许多违规驾驶、操作错误、注意力分散等不安全行为都与其本身的个性缺陷有着或多或少的联系。其他交通参与者的不安全行为同样是引发事故的重要危险源。因此，要建立严格的营运驾驶员管理制度。对驾驶员的交通安全教育应常抓不懈且注重实效，坚决杜绝驾驶员超速行驶、占道行驶、无证驾驶、酒后驾驶和疲劳驾驶。严格驾驶准入审查制度，严格考核纪律，限制有犯罪前科和交通事故记录人员再次进入驾驶和道路运输经营行列。

(6) 注意夜间、特殊天气及自然灾害的不安全因素

夜间、特殊天气及自然灾害等特殊环境改变了车辆的正常行车环境，危险性很高，易引发事故。驾驶员要充分了解这些危险源的特点及风险。

① 夜间的不安全因素。道路运输行业每年的重特大道路交通事故中，有30%～50%都发生在夜间。驾驶员必须认识到夜间驾驶环境的特殊性，提高警惕，防止危险发生。

② 特殊天气的不安全因素。特殊天气主要包括雨雪天气、大雾天气和高温天气等，特殊天气常常给安全行车带来很大的威胁。据统计，2010年道路运输行业在雨、雪、雾等恶劣天气条件下发生的交通事故占总数的10%左右。在特殊天气行车，驾驶员应充分了解特殊天气的特点及其存在的风险。

③ 自然灾害的不安全因素。我国幅员辽阔，自然灾害频发，驾驶员需要了解自然灾害的特点及可能对道路交通造成的影响，正确应对自然灾害。

(7) 加强道路交通安全教育，优化道路交通安全环境

加大交通安全执法力度，提高管理的有效性，理顺道路交通管理体制，由政府组织、各部门协调配合，全面加强对交通参与者的交通法治意识宣传教育，加强对驾驶人员的职业道德教育，提高其遵章守法的自觉性，强化全民道路交通安全教育，规范全民交通行为，提高全民交通道德水平。

3）公路降噪防治措施

近年来，世界上众多国家为降低公路交通噪声采取了诸如应用降噪路面、种植降噪绿化林带、修筑声屏障等措施。

（1）降噪路面

对于中小型汽车，随着行驶速度的提高，轮胎噪声在汽车产生噪声中的比例越来越大，因此修筑降噪路面对于控制交通噪声具有重要的实际意义。所谓降噪路面，也称为多空隙沥青路面，又称为透水（或排水）沥青路面，它是在普通的沥青路面或水泥混凝土路面结构层上铺筑一层具有很高空隙率的沥青混合料，与普通的沥青混凝土路面相比，此种路面可降低交通噪声 3～8 dB。

（2）种植降噪绿化林带

公路两侧树木及绿化植物形成的绿带，能有效降低噪声。选择合适的树种、植株的密度、植被的宽度，可以达到吸纳声波、降低噪声的作用。根据有关研究资料表明，当绿化林带宽度大于 10 m 时，可降低交通噪声 4～5 dB。这是因为投射到植物叶片上的声能 74%被反射到各个方向，26%被叶片的微震所消耗。噪声的降低与林带的宽度、高度、位置、配置方式以及植物种类都有密切关系。

（3）声屏障技术

声屏障降噪主要是通过声屏障材料对声波进行吸收、反射等一系列物理反应来降低噪音，采用声屏障降噪效果可达 10 dB 以上。声屏障按其结构外形可分为直壁式和圆弧式；按降噪方式可分为吸收型、反射型、吸收—反射复合型；按其材质可分为轻质复合材料和圬工材料等。由于声屏障的类型各异，所以在降噪效果、造价、景观方面各有特点。因此，在选用声屏障时，应根据受声点的敏感程度、当地的经济状况、自然环境来合理选择适用的声屏障类型。

7.4.2.2 铁路运输危害的防治措施

1）铁路交通事故的防治措施

铁路运输安全工作的关键是管理。铁路犹如一台大联动机，其运输生产过程是由车、机、工、电、辆等多工种联合的多环节作业过程，涉及设备的数量庞大、种类繁多，设备布局的延续纵深和操作人员岗位独立分散的特点，使各工种和各环节的协同配合都离不开严格有效的管理。此外，虽然人的不安全行为和物的不安全状态往往是造成事故的直接原因，而管理看似间接原因，但追根溯源却是根本的、本质上的原因。

从本质上讲，铁路运输安全保障系统是一个以“管理”为中枢，“人”为核心，“机”为基础，“环境”为条件组成的总体性的以保障铁路运输安全为目的的人—机—环境系统。在这个系统中，“管理”要渗透到每一环节，对促使各个要素结合起来成为一个整体起着中枢性的作用。在系统中，“人”既是“管理”的主体，又是“管理”的对象，“人”在系统中的主导作用不会变，可变的只是管理层次越高，其主导性越强。“机”是安全生产必不可少的物质基础，但这一物质基础的存在还只是一种“可能”的生产力要素，它只是在“管理”要素的作用下，与“人”和“环境”有机结合后，才能成为“现实的”生产力要素。“环境”是对运输安全有重大影响的要素群，其中有的以潜移默化的方式影响安全，有的则以雷霆万钧之势影响安全，有的属于系统难以控制的影响因素，有的则属于系统可控的影响因素，而且环境影响安全可以说是无孔不入，但其影响既可能产生正效应，也可能性产生负效应。对安全而言，系统可以发挥“管理”要素的中介转换功能，即通过改善可控的内部小环境来适应不可近控的外部大环境，以强化其正效应或削弱其负效应，并创造保障铁路运输安全的良好条件。

(1) 人因控制

由于人的因素在各国铁路行车事故中占有很大比重，因此控制人的不安全行为是至关重要的。首先，对人员的结构和素质情况进行分析，找出容易发生事故的人员层次和个人，以及最常见的人的不安全行为。然后，对人的身体、生理、心理进行检查测验的基础上合理选配人员。从研究行为科学出发，加强对人的教育、训练和管理，提高生理、心理素质，增强安全意识，提高安全操作技能，从而在最大限度上减少、消除不安全行为。如进行职业适应性检查，加强职工培训，建立物质和精神的激励机制，积极进行现场教育，提高遵章守纪的自觉性等。

(2) 设备保障

质量良好的设备，既是运输安全的物质基础，又是运输安全的重要保证。保障铁路设备安全质量的思想，贯穿于设备从设计、制造到运用和维修保养的全过程。在设备的设计阶段，就要认真考虑设备的先进性、可靠性、可维修性、易操作性、状态的可监测性以及发生故障时导向安全性等问题；在制造阶段，研究设备的材质、加工和装配工艺及质量控制问题；在使用及维修阶段，研究设备的相互作用如轮轨作用、弓网作用的安全要求，解决设备状态监测、设备维修周期、维修工作组织和维修质量保证等问题。此外，各国铁路对保证运输安全的各种技术装备也都给予高度重视。例如，列车自动控制和超速防护系统、电气集中、自动闭塞、列车调度无线通信、热轴探伤、钢轨探伤、车辆检测、列车火灾报警、道口防护设备等。运输安全技术设备的装备率和技术水平的不断提高，有效地改变了铁路的运输安全状况。

(3) 灾害监测

铁路运输处于全天候的自然环境中，大风、洪水、雪害、塌方滑坡等，无一不对运输安全造成危害。可以通过以下两个方面的措施来减轻和防止灾害造成的损失：一是安装监测和报警系统，在环境变化达到临界状态以前给出报警；二是制定异常气候及灾害发生条件下的安全行车规则。

(4) 法制建设

加强法制，健全有关铁路法律是增强运输安全的主要保证。政府机构可通过法律对交通运输部门的生产和安全监督管理，广大公众和铁路运输员工也可以法律为准绳，约束自己的行为，共同促进运输安全。

(5) 安全监督

建立健全的监督检查机构是保证运输安全的基本环节。为了保证国家有关铁路安全法规的贯彻，许多国家都设有专职的铁路安全监督机构，监督检查铁路企业执行国家有关安全法规的情况，调查处理事故。中国铁路的安全管理职能部门是由铁道部安全监察司、铁路局和铁路分局安全监察室组成的三级机构，专门负责监督检查行车安全，参与制定、修改和维护行车安全法规，调查处理行车事故和路外伤亡事故，调查研究、总结推广安全生产经验和提出安全生产的报告、建议及指导性措施等。

2) 铁路降噪防治措施

铁路噪声污染防治一般采用声源控制、声传播途径控制及受声点防护 3 种方式。声源控制主要有铺设无缝钢轨、封闭线路、控制随机鸣笛等技术措施；声传播途径控制有设置声屏障、种植绿化林带等措施；受声点防护有建筑物隔声防护及敏感点改变功能等措施。

(1) 声源控制

无缝钢轨可降低轮轨噪声，封闭线路、控制随机鸣笛可控制鸣笛噪声影响，主体工程采取的降噪措施可极大地降低铁路噪声对环境的影响。

① 降低轮轨噪声主要在线路、车辆方面采取措施。线路方面：铺设无缝线路和可动心轨道岔，需要时对钢轨进行研磨修补以保持钢轨表面平滑度，线路采用大半径曲线。车辆方面：采用合理的车辆结构，如轻型复合结构，安装空气弹簧转向架以减少震动，安装空转、滑行控制系统，控制车轮空转和打滑，以消除尖叫声。

② 降低空气阻力噪声技术措施主要有：列车头尾流线化减小阻力系数；提高车体表面光洁度，减小表面摩擦系数；优化列车车厢底部、转向架外形，减小底部的空气噪声。

③ 降低建筑物噪声技术措施。从振动声音的大小看，无道碴的明桥面钢桥更突出一些，因此国内外都十分重视桥梁的减振降噪工作，桥梁噪声的治理需从线路和结构工程两个方面入手。

a. 线路。桥上线路须平顺，钢轨接缝要少，保持钢轨表面保持良好工作状态。此外，还可以在钢轨和轨枕下增加弹性防震垫。

b. 结构。桥梁结构要有较高的强度和较大的抗挠抗扭刚度，一般不采用柔性结构，梁部选用混凝土或预应力混凝土等感热迟钝的材料。

若梁部选用钢梁，更要注意做好降噪工作。我国采用道碴桥面的结合梁来克服明桥面噪声大等缺点，即由钢筋混凝土道碴槽板和钢板梁组合成一个整体来工作，利用道碴的减振和吸音作用使行车噪声减弱。

④ 降低集电系统噪声。减少集电系统噪声须改善受电弓的机械构造，如将受电弓两点接触改为多点接触，同时采用轻型高张力接触导线，使吊弦间弧度减少，还可以安装受电弓外罩以减少受电弓阻力降低噪声。

(2) 声传播途径控制

声传播途径控制最有效的控制方法是建立防噪声屏障。所谓声屏障，是指采用吸声材料和隔声材料制造出特殊结构，设置在噪声源与接收点之间，阻止噪声直接传播到接收点的降噪设备。

在声屏障设计时应遵循以下原则：

① 声屏障的设计必须达到降噪目标值的要求。一般情况下，对医院、学校、住宅区等降噪有严格的限制要求。在声屏障设计时，满足其要求是首要任务。

② 声屏障应具有一定的高度。理论上声屏障越高，噪声的衰减量越大，降噪效果越好。但是，声屏障太高会带来一系列实际问题，特别是会对司机的运行和乘客的视线带来障碍，声屏障的高度以 2 m 为宜。

③ 声屏障要具有足够的刚度和强度。根据我国实际情况，声屏障主要安装在立交桥上，考虑到桥上最大横向风力、日晒雨淋以及偶然破坏物的冲击作用，声屏障和桥面的连接必须牢固，同时要具有防腐蚀、耐冲击功能。

④ 声屏障要和周围景观相协调。声屏障虽然能在降低噪声方面发挥作用，但同时会对城市景观带来负面影响。特别是在城市中心繁华地带建立声屏障会对部分区域造成遮光等问题。因此，在城市中心繁华区域建立声屏障应尽量采用透明型材料制造，还要结合城市特点考虑外形美观。

(3) 受声点防护

受声点防护有建筑物隔声防护(修筑围墙)及敏感点改变功能等措施。

为防止铁路噪声在运营期扰民，在运营期应对铁路噪声实施跟踪监测，采取控制随机鸣笛、提高铁路装备技术含量、加强对轨道机车车辆的保养及维修、加强铁路两侧绿化、建立铁路线路安全保护区等措施进一步补强降低铁路噪声。采取补强措施后，铁路噪声对敏感点的影响将得到进一步的控制。

7.4.2.3　*航空运输危害的防治措施*

1）降低空难事故的主要措施

从航空公司角度看，现代航空企业都具有高风险、高投入、资金密集、科技含量高的特点，要实现企业价值，最先考虑的问题必须是安全。减少飞行事故发生的具体措施如下：

（1）强化员工的安全意识

所谓安全意识，一般是指人在生产活动中，对各种有可能造成自身及他人伤亡或其他意外事故的各种条件所保持的一种戒备和警觉的心理状态。安全意识对员工的安全行为具有决定性作用，而对不安全行为，特别是冒险行为具有抑制作用。因此，确保航空运输安全，要持续不断地强化员工的安全意识，使其严格按照流程和标准操作。

（2）建立科学的安全监管和激励机制

航空运输企业应自觉地遵守相关的运行标准、规章等。中国民航局应该充分发挥安全监管作用，加强监管力度，通过建立科学的安全监管和激励机制，减少民航运输企业的违规行为，使其遵章守纪，自觉地维护航空运输安全；同时出台各种奖惩管理措施和行之有效的办法，使航空运输健康、稳定地发展。

（3）建立安全文化体系

良好的安全文化氛围对民航安全的提高将会起到无可估量的作用。航空公司的安全文化必须要有明确的安全理念，去指导安全文化的建设。通过各种渠道、各种形式的宣传、教育，使员工们认同并落实到实际工作中去。

（4）开展安全工作品牌竞赛活动

开展“安全工作品牌”活动，可以增强员工们的使命感和集体荣誉感，要保持良好的安全运输记录，必须要靠整个团队的共同努力。因此，要让“安全第一”的理念深入人心，必须经常开展各种形式的活动，树立安全品牌形象。

（5）领导者应成为“安全第一、预防为主、综合治理”方针的模范带头者和执行者。在安全生产管理中，企业领导者应是名副其实的“安全生产第一责任者”，并要善于用自己的示范作用和良好素质去激励员工的积极性，使企业形成持久的安全生产局面。

（6）把好安全检查关是保证安全的关键

安全检查是发现安全隐患、堵塞安全漏洞、强化安全管理、搞好安全生产的重要措施之一。安全检查应采取日常、定期、专业、不定期等多种检查方式。

（7）开展隐患排查和各项整治活动

通过全员抓安全，开展隐患排查和各项整治活动，确保空防和地面运输安全。

（8）增强法治意识

安全生产管理是一项系统的、综合的工程，我们要增强法治意识，实行依法监管，把安全生产和监管工作纳入法制化轨道，建立健全安全生产的法制体系，推进安全生产的法制化和规范化管理。

（9）抓小防大，做到警钟长鸣

要善于把以往的问题当做现在的问题来看待、把别人的问题当做自己的问题来看待，把小问题当做大问题来看待。

(10) 抓落实

落实是抓好各项工作的关键所在。

(11) 抓好干部及员工的安全教育培训

强化干部及员工的安全意识、不懈怠、时刻牢记自己的职责和使命,真正把安全工作当做头等大事来抓。

2) 飞机噪声防治对策

飞机是一个很大的噪声源,运行所产生的噪声对机场周围有较大影响。飞机噪声的影响程度取决于飞机起降次数、时刻、强度、谱分布、持续时间、距离和传播途径。采取各种控制噪声措施是关键,主要措施有:制造商通过技术措施来降低发动机噪声;航空公司利用运行程序,特别是起飞、着陆消音程序,使飞机远离居民区;机场当局使用行政手段,包括噪声限额、宵禁等,来减少噪声影响;城区规划部门运用其权力把机场建在郊区,使机场远离居民聚集区;土地使用规划部门发挥其作用,使居民远离机场和噪声源,并使土地得到充分利用;建筑部门承担起其责任,在建筑物设计和材料使用上采取隔声措施,使居民免受噪声之害。

(1) 降低噪声源的噪声

一个声学系统包括声源、传播途径和受声者,相应地减少和控制噪声包括声源控制、传播过程降噪和受声者保护 3 个方面。显然,从源头上解决问题是最有效的方法。

飞机噪声主要来源于发动机运行噪声和飞机机身在空气中飞行时气流摩擦噪声,而后一种噪声几乎不可能降低。在工业界的不断努力下,喷气发动机的噪声已大幅度降低,一些安装先进发动机的飞机,其机身气流摩擦噪声已占飞机噪声的很大比例。由于噪声大小随着起飞重量的增加而增加,随着大型和巨型飞机的不断增多,机场的噪声会因此而增大。在现有技术条件下,单纯地降低噪声必然导致发动机的重量增加和性能降低。从环境需求、技术可行性和经济影响 3 个方面统筹来看,进一步降低噪声面临着一定的困难,但可以作出有关规定,适当控制噪声大的飞机起降。有时采用硬性规定,会带来一定的副作用,采取一些鼓励措施效果反而可能更好。英国曼彻斯特机场的做法值得借鉴:飞机的噪声低,起降费优惠。

(2) 合理确定飞机起降次数与时刻

飞机起降次数越多,噪声影响就越大。一般情况下,机场当局是不愿意把减少飞机起降次数作为降低噪声影响的手段的。机场当局从其自身的经济利益考虑,反倒希望在机场容量许可的情况下尽可能地增加飞机起降次数。虽然减少飞机起降次数有困难,但是可以适当地调整飞机起降时刻。由于夜间飞机噪声对人类的影响最大,因此有必要对夜间飞机起降进行适当控制,甚至可以禁止机场夜间起降飞机。

(3) 消音飞行程序

目前所使用的消音飞行程序,归纳起来,主要有以下几种手段:控制跑道使用,交替使用各条跑道起降飞机,避免集中干扰一个地区;在起飞后和着陆前飞机进行转弯,避开居民密集区;使用多级进近飞行,尽可能地晚一些降低高度;起飞后快速爬升高度;隔离机场飞机维修实验场;不允许噪声超标的飞机起降。

(4) 土地使用规划

国际民航组织认为,土地使用规划与控制是解决机场噪声问题的有效手段,并且是最后一个有待进一步开发的主要手段。土地使用规划与控制是在噪声区划分基础上进行的。首先根据实际噪声影响和未来预测噪声影响的程度，在机场周围划定噪声区；其次根据不同的土地使用确定其所能容忍的最大噪声。

对于在高噪声区进行不相容土地开发或已存在的不相容土地使用，比如在高噪声区建造医院，就必须使用隔音材料和调整建筑物内部布局，使噪声影响降到可接受水平。

(5) 隔声措施

隔声措施通常是指建筑物本身的隔声材料和隔声结构设计。一般的建筑物可以降低噪声 20 dB 左右，使用特殊隔声材料的建筑可以降低更多。可以充分利用建筑的隔声结构设计，把对噪声最敏感的房间放在受噪声影响最小的部位。声屏障和树林也可以有效地降低噪声影响。

(6) 机场选址及其布局

在机场周围有居民的情况下，跑道方向一般选在飞机起降时对居民影响较小的方向，有时也采取加长跑道的办法，使飞机在远离居民的一端起飞。当然，也可以建声屏障或利用飞机库或其他机场建筑以挡住居民区方向。机场通常建在城市郊区，远离居民密集的城区，减少噪声对居民的影响。

总之，解决飞机噪声问题是一个系统工程问题，需要多方努力，更需要国内继续跟踪、研究、借鉴或借用国外成熟的、先进的技术经验，并根据国内不同地区机场特点，采取多种不同形式。

7.4.2.4 水路运输危害的防治措施

水路运输安全管理，坚持“安全第一，预防为主，综合治理”的方针，重点在于预防。实现水运安全的主要措施有：

1) 健全水上交通安全责任体系

纵观近年来水上交通事故，多数为责任事故。完善水上交通安全管理责任制，明确地方政府、主管部门、监督机构和船舶所有人(经营人)的职责，是推进水上交通安全管理的有效途径。

建立健全责任追究制度，发生重大水上交通事故，除查清直接原因、追究直接责任者的责任外，还要根据实际情况对管理原因进行调查，并追究有责任的相关单位、部门以及人员的管理责任和领导责任。不仅要突出政府的责任、突出船舶所有人(经营人)的责任，还要突出交通海事部门责任。

2) 夯实水上交通安全源头预控体系

每年交通部海事局都发布《水上交通事故年报》，其最后都重点强调“加强公司管理、船舶管理和船员管理是减少水上交通事故发生的根本途径”。显然，狠抓水上交通安全源头管理是预防事故发生的关键。因此，必须强化对船舶检验、船员考试发证、航运公司审批及安全管理体系审核的监督管理和过程控制，建立和完善责任追究制度，严把船舶检验质量关、航运公司审核准入关和船员上岗关。

3) 强化水上交通安全现场监督体系

海事现场监督管理是水上交通安全管理的最直接最主要手段。只有现场监督管理，才能在第一时间发现船舶航行中的隐患，发现航行中的违章现象和航道的通航秩序，及时采取处置措施。强化海事现场监督管理、船舶安全检查、通航环境和通航秩序管理。

4）建立水上交通安全长效管理体系

历年来的统计数据表明，乡镇船舶、渡船存在较大的安全隐患，为事故多发类船舶。客滚船和载运危险货物一旦发生事故，将对船员、载客和水域环境造成极大的威胁，后果不堪设想。建立水上交通安全的管理体系，突出对这些船舶的管理和监控，最大限度避免发生事故。加强乡镇船舶和渡船、客滚船和载运危险货物船舶安全管理力度。

5）完善水上交通安全保障体系

保证水上交通安全的经费投入，落实安全隐患的专项整治经费，改善水上交通的基础设施条件，推进船型标准化，推动水上交通科技进步，这些都是增强水上交通预控能力、防范水上交通事故发生的长效举措。

（1）改善通航条件

规划航道安全保障设施，提高航道等级和等级航道通航里程，实现重点航道特别是山区急流航道渠化整治，治理整顿影响水上交通安全的养殖捕捞、挖砂碍航等。全面规划通航水域，加大交通用海的规划、管理力度，在交通繁忙的沿海、内河重要水域建立船舶定线制，避免发生事故。

（2）建设水上交通安全设施

建设一些保障船舶航行的安全设施，例如按照规范，科学设置航标；在桥墩边上设置护栏，防止船舶碰撞桥梁；在岔道设置指路标志；在事故多发水域和水情不稳定的水域，设置警示标志，设立海轮减速区或谨慎行驶区。积极筹措资金，加快港口、码头建设，在条件许可的小河流推行以桥代渡，从根本上消除乡镇客渡码头建设滞后对水上交通安全带来的不利影响。

（3）推进船型标准化

推进船舶船型向标准化发展，对新建船舶，推广科技含量高、安全系数高的标准船型；对现有船舶，根据实际状况实行优化推荐、自然过渡、限期淘汰，支持和推动船舶更新改造，实现长江、珠江和京杭运河等重点水域的船型标准化。

（4）推动水上交通科技进步

依靠科技进步，对重点水域、险要航道和船舶实施全天候的监控，使水上交通安全管理更迅速、更全面、更直观、更有效，遏制水上交通事故的发生。

（5）加强法律法规的宣贯

进一步提高船员的操作能力和安全意识，规范船舶的航行、避让行为。

（6）提高远洋航行船只的安全性能

例如：机房下设置一间“安全室”，成为船员在受到海盗袭击时的避难所；加强远洋随行船员的防海盗演练；在海盗活动频繁区域以最高航速行驶，加快航速和确保船舷高度。

7.4.2.5 管道运输危害的防治措施

1）减少管道运输泄漏事故的安全措施

（1）做好石油储运管道的防腐措施

石油管道从设计、施工到运行，都要做好防腐措施，特别是海底管道，常年浸泡在海底中，其防腐显得尤为重要，对海洋油气输送管道的质量要求也较高。在做好管道的防腐蚀设计时，应针对管道的环境特点，提出管道内、外腐蚀的技术要求，制定外防腐蚀涂层、现场补口和阴极保护系统等详细方案。

海底管道应当做好防腐涂层，对涂层应当要求抗拉伸和抗弯曲、抗水渗透、抗阴极剥离及良好的黏附性等特点。

(2) 减少人为因素的影响

人为因素是不安全因素变化最为不定的因素，也是保证安全生产的主要方面。必须采取积极有效的方法，消除人为不安全行为的发生。

① 制定严格的规章制度。规范作业员工的安全行为，制定员工的行为标准，使得员工以此为导向，规范好自己的行为。

② 安全培训。对员工进行各种形式的安全教育，提高员工的安全作业素质防止事故发生。

③ 强化监督管理。监督检查各种不安全因素，通过检查发现管道设施的缺陷，及时进行管道的补漏修复，并监督好员工的行为，避免由于误操作而发生管道受压引起的事故。

④ 全面提高员工技能。加强员工的技术能力培训，提高员工的技术素质，防止违规和误操作的发生。

⑤ 工作环境的改善。人为行为有些是由于设备的条件引起，有些是安全设施及布局，还有些是工作环境差所引起的，应努力改善工作条件，降低不安全行为的发生。

⑥ 使用安全性标志。安全标志可以提醒作业人员提高警惕，注意安全，防止发生意外事故。

(3) 加强油气管道的在线检测

管道在线检测是在不中断油气管道运行的条件下，用装有内检测器的智能清管器对管道的几何形状异常、金属损失、各种裂纹等损伤或缺陷进行检测。在线泄漏检测主要是人工巡线直接观察与仪表检测组合的方法，通过控制系统进行分析判断，进行在线检漏，及时进行泄漏报警及泄漏点定位。

(4) 反盗油工作还需改进

随着石油经济发展，盗油分子越来越多，造成了石油企业重大的经济损失，而且影响周边环境的安全。因此，应加强输油管道的安全管理及管道泄漏检测技术的研发。

国家应建立相关法规遏制偷油事故发生。严厉打击偷油违法犯罪行为，制定相关的法律法规，加大打击力度。石油企业及相关公安系统应当通力合作，在输油管道的重点区段实施监控，并且管道途经的地方政府及生活区应当加强对管道的保护，实施举报奖励制度，对偷油犯罪分子举报实施奖励。

(5) 管道的防震措施

地震会导致地层的断裂及错位，这样会使其上面的管道发生扭曲甚至断裂而致使管道发生损坏，应引起有关部门的重视。

石油输送管道采取的防震措施主要有：对管道经过的地震带应当加强管道的焊接质量，地震带管道对焊接口应进行全面的射线及超声波探伤检查；管道通过地震带中的农田和池塘或者河流时，应当设置截断阀，并在截断阀的两侧管道上预留接口；管道经过滑坡区域时，应对该段的管道进行稳定性验算。管道穿过建筑物时，管道应该与建筑物的基础留有一定距离，建议管道可以采用地沟或者架空铺设管道。管道穿越河流底部时，必须采用降坡敷设，其倾斜角一般不大于30°等。

我国海洋石油管道大多处在地震地带，要求管道工程建设具有抗震能力，从渤海的实践看，对某些高压高温管道，考虑地震力作用给设计带来麻烦，因此研究海底管道抗地震措施和制定抗震设计规范是当前迫切的问题。

2）火灾的预防措施

（1）天然气管道运输的主要防火措施有：控制与消除火源；严格控制设备质量，选用合格的过滤器、分离器、流量、压力、温度等检测仪表；管道投产前按要求进行试压；对设备、仪表定期进行检查和保养维修；在站内建立禁火区、作业现场加贴危险标志；制定规章制度和安全操作规程，严守工艺纪律，防止误操作导致天然气泄漏；坚持巡回检查，发现问题及时处理；清管器清除固体废物前采用注水处理，定期清理，监测铁的含量。

（2）石油输油管道火灾预防措施

① 控制点火源。控制生产运行中的各种用火：采用蒸汽和电伴热，防爆场采取防爆灯具；电器火花的控制：防爆区域的电气设备采用防爆电气设备；静电火花的控制：控制油品流速、设备、管道接地，操作人员穿防静电服和导静电鞋，设置静电消除设施；在工艺装置区设置可燃气体报警器，在输油泵房设置可燃气体报警器和火焰探测器。

② 输油泵机组应设置机泵监视系统，对输油泵壳体温度、机泵轴温度、电机三相绕组温度、机械密封温度、机泵轴瓦振动、机械密封冲洗流量、机械密封泄漏参数进行监视。当参数超过设定值时，应停运输油泵。

③ 油泵、输油泵及过滤器进出口管线上应设有压力检测仪表，当输油泵入口汇管压力低报警，超低顺序停泵；输油泵出口汇管压力高报警，超高顺序停泵；给油泵进口压力与给油泵进口过滤器前压差大报警，超大停泵。

④ 应设置水击泄放系统，包括泄压阀和泄压罐等，当水击发生时，通过泄压阀将管道中的部分油品泄放到泄压罐中，以达到保护管道和站内设备的目的。

⑤ 应设置管线及设备安全阀，防止因热膨胀对管线和设备引起的破坏。

⑥ 压力容器的设计、制造均遵照执行《压力容器安全技术监察规程》的规定，从本质上保证压力容器的安全运行。

⑦ 生产设备、储罐和管道及其连接处的材质、压力等级、制造工艺、焊接质量、校验、安装等执行国家有关规定。

7.5 公共场所危险源辨识与防治

公共场所是指人群经常聚集、供公众使用或服务于人民大众的活动场所，是公众进行工作、学习、经济、文化、社交、娱乐、体育、参观、医疗、卫生、休息、旅游和满足部分生活需求所使用的一切公用建筑物、场所及其设施的总称。根据功能的不同，公共场所一般分为宾馆饭店类、公共浴室及理发店类、影剧院舞厅类、体育场馆公园类、展览馆及图书馆类、商场、候诊(车、机)室类、儿童活动中心等几大类。

现代化大都市中的高层饭店、宾馆、大型商厦及其地下商场、家具城和建材城以及繁华的商业街等，公共建筑及场所越来越多，存在着许多严重的环境污染及事故隐患。公共场所通常人群密集、财富集中，人群聚集一般并不会引起严重的问题，但有时由于缺乏有效的控制与管理，一旦发生灾害，将会造成巨大的人员伤亡和财产损失。例如：2004 年 2 月 15 日，吉林市解放大路与长春路交会处的中百商厦发生特大火灾，54 人死亡、70 人受伤。2008 年 9 月 20 日，广东省深圳市龙岗区龙岗街道龙东社区的舞王俱乐部发生火灾事故，44 人死亡、64 人受伤。2013 年 4 月 14 日，湖北省襄阳市樊城区前进东路一景城市花园酒店发生火灾，造成 14 人死亡，47 人受伤。2014 年 1 月 5 日，宁夏回族自治区固原市西吉县北大寺发生踩踏事故，造成 14 人死亡，10 人受伤。

7.5.1 主要危害

1）宾馆饭店主要危害

宾馆饭店是供旅客住宿、就餐、娱乐和举行各种会议宴会的场所。现代的宾馆一般都具有多功能的特点，将客房、餐厅、商场、夜总会、会议中心等集于一体。近年来，宾馆饭店如雨后春笋般蓬勃发展，且在装修上追求豪华、舒适，以满足旅客的需要，提高竞争力。但这些场所的发展极不平衡，良莠不齐，存在大量的安全隐患，极易造成群死群伤等恶性事故。宾馆主要危害包括：

（1）火灾危害

① 可燃物多。宾馆饭店虽然大多采用钢筋混凝土结构或钢结构，但大量的内部装修材料和陈设用具却采用木材塑料和棉、麻、丝、毛以及其他纤维制品，大大增加了建筑物内的火灾荷载。火势会在短时内迅速增大，如不及时扑救，火势将扩大至难以控制，使设备损坏、营运瘫痪，造成巨大的经济损失和严重的人员伤亡。

② 建筑结构存在先天隐患。现代的宾馆饭店很多是多层建筑，通风管道纵横交错，延伸到建筑各个角落，火灾时烟囱效应会使火焰蔓延扩大。另外，个别宾馆饭店还存在疏散通道不足等问题，影响人员疏散。

③ 用火用电频繁、致灾因素多。宾馆饭店内存在大量用电设备，如电视、空调、热水器、各种灯具等，用电负荷大、功率高、线路复杂，由于客人和员工的一些不安全行为和宾馆设备设施的不安全状态，发生用电设备故障、线路短路、电热设备使用不当等，极易引发触电或火灾事故。宾馆饭店的厨房、锅炉房等部位，一般均有液化气、天然气等设备或管道，极易发生泄漏导致燃烧爆炸事故。

④ 人员流动性强、从业人员安全意识差。宾馆、饭店人员流动性强，而且大多消防安全意识淡薄，躺在床上吸烟、乱投烟头等现象较多，极易引燃被褥、地毯、沙发等易燃物造成火灾。宾馆、饭店附属的夜总会、茶楼等场所往往灯光暗淡，一旦发生火灾极易导致人们惊慌失措，争相逃生，互相拥挤，发生互相踩踏造成重大人身伤亡。有的经营业主出于防盗等考虑，擅自封堵安全出口，或将安全出口锁闭，或堆放杂物堵塞消防通道，造成人员不能及时疏散。有的宾馆、饭店业主和从业人员未经消防安全培训，不会使用消防设施扑救初期火灾，造成火势扩大。有的在发生火灾时不履行组织、引导旅客疏散的职责，造成不必要的人员伤亡。

⑤ 消防设施配置不足，设置不当，维护保养差。一些宾馆、饭店没有按照公安消防部门的要求配齐配足消防器材和设施，存在不配或少配疏散指示标志、应急明灯、灭火器等消防器材；疏散指示标志、应急照明灯设置位置不当；灭火器选型不当、配置不足不便于取用等。有的对消防设施设备不注意维护保养，损坏严重，灭火器压力不足过期也不及时检测更换，使灭火器材和消防设施不能发挥应有的作用。

（2）人体受伤危害

大部分宾馆大堂、公共区域、卫生间地面较光滑坚硬，如果地毯不牢固或有液体倾洒在地板上导致地面湿滑，可能存在不小心滑倒绊跤与跌倒危害。

（3）传染中毒危害

客人通过说话、咳嗽、打喷嚏、唱歌、随地吐痰等活动，会将病原体传播到空气中再被他人吸入而引起疾病，也会通过使用餐具、卧具、毛巾、拖鞋等公用物品将病原体传染给他人。

如果公共用品使用后没有进行彻底的清洗和消毒，都将会引起交叉感染。新建成或新装修的宾馆，装修面积更大，用料多，污染也比较严重。夏秋季节容易发生食物中毒事故，尤其是宾馆饭店食品卫生不符合标准，会滋生细菌，导致客人大范围食物中毒。

2）公共浴室理发店主要危害

（1）传染病危害

公共浴室理发店公用物品较多，如果消毒不严格，卫生不符合标准，则将为传染性疾病、皮肤病提供传播途径。浴室的水中没有加消毒药物，或是消毒药物超标都将则可造成水质污染，从而导致传染病的传播和流行。

（2）室内空气不符合卫生标准所致的虚脱休克

通风不良，呼出气体会使室内空气湿度、一氧化碳、二氧化碳、颗粒物浓度及细菌总数增加。尤其是在夏秋季节，往往会使人胸闷、恶心、呕吐，甚至晕倒。

（3）意外事故导致CO中毒（包括煤气中毒）、氯气中毒等

公共浴室理发店如果使用燃气或煤炭且通风不良，就有可能发生一氧化碳中毒。目前，我国有很多公共浴室采用定时定量向池水中加入氯气或氯制剂的池水消毒方式，如果工作人员操作失误，导致水游离性余氯浓度不符合国家卫生标准，加之通风不良，这样就有可能造成氯气中毒现象。

（4）锅炉爆炸

公共浴室用于烧水的锅炉在运行过程中如果操作人员误判断、误操作，在操作中严重亏水时，没有采取安全操作而盲目补水，往往造成严重的爆炸事故。锅炉长期用硬水，水垢过厚，没有及时处理，会造成锅炉鼓包导致事故。私自改接管线，使用锈蚀烧蚀严重老旧锅炉，使用安全装置不合格的锅炉，逃避安全检查，也极易终酿成锅炉爆炸事故。

（5）楼板坍塌

公共浴室锅炉爆炸事故往往会引起楼板坍塌，造成更严重的伤亡事故。

（6）触电事故

浴室内的开关、灯头因绝缘破损或故障点与穿线钢管贴近时，加上浴室的潮湿和积垢会使开关、灯头、钢管带电。若穿线钢管再与建筑物的钢筋结构相连，而钢筋结构又没有妥善接地的情况下，建筑物地面、墙面将处于高电位，但浴室中的水管通常都与地有较好的接触面，其相对处于低电位，这就构成了电位差。在空气干燥的环境下，人的皮肤阻抗尚可抵御50 V左右的电压不致电击，但在潮湿的环境下超过12 V就可能造成触电事故。因此，当人站立于潮湿地面或在浴池中触及水管便可能引起触电，淋浴时也会因跨步电压而有麻电的感觉。

公共浴室会产生大量的水雾在空气中，如果管理人员管理不善，临时使用普通灯具，在高热的情况下灯具碰到大量的水汽会爆裂，这个时候由于水汽的浓度较大，使灯丝对墙面放电或者直接通过水汽（水雾）放电导致人体触电，而且普通的灯不是防水设计的，即使不爆裂，当空气中的水含量超过一定限度也会使金属带电部位直接对空气或者对墙壁放电而导致人体触电。

（7）火灾事故

公共浴室电气设备较多，如果电气老化或发生电线短路等故障就会引起电气火灾。此外，浴室随地乱扔烟头也容易引发火灾。

3) 影剧院、礼堂主要危害

影剧院和礼堂，是供人们集会和开展娱乐活动的场所，主要由舞台、观众厅、配电室、风机室以及演员化妆室、道具布景室、美工室、储藏室等业务附属用房所组成。其建筑规模较大，结构复杂，加之使用时人员密集，如果突发灾害发生在演出、放映和集会期间，往往会由于疏散时秩序混乱、拥挤而造成重大伤亡。

(1) 火灾危害

① 可燃易燃物品多，火灾荷载大。影剧院除建筑外围结构是非燃烧体外，其他如门窗帘、幕布、吊顶格栅、舞台地板、观众座椅等均为可燃物。观众厅天花板和墙面为了满足声学设计音响效果，大多采用可燃材料。尤其是舞台的侧台上，经常堆放大量的布景、道具、服装等，到处都是可燃物，目前一些布景用高分子泡沫材料，更易燃烧且产生有毒气体。有时剧院为了在演出时增强节目的演出效果，还使用发令枪支、烟火等易燃易爆物品，更增加了影剧院的火灾危险性，使用明火效果时若稍有不慎，就可能出现着火点，而引起火灾。电影放映室装有电影放映机、扩音机和配电设备，放映机和灯箱温度很高，如发生卡片不能及时排除，也会使影片着火。

② 电气设备多、着火源多。电器设备数量多、功率大，如果安装不当，或者电路中的三相用电不平衡，造成局部过载，会使电气线路发热，绝缘层加速老化损坏，发生漏电、短路而引起火灾。移动灯具的插头与插座，如接触不良或使用不当，会产生接触电阻过大而发热。舞台上使用移动电线，经常在舞台上被碾压、摩擦，可能破坏导线绝缘层而引起短路起火。有些灯具表面温度很高，如碘钨灯的石英玻璃管表面温度可达 500～700 ℃，灯具的位置与可气燃物的距离过近时，由于灯泡功率大，极易因温度过高而烤燃起火。例如：1994 年 12 月 8 日，克拉玛依友谊馆火灾，就是因舞台灯光距舞台幕布太近引燃起火导致的，事故造成 325 人不幸遇难、130 人重伤的惨痛悲剧。

③ 火灾易蔓延。由于影剧院、礼堂的建筑跨度大，而且有很大的空间，门窗孔洞比较多，空气流通，火势发展迅猛，如果舞台和放映室起火，火势便会迅速从上空直接窜入闷顶，使观众厅全面燃烧，极易造成吊顶塌落，房屋倒塌，给扑救带来极大困难。

④ 若演职人员在后台或剧中在台上吸烟，以及观众乱扔烟头都很可能引起火灾。

(2) 拥挤踩踏危害

影剧院、礼堂在演出和放映时一旦发生突发事故，即使是较小的火灾事故，也会引起场内观众的惊慌，造成秩序混乱，争相逃生，互相拥挤，无法及时疏散，以致人员产生重大伤亡。

4) 舞厅、卡拉 OK 厅、夜总会等场所主要危害

(1) 舞厅、卡拉 OK 厅、夜总会等歌舞娱乐场所建筑形式多样，很少有独立的建筑，一般都设在建筑物的一个局部，有的是在商场或办公楼的某个楼层。内部结构复杂，如一些 KTV 包房、卡拉 OK 厅在进行装修时为了充分利用建筑内部空间，往往在走道两侧布置房间，令人感觉身处迷宫。

(2) 在装潢方面讲究豪华气派，采用大量的木材、纤维板、聚合塑料、聚酯等可燃材料。这些材料有的未经过阻燃处理，有的虽经过简单处理，但达不到防火规范要求，燃点低，极易燃烧，且燃烧迅速，放出大量的有毒烟气。同时，用火用电多，吸烟的人多，歌舞娱乐场所中因乱扔烟头而引发的火灾屡见不鲜。有的为了增添浪漫气氛，还采用蜡烛照明；有的用电量大，而电气的很多方面不符合安全规范要求，一些线路年久失修、老化、裸露，常处于超负荷状态，特别是乐器台、电机房隐患突出，极易发生火灾事故。

(3) 顾客随意性比较大,有时人员相对集中,密度很高,加之灯光暗淡,一旦起火,人员拥挤,秩序混乱,如果疏散通道不畅,极易造成大量人员伤亡。如1994年11月27日辽宁阜新艺苑歌舞厅营业时严重超员,发生火灾一时人员无法及时疏散,造成233人死亡的特大火灾事故。

(4) 一旦发生火灾,火势蔓延快,人员疏散、火灾扑救困难。一些娱乐场所设在地下室或半地下或建筑顶层,私自设计装修,未经建筑设计防火审核,留下先天性的火险隐患。如安全疏散通道只有一条且为袋形或螺旋式楼梯、扇形踏步,无安全疏散标志,无应急事故照明,无活动人员最高限额数;疏散门的选择和开启方向及走道的宽度等大部分都不符合规范要求,一旦发生火灾事故,人员疏散、火灾扑救十分困难,很容易发生群死群伤的恶性事故。

(5) 有的舞厅、卡拉OK厅、夜总会等歌舞娱乐场所自防自救能力弱,无任何安全规章制度,法人代表和从业人员的消防安全意识淡薄,缺乏必备的消防器材设施,从业人员,不懂灭火器的使用和初期火灾的扑救。

5) 体育场馆、公园主要危害

(1) 体育场馆主要危害

现代体育馆除担负日常的竞技体育活动之外,还不定期为文艺演出、体育比赛、各种展览展销和全民健身等活动提供场所。体育场馆内发生的主要事故类型为由于人群聚集所引起的骚乱、火灾及建筑物倒塌等事故,体育史上在赛场上也不断发生看台倒塌、人群挤压、火灾等多人伤亡的灾难性事故。

① 在建筑使用上,大型体育馆内部设施完善、功能齐全,人员密度大、流动性大,内部货物集中、财富价值高,可燃物多、电气设备多、火灾荷载大。体育馆面积大,空间高,一旦发生火灾,火势蔓延迅速,物体燃烧时将产生温度很高的有毒和可燃气体四处流窜,引发瞬间爆燃,给疏散与扑救造成困难,以致中毒、窒息、伤亡,造成很大的损失。

② 大型活动时人员较密集,疏散难度大,易发生拥挤踩踏事故。

③ 体育馆活动期间,如果部分场地有项目施工,而施工人员违章作业、施工单位管理不到位、监理人员缺位、建设单位及项目管理公司统一协调管理不够就会造成火灾或坍塌等安全事故。

(2) 公园主要危害

① 公园内机动车杂、乱、多,有的车辆随意出入公园无人管理,车辆不在停车场停放,随意停放路边,甚至有的车辆在公园内行驶,游人没有避让的空间,很容易发生事故。

② 公园大都有大大小小的湖,如果公园管理不力,湖边防护栏建设不符合标准或没有防护栏就会导致溺水事故频发。

③ 公园内儿童游乐设施比较多,如果工作人员操作失误、设备故障或安全装置失灵就会发生游乐设施倒塌、脱轨、悬臂断裂、冲撞、座椅甩人、吊篮坠落、游览车轴销断裂等事故。

④ 公园经常会组织一些集体活动,由于人员非常多,一旦发生意外,很容易造成拥挤踩踏事故。

⑤ 有的公园管理不严,管理者对携带犬只进入公园的游客没有劝阻,导致公园内犬只众多,特别是大型犬只随意乱跑,很容易发生犬只伤人的事件。

6) 展览馆及图书馆主要危害

展览馆及图书馆一般作为文化集中地,为人们提供文化审美空间、交流平台和文化活动的舞台,由于人员相对密集,发生事故的可能性较大。

(1) 人员密集,尤其是展览馆及图书馆举行主题活动期间,参与者较多,容易发生拥挤踩踏事故。

(2) 电气设备较多、图书馆都是图书杂志等易燃物品,容易引发火灾。

(3) 展览馆及图书馆建筑空间荷载力如果达不到设计标准,特别是流通部、书库,如果出现坍塌,其后果不堪设想。

7) 商场、超市的主要危害

近年来,许多城市为了满足人民群众生活节奏不断加快的需要,纷纷新建或改建了体量大、功能多、装饰豪华的大型商场、超市,为繁荣市场经济起到了积极的作用。但商场、超市在迅速发展的同时,由于安全措施没有得到及时落实,群死群伤恶性事故时有发生,尤以火灾为主。例如:唐山市的林西百货大楼、北京的隆福商业大厦、河南的洛阳东都商厦,吉林的中百商厦等火灾都造成了严重的人员伤亡和巨大的经济损失。因此,加强商场、超市的安全工作显得十分重要。

(1) 人员聚集,流动量大,疏散困难。商场、超市在营业期间人员十分密集,发生火灾后,由于顾客惯用扶梯、电梯及步行梯,而对用于安全疏散的楼梯出口不熟悉,加之有些商场出入口少,通道狭窄,容易产生人心恐慌和骚乱,相互挤压,相互践踏,易造成群死群伤。而有的商场、超市内部分隔错综复杂,货架林立,置身其中如入迷宫,分不清方向,还有的存在消防通道堵塞,消防安全出口数量不足,疏散距离和疏散宽度达不到规范要求,应急照明和疏散指示标志数量不足,缺乏必要的逃生自救器材,一旦发生火灾,疏散和救人均十分困难。对于地下商场,不能进行自然采光,全靠人工照明,发生火灾时,正常电源切断,完全依靠应急灯和疏散指示灯来保证安全疏散,能见度更差,地下建筑逃生的疏散距离较长,问题就更为严重。

(2) 可燃物多,火灾荷载大。商场、超市内的商品大部分可燃,还有一些商品、如指甲油、摩丝、发胶、气体打火机充气罐等,均属于易燃易爆危险物品,而且商品大多数陈列在货架、柜台上,有些商品(如服装、鞋帽、箱包等)还悬挂展示在卖场中间,商品高度集中,开架售货又使可燃物的表面积大于其他任何场所,一旦失火,就会迅速蔓延。一些柜台后面还设有仓库,里面大多也是可燃物,一旦发生燃烧,由于商场内可燃物表面积大,火势易向水平方向迅速蔓延,加上商品的立体堆积和摆放形式的立体组合,火势迅速扩大,并上下波及,随着火势蔓延迅速,容易形成大面积立体火灾。货物堆放在商场内,甚至在过道、楼梯间,无形中又增大了建筑内的火灾荷载,一旦发生火灾,不但会造成严重损失,而且燃烧猛烈,极易造成房屋的倒塌而造成重大人员伤亡。

(3) 空间跨度大,火灾蔓延快。随着建筑技术的不断提高和建筑新材料的不断涌现以及人们经营理念的改变,现代商场、超市的营业面积都比较大,而且多数内部安装有自动扶梯、共享中庭、敞开楼梯间等开口部位,给防火分隔带来困难,一旦失火,火势由起火点首先向周围发展,向低燃点的商品和楼梯间方向发展较快,同时产生大量烟雾和有毒气体。燃烧产生的高温通过热辐射、热对流传递,使室内温度迅速升高,引起室内可燃物热分解,产生大量可燃气体,当室内温度达到 400～600 ℃时,即会产生轰燃,并很快形成大面积燃烧。同时,大型商场内竖向管道井多、分布广,如电梯井、通风管道井、电缆井等,当火灾发生后,烟囱效应明显,火焰和热气流很快通过这些开口部位迅速蔓延,导致大面积、立体性燃烧,造成火灾迅速蔓延扩大。

(4) 室内装修、装饰大量使用可燃、易燃材料,使火灾燃烧速度快并产生大量有毒气体、造成人员窒息。许多现代的商场、超市为了营造出豪华、舒适的购物环境，对其吊顶、墙面、地面等处进行了大量的装饰、装修，大量采用木龙骨、胶合板、装饰织物等易燃、可燃材料，有的高层、地下建筑内的商场货架使用可燃木制品制作，火灾荷载大幅度增加。商场、超市内销售的日用化纤塑料、化妆品、家电、家具等商品和大量可燃装饰织物，一旦燃烧，在通风条件差，空气供应量不足的条件下，产生大量的不完全燃烧产物而形成浓烟和含 CO、H_2S 等有毒气体，加上商场、超市经常采用大面积的外墙做广告宣传用，增加了商场、超市建筑的密闭性，利用可开启外窗进行自然排烟的可能性极小，而商场、超市内机械排烟系统往往漏项或发挥不了正常功效，从而造成烟雾和有毒气体无法排至室外，含氧量急剧下降，使疏散人员在短时间内中毒窒息，无法逃生，同时给火灾扑救带来极大困难。

(5) 用电设备多，导致火灾的因素多。商场、超市内跨度较大，为了照明的需要，在顶、柱、墙上安装了大量的荧光灯具，同时为了衬托某些商品的特殊效果，还要在柜台、橱窗等处安装众多的射灯、彩灯。用于展示的电视、冰箱等家用电器处于工作状态，由于数量众多，其用电量较大。现代商场、超市大部分都提供快餐、点心等食品，食品加工部基本都采用了大功率的电蒸锅、炒锅等设备。服装加工部、家电电器维修部，钟表、眼镜、照相机等修理部，这些部位常常使用电熨斗、电烙铁等加热器具。各种电气、照明设备，品种数量众多，线路复杂，工作时间长，容易在表面产生高温，一旦设计、安装、维修、使用不慎，极易引起火灾。

(6) 违章用火、用电、用气和违反安全操作规程及吸烟等人为危害因素。消防管理制度不健全，消防安全责任制不落实，致使安全出口上锁、消防通道堵塞、防火卷帘下堆放物品、用电设备安装、使用不当，室内消火栓箱被柜台遮挡、营业期间违章电焊或冒险作业等后天性隐患都会酿成火灾事故。

(7) 商场、超市中电梯比较多，一旦发生故障，也有可能对人造成一定的伤害。

8) 候车(机)室主要危害

火车站、汽车客运站、机场和港口码头等重要交通中转站都设有各自的候车(机)室，是车站的重要组成部分，也是车船等有序运行的重要保障。各候车(机)室不论大小，都配备一定的基础设施，如洗手间、开水房、商品销售点、公共电话处等必要的设施。由于候车(机)室是一个人员流动性比较大的公共场所，流动人口最密集、交通工具和物资最集中，所以总是存在着各种各样的危险。例如：1987 年 11 月 8 日英国伦敦国王十字街地铁站内因自动扶梯下面的机房内产生电火花，引燃自动扶梯的润滑油，浓烟沿着楼梯通道四处蔓延，由于列车行驶引起的活塞风作用以及圆筒状自动扶梯的通风作用，致使大火越烧越烈，人们争先恐后地冲向出口，许多人被烧、压、窒息而死。这次事故导致 32 人丧生(包括 1 名消防员)，100 多人受伤，地下二层的 2 座自动扶梯和地下一层的售票厅被烧毁。2008 年 3 月 4 日上午，北京东单地铁站 5 号线换乘 1 号线通道内，载着数百名乘客的水平电动扶梯突然发出异常响声，乘客纷纷逆向逃离。这一突发情况导致部分乘客摔倒，恐慌的乘客发生踩踏，至少造成 13 名乘客受伤。2010 年 1 月 6 日深圳市蛇口港客运码头发生爆炸事故造成 1 人死亡。2009 年 11 月 28 日，一架注册在津巴布韦的外航货运包机在上海浦东国际机场起飞时着火，造成 3 人轻伤，1 人重伤。加强候车(机)等公共场所的安全管理，是一项非常紧迫的任务。

(1) 火灾危害

旅客停靠点的火灾多由以下原因引起，即建筑材料、电气设备、吸烟和管理不善、承包商的热工操作和纵火、恶意破坏以及恐怖活动。

① 在我国,交通工具以火车汽车为主,客运站聚集着大量的旅客,一旦发生火灾,极易造成拥挤踩踏事故。

② 车站、机场往往是多功能的,有餐馆、旅馆、购物中心、室内体育馆、影视厅等设施,其中装备有大量的电气设备。这些电气用品,若经久不换,一劳永逸或电线外露,或超负荷使用,往往导致火灾。

③ 候车(机)室经常聚集着大量的旅客和他们大批行李,若吸烟不慎,极易酿成火灾。

④ 在车站改建和扩建中,承包商的热工操作(如焊接等操作)管理不当,也会造成火灾事故。

⑤ 除以上可能性,还有纵火、恶意破坏,恐怖活动等引发火灾。

尤其是地铁车站发生火灾时产生的烟、热不易排除,积聚的热量会使站内的空气温度迅速升高,烟气中的CO、CO_2等有害气体的浓度迅速增高,加上地铁比地面建筑的安全出口和疏散通道少,人们要脱离危险区域更加困难。

(2) 拥挤踩踏危害

在我国,春运及法定长假等客运高峰期,候车(机)室旅客大量聚集,空间有限,人多拥挤,人们在频繁流动、密集交往中,易产生矛盾、冲突。一旦车站突然停电,发生火灾等突发事件易引起旅客恐慌导致拥挤踩踏事故。例如:2004 年 11 月 13 日,印度首都新德里一个主要火车站发生数百人拥挤踩踏事故,造成 5 人死亡,至少 10 人受伤。

9) 儿童活动中心主要危害

随着城市现代化的推进,儿童活动中心可供儿童游玩的设施设备越来越多,随之而来的安全隐患也引起越来越多家长的重视。由于儿童缺乏生活常识和躲避应变的经验,遇到意外的特殊情况或不安全的环境威胁时,往往惊慌失措、造成损伤。

(1) 有的儿童活动中心人车分行欠缺考虑,由于机动车的大范围介入,机动车交通已成为儿童户外活动最大的安全隐患之一。

(2) 儿童活动中心的游乐设施如果设备破损老化、无证安装,设计制造单位没有生产许可证或安全认可证,作业人员未经培训就上岗,缺乏专业人员的管理与维护,游乐设备可能会发生故障,比如突然停电,设备不运作,非常容易导致儿童意外伤害。

(3) 由于有的城市儿童活动中心的游戏活动场地不足,儿童游乐设施功能尺度不符,表面棱角过多等,对自我保护意识相对较弱儿童的安全也会造成严重的威胁。

(4) 目前滑板车已成为儿童的主要游玩项目,儿童滑板爱好者增多,在锻炼身体的同时也容易受到意外伤害。

(5) 一些游乐场地大量采用高分子材料装修,没有按规定设置消防设施,安全疏散条件差,电器线路敷设混乱,发生火灾的危险性较大。儿童活动中心人员密集,而儿童认知能力有限、行动缓慢,一旦发生火灾,将难以自救逃生,极易发生重大人员伤亡。

7.5.2 防治措施

1) 宾馆饭店危害的防治措施

(1) 火灾危害防治

① 加强消防安全培训和消防宣传力度,增强消防安全意识,提高自防自救能力,加强宾馆、饭店的经营业主和员工开展消防安全培训,使每个员工掌握和了解消防法律法规,逃生、自救知识、报警、疏散及火灾扑救知识和灭火器材、设施使用技能,切实提高单位和员工防范火灾的能力。同时,要将防火常识和逃生自救知识纳入社会公益宣传的内容,通过电视、广

播、报刊、知识讲座、宣传栏、印发宣传资料等，开展全民消防宣传，切实提高宣传教育的效果，不断增强预防和抵御火灾的能力。

② 严把消防审核关。对新建、改建、扩建或者变更为宾馆、饭店的施工工程，严格建筑工程消防设计审核和验收，特别要防止在防火分区、疏散通道、自动消防设施、消防给水等存在先天性隐患；对宾馆、饭店的装修工程实施全程监督，严禁擅自降低技术标准或使用不合格材料；加强投入使用前的消防安全检查，严禁未经消防安全检查合格投入使用。

③ 加大消防监督执法力度。消防部队必须严格执行有关法律法规和政策，加强宾馆、饭店消防安全检查，对发现的火灾隐患，要落实整改措施，明确整改责任并跟踪检查，直到隐患得到彻底消除。对存在重大火灾隐患又不能按要求整改的，要依法采取停产停业、吊销许可证等行政处罚措施。对负有检查、监督、指导职责的消防监督员工作的要明确责任、落实任务，督促他们尽职尽责做好工作。

④ 建立和完善单位内部防火安全责任制。宾馆、饭店应当制定本单位的消防安全管理制度、应急疏散预案等制度，并确定本单位的消防安全责任人，督促其履行消防安全职责，检查落实本单位的防火措施、消防通道、电源和火源管理等；加强对用电设备安全巡查，仔细检查有无遗留烟头等火种；严禁在营业时间进行设备检修、电气焊、油漆粉刷等施工、维修作业；严禁储存、堆放和防止人员带入易燃易爆物品。加强日常安全管理，具体措施包括：将吸烟与非吸烟房间进行分离；提供烟灰缸和金属垃圾箱来阻断易燃材料的燃烧；在每一个房间中展示火灾应急方法；窗帘和软性家具应由阻燃材料制成；所有的电气设备应定期进行检验和测试；电力接点应安装电力保护器；电缆线的长度应保持最短；积累的垃圾或易燃物品应每日清理掉；应该有足够数量的出口满足宾馆现有人员的撤离；出口应能引导人们到达安全地点；所有的通道和逃生路线在任何时候都应保持畅通；所有的内部防火门都应该清楚地标示出来；防火安全标志和出口标志都应该能清楚地看到；所有用于逃生的门都应该处于良好状态；防火门上的自闭装置应处于良好工作状态；出口应该被清楚地指明并且应被灯照亮；用于逃生目的的门应朝逃生方向开启；所有用于逃生目的的门均不应加设门锁；楼梯应处于良好维修状态；通风口和通风管应被适当地保护以防止火、热或烟蔓延；所有的电力设施应定期检查和测试，看是否满足相关要求；宾馆中的所有可移动的电力设备均应列入物资清单，以便能够保持其检查和测试记录；宾馆中应指定专门的人员定期直观检查电力设备，发现存在破损的电缆、损坏的插座或插头马上处理；宾馆租用的可移动式电力设备也应由能够胜任工作的人员对其进行定期的测试和检查；拖拽的电缆线应该牢固地固定在地板上，以防触电和绊脚。

⑤ 加强部门协调配合，实行综合治理。宾馆、饭店安全管理工作涉及的面广，牵涉的部门多，各部门、各有关单位要实行综合治理才能奏效。各职能部门要本着综合治理、标本兼治的原则，加强协作和配合，严格落实行业、系统的监督管理职责，有力措施全面整治存在的火灾隐患。要认真汲取以往屡经治理、多有反复的教训，不断加强市场经济条件下消防监督工作中出现的新情况、新问题，探索、建立宾馆、饭店消防安全工作的长效机制。

（2）人体受伤危害防治

① 地毯一旦出现松动应立即进行固定。

② 应指示员工尽快擦干地面的易滑物并同时放置“光滑地板，小心滑倒”字样的提示牌。

③ 间隔一定的时间就应对员工进行新的培训，提醒员工及时清理易滑地板的重要性和

清理完毕之前安放安全警示标志的重要性。

(3) 传染中毒危害防治

① 改善宾馆饭店的卫生条件,对接触食品的空气、容器、设施等,应进行消毒,公用品使用后都必须进行彻底清洗和消毒,采用合理的杀菌技术和设备,对操作工人的口、手、足、头、鞋、工作服、帽等,均应做好卫生工作。

② 加强食品卫生管理,责任到人,杜绝发生食物中毒或其他食源性疾患。存放食品的仓库应当干燥、通风,采取消除苍蝇、老鼠、蟑螂和其他有害昆虫及其孳生条件的措施,储存食品的容器必须安全、无害,防止食品污染。

③ 尽量缩短食品存放时间,要保持内外环境整洁,有相应的防尘、消毒、更衣、盥洗、污水排放、存放垃圾和废弃物的设施。食品设备布局和工艺流程应当合理,防止待加工食品与直接入口食品、原料与成品交叉污染,餐具和盛放直接入口食品的容器使用前必须清洗、消毒。

④ 加强室内通风换气,加速室内污染物的排放,引进足够的风量以改善室内空气的新鲜程度。饮水水质应符合国家饮用水卫生标准。

2) 公共浴室理发店危害的防治措施

(1) 建立水质循环净化消毒制度

浴池水每日必须经循环净化消毒装置处理,营业期间池水应定期补充新水,并做好记录;严格记录每次加入净化剂及消毒剂的时间,加药量;净化剂、消毒剂等药品应分区域存放,并有明显标志,药剂桶上也应有标签;设备间应整齐、清洁,无易燃易爆物品及杂物堆放。

(2) 浴室的地面要防滑、耐碱,应注重对公共浴室内构造布局、通道设计和消毒设施安放位置的合理性审查,对公共浴室设施及通道设置布局必须合理且保持通风良好,特别是存储消毒药液的设备间,应有机械通风设施并设立独立的直接通向室外的出口。

(3) 设施设备的使用要坚持"安全、可靠、经济、合理"实行维修和保养相结合的原则,并要保持清洁,供浴客坐、躺的椅、凳、床等应采用不良导热材料,蒸发器上应设栏杆等保护物,防止烫伤人体。要有专人负责设备、设施的管理、保养和维修工作,定期检查设备、设施的运转情况;保持设施设备的卫生清洁,设施设备使用、保养、维修、更换,应做好记录。

(4) 制定预防传染性疾病传播、一氧化碳中毒等健康危害事故的应急处置工作预案。发生传染病或健康危害事故时,场所经营者应立即停止相应的经营活动,协助医务人员救治事故受害者,采取预防控制措施,防止事故的继发。

(5) 公共浴室管理人员要做好上岗前安全、卫生知识培训,建立预案以应付类似的突发安全卫生事件,严格执行公共浴室消毒操作规程。

(6) 增强浴室锅炉操作人员的安全意识,严禁对锅炉房的设备及管线进行私自改造,严禁无证职员操纵。

(7) 浴室中的照明灯具应选用防水、防潮、防漏电防爆的专用灯具。浴室配电线选用阻燃性槽板或线管,配线位置尽量远离浴室或水管,严禁配电线在水管、浴盆或其他盛水器具下方通过。

(8) 公共场所室内要划定吸烟区或者设置专用吸烟室,吸烟区或者专用吸烟室以外的区域禁止吸烟。

3) 影剧院、礼堂危害的防治措施

(1) 影剧院和礼堂等建筑的耐火等级、层数、长度和面积,以及楼梯间、安全出口、走道、太平门、观众厅、油浸电力变压器室的防火要求，应符合《建筑设计防火规范》(GB 50016—2006)的要求，影剧院、礼堂须经当地公安消防监督机关和文化、电影部门批准，才能投入使用，单位的礼堂未经有关部门核准，不得作为对外开放的文化娱乐场所。

(2) 舞台上演出时所使用易燃易爆物品作火焰效果时，必须得到消防监督机关的批准，并在使用时有专人操作，专人负责监督。舞台的侧台、通道禁止存放当场演出以外的布景和道具，严禁堆放其他任何可燃物。

(3) 舞台的电气设备，要符合防火安全要求，严禁在舞台上使用铝芯绝缘导线，并将用电量控制在额定范围内。悬挂的灯具距离幕布、布景和其他可燃物应不小于 40 cm。所有移动灯具应采用橡套电缆，插头和插座应保持接触良好。调压器等易发热的设备，应安装在不燃烧的基座上，防止烤着可燃物起火。大型影剧院舞台的台口宽度较大时，可在上部安装水幕或自动喷水设施。

(4) 应有切实可靠的安全疏散措施。根据观众座椅多少，划定安全门，一旦发生火灾，按计划疏散观众。在演出和放映期间，严禁将太平门上锁，靠太平门处应留有保安人员的固定座位，以便遇事能及时打开门，引导观众疏散。观众厅内禁止吸烟，禁止将易燃易爆物品带入观众厅。寻找座位，不准使用明火照明。

(5) 影剧院必须安装室内、外消防给水设备。防火重点部位，如舞台、放映室、变配电室等容易起火的部位，应安置适量的灭火器具，并组织有关管理人员进行经常性的消防训练以及对消防设备定期检查，保持完好好用。

(6) 演出、放映、开会结束后，剧团或礼堂所属单位有关人员应对整个剧场进行全面检查，确认安全后，才能切断电源，上锁离开。

4) 舞厅、卡拉 OK 厅、夜总会等场所危害的防治措施

(1) 消防安全对策要严格审批手续，建立完善各种制度。其建筑、装修工程必须通过设计防火审核、竣工验收，建立消防安全制度，消防验收合格后可投入使用。

(2) 加强防火宣传教育，增强防火安全意识。要对工作人员进行消防安全知识教育培训，明确做好消防工作的重要意义，增强消防安全意识，懂得火灾危险性，懂得防火措施，懂得灭火方法，会使用灭火器材、会报警、会扑救初起火灾。

(3) 建立防火档案，强化管理。部门要对辖区内的娱乐场所逐一登记注册，建立专档，与单位法人代表签订消防安全责任书，并帮助场所建立完善各种安全规章制度，开展检查，督促整改火险隐患。

(4) 不得在营业时，进行设备检修、电气焊、油漆粉刷等施工、维修作业。单设的歌舞厅、夜总会内，不得使用火炉或液化石油气、天然气、煤气灶具。

(5) 营业时必须确保安全出口、疏散通道畅通无阻。不得锁闭或堵塞安全出口、疏散通道。

(6) 歌舞娱乐场所内，应划定禁烟区，指定吸烟室。禁烟区内禁止所有人员抽烟。吸烟室内禁止用 B_2 级以下材料进行装修。吸烟室内应设置烟灰缸，禁止烟蒂随手乱扔。

(7) 舞厅、卡拉 OK 厅、夜总会内，严禁带入和存放易燃易爆物品。楼梯口、安全出口处和疏散通道上严禁堆放易燃物。

(8) 设有卡拉 OK 和集饮食、娱乐于一体的 KTV 包间的酒店，更应严格管理各种火源。要及时清扫客房内的烟头等火种及可燃物。KTV 包间内禁止使用酒精火锅及其他火锅，禁止使用蜡烛取代电气照明。

5）体育场馆、公园危害的防治措施

（1）体育场馆危害的防治措施

① 严格执行《中华人民共和国消防法》，贯彻预防为主、防消结合的方针，实行防火安全责任制。根据实际情况，制定消防安全制度、消防安全操作规程；确定本单位和所属各部门、岗位的消防安全责任人；建立义务消防队，并正常开展消防管理活动。

② 举办集体活动具有火灾危险的，应当制定灭火和应急疏散预案，落实消防安全措施；火灾危险性较大的大型集体活动须报公安消防等机构审批。

③ 按照国家规定配置消防设施和器材、设置消防安全标志，并定期组织检验、维修，确保消防设施和器材完好、有效。

④ 加强对体育馆内部电气线路、设备的安全管理，杜绝违章操作，防止火灾危害。

⑤ 保障疏散通道、安全出口畅通，并设置符合国家规定的消防安全疏散标志。

⑥ 火灾危险性较大的场所，应设置防火标志，落实防火责任人，建立防火巡查制度，对有关工作人员进行消防安全培训，制定灭火和应急疏散预案，实行严格管理。

⑦ 发现火警，应及时拨打“119”；现场工作人员应立即组织、引导在场人员疏散；单位必须立即组织力量扑救火灾。

⑧ 经常组织消防安全检查，发现火险隐患及时整改，并详细记录，存档备查。

⑨ 各种电气设备的使用和操作都应明确操作程序并严格遵守。重要电气设备应安装自动控制装置和消防安全保护措施；应配备专职电工或熟练工人，持证上岗；使用中发现问题，要及时报告，迅速处理，严禁带病运行等。

⑩ 防火重点部位禁止使用电炉、电取暖、电熨斗、电烙铁等电热设备，严禁乱拉乱接电线和超负荷用电，严禁损坏和随意更改用电保险装置。

⑪ 对员工进行消防安全教育，增强员工的消防责任意识和火灾防范意识。制定消防学习、宣传、培训计划，定期开展活动。

（2）公园危害的防治措施

① 加强公园车辆管理，确保游园安全，经批准进入公园的车辆，应严格统一管理，停放在指定位置，不得随意停放。车辆进入公园后，减速慢行，避让游人，确保安全。

② 未经批准，不得在公园内举办各种大型活动。如果经批准在公园内举办的大型活动，必须制定安全应急预案和落实安全保障措施，按照公园游客的合理容量，严格控制游人量，维护正常的游览秩序，确保游人生命财产的安全。

③ 要加强对公园内展览动物的监控，保证防护设施坚固、安全。

④ 对各类水上、冰上活动要加强安全管理。要注意搞好公园游览安全设施、警示标志和引导标牌的建设。要加强安全巡查，杜绝安全隐患，确保游览安全。

6）展览馆及图书馆危害的防治措施

（1）将火灾的产生消除在萌芽状态。在展览馆及图书馆内贴上“严禁吸烟”的标志，图书馆在读者中进行广泛宣传，使读者进入图书馆内不吸烟。

（2）定期检查图书馆电线、电源，发现问题及时解决。

（3）图书馆的每一层楼安装消防栓，消防栓放在显眼处，便于使用。各层书库摆放灭火器，每一位书库管理人员要学会使用灭火器，图书馆确定义务消防员，请消防专家举办消防知识讲座，通过学习，能够辨识常见火灾种类，应知应会火灾的预防、火灾发生后正确的处理方法，知道如何报警，火灾现场如何应急疏散。熟悉灭火器材的使用原理和使用技巧，保证消防报警系统、消防通道畅通。

(4) 图书的堆放位置不要太高,预防图书和人员从高处坠落;及时修理破旧书架,防止书架倒塌,造成人员伤亡。

7) 商场、超市危害的防治措施

(1) 严把源头,做好审核、验收工作。从建筑设计审核上严把源头关,加强对商场、超市在使用或者开业前的检查。

(2) 完善消防安全制度,建立逐级防火安全责任制,签订防火安全责任书;对出租柜台,其防火安全责任必须分清,并统一管理。加强火源、电源的管理,使制度深入人心,责任到人,并加强制度的落实和检查,从上到下形成消防工作齐抓共管的局面。

(3) 认真执行消防安全操作规程,杜绝违章现象。施工前应制定计划,分析其发生火灾危险性,确定施工时间及范围,并报商场、超市相应防火负责人批准。小型中转仓库、服务加工及家用电器、钟表、眼镜修理部等应同营业厅分开独立设置,严格控制动用明火。商场、超市在营业期间不得进行电焊、油漆等具有火灾危险性的施工。在设置安装、检修、柜台改造过程中,营业区与装修区之间应进行防火分隔,动用电气焊割作业时,应在作业动火前,履行用火审批制度,现场必须有人监护,备有消防器材,做好灭火准备。施工后要及时对现场进行清理,并派专人检查,防止遗留火种引起火灾。施工中应严格遵守操作程序,不得随意改变,如需要变化应报防火负责人批准后,在符合消防安全条件下方可进行。

(4) 做好消防宣传工作,加大消防培训力度。配备必要的专、兼职消防安全管理人员,加大对商场、超市职工及重点工种人员进行消防法律、法规及消防常识的安全培训,提高自防自救能力,并经常组织防火安全检查,及时消除火灾隐患,从根本上减少人员伤亡和财产损失。

(5) 加大消防投入,确保消防设施完好有效。加强消防布局、消防站、消防供水等公共消防设施建设,按《建筑设计防火规范》和《高层民用建筑设计防火规范》的规定划分防火分区。保证人员通行和安全疏散,设计醒目的安全疏散线路指示标志、安全疏散出口指示灯、“禁止吸烟”标志以及广播疏导系统、足够数量的安全出口以及足够宽敞的疏散通道。同时,要确保商场、超市内安全疏散标志明显有效、疏散线路简洁明了、禁烟标志显眼醒目,能够使人员伤亡降到最低。

(6) 制订并完善商场、超市灭火预案及应急疏散预案,定期组织演练,确保一旦发生火灾及其他事故时能迅速出动和有效处置,最大限度保护人民群众生命财产安全。

(7) 加强电梯的检查和维护,定期检查维护保养消防器材,使消防器材能完好使用;要建立防火档案,对商场、超市的防火工作情况认真登记。

8) 候车(机)室危害的防治措施

(1) 加强公共安全法律法规的宣传。创造人人知法、守法的环境。

(2) 安全管理应由专人负责,管理人员要经过专门培训,指定旅客吸烟处,保持清洁。做好旅客进站安检等日常监督和检查工作,发现问题立即制止,发现重大隐患,立即向上级部门报告,制定紧急救援疏散预案。

(3) 候车(机)室一旦发生火灾,尤其是地下火灾,由于人群密集,疏通困难,有些建筑材料在燃烧时会发出大量烟气和有毒气体,阻挡视线,还会使人中毒,极易造成大的伤亡事故,因此建筑材料应尽量采用不燃难燃材料,同时消防部门应有针对性地加强应急演练。

(4) 保持通信畅通,利用现代通信、网络、防范技术和装备,紧急情况下所有的通信手段必须预先安排好，并且可靠。

(5) 做好治安管理工作，提高对候车(机)室周边复杂场所治安管理的现代化水平，防止突发事件引起人心慌乱。

9) 儿童活动中心主要危害防治措施

(1) 儿童公共设施和器材的安全，需要从设计到建造各个环节加强预防性监督。

(2) 加强安全管理，建立常规的事故记录和报告系统。建立儿童意外伤害的专门监测系统、危险因素识别体系和控制体系。

(3) 加强儿童活动中心管理人员的安全培训，把安全工作放在第一位，培养全员安全意识。

(4) 加强对各种游乐设施的安全操作，建立完整的维修、保养制度，有专人、专职负责。

(5) 加强消防宣传教育，提高儿童消防安全意识和自防自救能力。

本章思考题

1. 公路运输的主要危害是什么？
2. 公共场所主要危害有哪些？
3. 宾馆饭店火灾危害防治措施有哪些？
4. 煤矿危险源辨识的步骤有哪些？
6. 建筑施工行业的主要危险源有哪些，如何辨识？
7. 危险化学品行业重大危险源管理主要从哪些方面着手？

8 案例分析

8.1 煤矿事故案例分析

案例1 涟源市湄江镇塞海煤矿“1·14”瓦斯窒息事故

2007年1月14日，涟源市塞海煤矿井下发生一起瓦斯窒息事故，造成1人死亡，直接经济损失33.4万元。调查组经过现场勘察，技术鉴定、查阅资料，调查取证，综合分析，查清了事故原因和经过，认定了事故性质和责任。

1. 事故概况

(1) 事故单位：涟源市塞海煤矿。

(2) 企业性质：合伙企业。

(3) 事故时间：1月14日11时50分。

(4) 事故地点：1256工作面回风巷密闭处。

(5) 事故类别：瓦斯窒息。

(6) 事故伤亡情况：死亡1人。

(7) 直接经济损失：33.4万元。

2. 事故单位概况

1) 煤矿基本情况

塞海煤矿位于涟源市湄江镇塞海村境内，距涟源市城区30 km。矿井始建于1982年，设计生产能力2万t/a，2006年实际采煤1.6万t。矿井取得了有效的采矿许可证、煤炭生产许可证、安全生产许可证、工商营业执照、矿长资格证矿长和安全资格证。

塞海煤矿属合伙企业，由朱访初等6人合伙开办。由投资人之一曾朝辉任法人代表、矿长，聘请喻仁交任安全副矿长、朱可要任生产副矿长、王伟任技术员。下设2名带班长(同时兼职检查瓦斯)，1名瓦斯检查员、4名防突工。

2) 矿井开采技术条件

塞海煤矿位于渣渡矿区东段金盘仑井田。井田内含煤地层为下石炭统测水组，该组共含煤5层，只有5煤层可采。5煤层一般厚0.47～5.43 m，平均厚2.5 m，局部煤层厚达20余米。煤层倾角150°。井田内地层呈一单斜构造，地层产状沿走向呈波状起伏。矿井构造以走向断层为主，金盘仑断层和大成坪断层贯穿井田，顺层断层较发育。金盘仑断层及次级构造对开采煤层有一定破坏作用。

5煤层属构造破坏类型高、强度低、封闭性好、透气性差、瓦斯含量高的煤层。2005年矿井瓦斯等级鉴定为煤与瓦斯突出矿井，绝对瓦斯涌出量 3.2 m^3/min，相对瓦斯涌出量 50.86 m^3/t。在生产过程中煤与瓦斯突出频繁，最大突出强度 500 余吨。5 煤层无煤层自然发火倾向，煤尘无爆炸危险。

3）矿井生产系统

矿井采用斜井开拓，主井井口标高＋189.32 m，标高＋103 m，斜长 260 m。主斜井以穿层方式从顶板穿过煤层进入底板，井底车场布置在 5 煤层底板岩层中，运输大巷沿 6 煤层向北单翼延伸布置；总回风巷（＋142 m）沿 5 煤层底板布置。采煤方法为短壁式或巷道式开采，残采或回收煤柱等采用巷道式采煤法。

矿井采用中央并列式通风方式（风井井口标高＋187 m）。风井安装有型号为 YBK56－№11 型轴流式风机 2 台。矿井总进风量 1010 m^3/min，总回风量 1 062 m^3/min。

矿井安装有 KJ90 型安全监测系统，共安装了 9 个瓦斯和 2 个风速传感器。监测系统有监测数据不全的现象。

矿井工作制度为“四六”工作制，其中三班生产，一班休息。早班作业时间为 8:00—14:00，中班 14:00—20:00，晚班 20:00—2:00，休息 2:00—8:00。

4）事故地点概况

事故发生在 1256 工作面回风巷密闭前。1256 工作面设计走向长 100 m，倾斜长 60 m，该区域煤层结构复杂，煤层厚度变化大。

工作面于 2005 年初开始开采，采用木支架巷道式放顶煤的方式进行回采。2006 年 8 月份改为巷道式开采，不放顶煤。至 2006 年年底，由于 1256 工作面进风巷服务时间长，受矿压及采动影响，巷道内支架断梁折柱多，断面变小，不能满足安全生产需要，煤矿决定从 2007 年 1 月开始进行大修。

大修前，编制了《塞海煤矿 1256 进风巷巷道修理安全技术措施》。为防止其他人员误入 1256 工作面，煤矿在 1256 工作面进、回风巷（不需修理段）内分别建筑了密闭，密闭用木柱、木板筑建，外用风筒布钉牢。巷道修理从 1 月上旬在进风上山与联络平巷交叉点以上 2 架棚开始，至事故上班止，从上而下已修理了 7 架棚，尚有 2 架未修完。

为防止 1256 回风巷瓦斯积聚，安装了一台局部通风机向 1256 回风巷密闭处送风，1 月 4 日早班进班前，该局部通风机因故障停止运行。

3. 事故发生与抢救经过

1 月 14 日早班（事故当班）8 时，值班长刘光明主持召开了进班会，当班共 15 人下井作业，其中 1253 机巷（三煤斗，下同）修理 3 人、1256 进风巷（六煤斗，下同）修理 2 人、1451 工作面切眼上山（＋140 m 区段）修理 3 人、推车工 2 人、井巷日常维修工 2 人、值班长 1 人（刘光明，遇难者）、防突工 1 人。另有 1 名值班长兼瓦斯检查员也下井跟班。

9 时左右，在 1256 工作面进风巷的修理工带领另外一名修理工达到作业地点。该班需修理的是两架已断梁的支架，高、宽各 1 m，支架根底，棚梁上是煤，煤厚不详。

清理现场后，修理工开始向巷道上方托梁打飘尖，9 时 30 分，开始拆换旧棚，拆棚时有 2 车煤垮落，将巷道堵塞，仅有少量漏风，拖了 1 h 的煤，至 10 时 30 分左右恢复通风，11 h 左右修好第一架棚并全面恢复通风。第二架的修理及过程基本与第一架相同，即打 30 min 的飘尖，砍梁换梁，垮下约 2 车煤，堵了 30 min 风，拖了 1 h 煤，30 min 架好棚。

12 时 40 分，2 名修理工升井。作业期间，仅有瓦斯检查员在 10 时左右到该修理头检查过瓦斯。

当班另一名值班长兼瓦斯检查员与井下作业人员一起下井后，先到＋140 m水平1451切眼上山检查了瓦斯，后到1253工作面修理头检查了瓦斯。9时30分达到1256工作面区域检查瓦斯，在离1256工作面回风巷与联络巷交叉点5 m处，检查瓦斯浓度为0.8%；交叉点处1.0%；密闭处1.5%；进风巷修理处0.3%。10时离开1256工作面区域，12时下班升井。

在1253工作面区域维修的周述东等3人，也在9时左右到达作业地点并开始作业，修理好2架棚后，刘光明到达该处。此时周述东正在换棚腿，刘光明帮他扶着棚腿，问周述东"几点了"，周述东看了看表，回答"11点40分了"，过了一会刘光明就向1256工作面的方向去了。12时40分，在此作业的周述东3人从＋103 m底板运输巷出来，下班升井。

13时30分，主持中班进班会的安全矿长发现早班的值班长刘光明未交班，便派人问、寻，均未发现，之后组织人员下井寻找。15时，在1256工作面回风巷密闭处，发现刘光明坐在密闭处，腿伸直，背靠密闭，经检查，已无脉搏、呼吸。当时，在密闭处检查瓦斯浓度为8%，查看刘光明的瓦斯检定器，瓦斯浓度超过光谱线。

4. 事故性质及原因

1）事故性质

经调查认定，这是一起责任事故。

2）直接原因

(1) 1256工作面煤层较厚，瓦斯涌出量大。采用巷道式采煤，区域内有多条巷道没有回撤，成为瓦斯积聚库。2007年1月4日，对1256工作面进行了封闭，封闭后工作面的所有巷道空间积聚了高浓度瓦斯。

(2) 巷道垮落、通风系统发生变化，密闭质量差，高浓度瓦斯从1256回风巷密闭处泄出，由于局部通风机于交接班停止运行，导致密闭处积聚高瓦斯。

(3) 值班长刘光明违章进入已停止局部通风机供风的1256回风巷密闭前，造成窒息死亡。

3）间接原因

(1) 现场管理不到位。瓦斯检查制度不落实，当班值班长兼瓦斯检查员发现1256回风巷密闭处瓦斯浓度达1.5%时，没有采取措施进行处理。局部通风管理混乱，1月14日早班交接班时，向1256回风巷密闭处局部通风机因故障停止运行，没有采取措施进行处理。

(2) 密闭质量差。1256工作面停工后，没有按标准砌筑密闭，导致密闭内瓦斯泄出。

(3) 矿井通风系统不完善，1256工作面没有上部回风系统，并采用国家明令禁止的巷道巷采煤法，导致瓦斯容易积聚。

(4) 对职工安全教育培训不够，职工素质低，违章作业现象严重。

5. 防范措施

(1) 完善矿井通风系统，采区和采煤工作面必须实行分区独立通风，必须有上部回风系统。改进采煤方法，严禁采用巷道式开采。

(2) 强化现场通风瓦斯管理。无全风压风流的煤与半煤巷停工时必须及时按质量要求进行密闭，防止瓦斯泄出，发现密闭前瓦斯异常时必须立即处理。所有送风局部通风机必须实行"三专"供电，保证正常连续运转，因故障停止停风时，必须立即采取措施进行处理。

(3) 配齐安全生产管理人员和特种作业人员。高瓦斯和煤与瓦斯突出矿井必须配备专职安全员和专职瓦斯检查员。

(4) 加强对安全生产管理人员和作业人员安全生产教育和培训,严禁违章作业行为。

(5) 塞海煤矿按涟源市煤炭局下达停产整顿指令,要求继续停产整改,"四位一体"综合防突措施和瓦斯抽采措施未落实前,严禁进行石门掘煤和煤巷采掘作业。整改好本次事故调查指出的事故隐患和煤矿存在的其他事故隐患,经涟源市煤炭局复查合格并依法按程序返还暂扣的安全生产许可证后方可恢复煤炭生产。

案例2 上栗县赤山镇高兰永胜煤矿"7.7"特大透水事故案例分析

2005年7月7日15时40分,上栗县赤山镇高兰永胜煤矿发生一起特大透水事故,死亡15人,直接经济损失500万元。经省政府事故调查组认定,这是一起特大责任事故。

1. 永胜煤矿概况

上栗县赤山镇高兰永胜煤矿属私营股份制企业,1995年建井,1996年投产,实际生产能力3.0万t/a,历史最高产量3.0万t/a,累计采出原煤23.0万t,职工100余人。

该矿位于萍乡市上栗县赤山镇高兰村境内,距萍乡市北东20 km。高兰村原有2个煤矿,分别为赤山镇高兰永胜煤矿和赤山镇高兰前进煤矿。

2005年6月10日,该矿原股东与前进煤矿的股东签订了转让协议。煤矿转让后,原煤矿经营管理人员大部分没有再在煤矿担任何职务。6月15日,该矿向赤山镇安全生产办公室提交了其转让后的安全管理机构名单。

2001年,永胜煤矿通过煤矿安全专项整治后,重新换发了有关证照。2005年6月10日煤矿转让后至事故发生前,其各种证照还未办理变更手续。矿长没有参加过矿长安全知识培训,未取得矿长资格证和矿长安全资格证。副矿长等管理人员也没有得到安全资格证。

上栗县赤山镇高兰永胜煤矿井田走向长度160 m,倾斜长度130 m,面积0.028 km^2。井田内主体构造为一单斜构造,次生褶皱发育,地层多处产生倒转。含煤地层为二叠系乐平组官山段A煤组,含煤5层(A_1~A_5),其中A_1和A_2可采。A_1煤层(俗称大槽),位于1号砂岩以下,与下伏茅口组灰岩直接接触,煤层发育良好,煤层厚度0~30 m,多为1.6~5.0 m,煤层沿走向和倾向变化大,煤层不稳定,煤层结构简单,为主要煤层;A_2煤层(俗称殿下槽),煤层发育较好,煤层厚度0~10.79 m,多为0.5~3.8m,沿走向和倾向变化大,煤层结构简单,为次要煤层;煤层倾角多为300~500,A_1~A_2煤层间距10~50 m。矿井采用斜井、平硐开拓方式,主斜井提升、进风,风井平硐回风。主斜井口标高+234.3 m,矿井分三个水平生产,标高分别为+99.4 m、-9 m、-118 m。2004年9月9日,三个水平因涌水量大,打封密后放弃开采。

矿井采用中央并列式通风,总回风量为500 m^3/min,2002年瓦斯等级鉴定相对瓦斯涌出量13.10 m^3/min。

该矿水文地质条件复杂,A_1煤层底板为茅口灰岩,因地质条件变化,+100 m以下地层倒转,茅口灰岩变为A_1煤层的直接顶板。总厚度为250 m的中厚层状灰岩,溶洞裂隙发育,连通性好,含有丰富的岩溶地下水,属强含水层。+100 m标高以上浅部,溶洞、裂隙均发育,水量大;+100 m标高以下以裂隙为主,溶洞为次,水量稍小,是矿井的长期补给水源。近十几年来,周边关闭了多个小井,老窑较多,且永胜煤矿又曾与前进、开发、永威和梨子树等矿贯通,使老窑采空区和煤矿采空区形成巨大的空间和积水。A_1煤层直接和茅口灰岩接触,茅口灰岩含水层、老窿积水和构造裂隙水、大气降水的补给是本矿的主要充水因素。F_1走向逆断层错切煤系地层和茅口灰岩、煤层,断距280 m,贯穿整个狮子岭矿区,属于富水性和导水性较强的断裂构造。矿井正常涌水量 15～30 m^3/h，最大涌水量 70～80 m^3/h。

矿井采用二级排水，主斜井底(＋99.4 m)、二水平(－9 m)分别装有 2 台 D80-30/5 型水泵，水仓容量 220 m^3 和 230 m^3，井筒内分别布置 2 趟直径 80 mm 塑料管做主排水管。

2. 煤矿事故前生产情况

2005 年 5 月 1 日至 7 日，为保证节日期间的社会稳定，地方政府决定全县所有高危行业企业停产整顿。为了贯彻县政府的决定，保证各煤矿停产整顿到位，镇政府所有煤矿井口的绞车上贴了封条。5 月 8 日，由于永胜煤矿与前进煤矿存在矿界纠纷致使造成重大安全隐患，地方政府决定继续对两矿实行停产整顿，并要求两矿协商解决。

2005 年 6 月 10 日，未经有关部门依法批准，永胜煤矿全体股东与前进煤矿股东签订了煤矿转让协议，永胜煤矿股东以 420 万元将永胜煤矿转让给前进煤矿的股东。2005 年 6 月 13 日，永胜煤矿的新股东在安全管理机构不健全，管理人员没有取得资格证，没有进行隐患排查和制定任何安全措施的情况下，私自撕掉封条，恢复生产。至事故发生前，共生产原煤 1 000 多吨。

3. 事故简要经过与抢险救灾过程

2005 年 7 月 7 日中班(14:00～21:00)，煤矿安排 16 人下井作业，其中班长 1 人，一水平井底摘挂钩工 1 人，二水平推车工 2 人，二水平西下山东掘进 6 人，二水平西大巷西下山西捡煤 6 人。另有基建班(8:00～16:00)有 4 人正在西大巷东下山施工，此外，井下还有矿师及二水平绞车工 1 名，共 22 人在井下作业。15:40 左右，位于西下山东平巷交叉口的工人廖某听到有呼呼的风声，意识到出事了，马上和小工唐某往上跑。此时，位于西下山绞车房的班长廖某等也发现二水平西大巷内一股飓风夹带着煤尘、茅草叶倒流出来，也立即同推车工等往外跑。跑到二水平车场时，廖某搭乘一辆矿车到一水平。其他人员从二水平至一水平的回风副井，往上到副井第三段时，发现有刮风下雨一样的水打过来，到第四段时，水已齐腰深，且感到水冲着人走。在这期间，有两次出现水突然下降再回升。待他们跑到一水平时，才没有水跟过来。15:55 左右，主井筒水位涨到标高＋142 m 处。

在事故发生过程中，井下作业的 22 人中有 7 人跑出地面逃生，15 人被困井下。事故发生后，市、县、镇人民政府及有关部门迅速赶到了现场，组成事故抢险指挥部，开展事故抢救工作。7 月 7 日 23 时，已装好了水泵进行强排。7 月 11 日，在一水平井底车场(＋99 m)发现一名遇难者，12 日，在二水平上部井筒中找到 4 名遇难者尸体。至 7 月 19 日 13 时，水位下降到－1 m 标高，仍未发现另外 10 名矿工。此时，距二水平井底仅有 15 m。由于下面的巷道淤塞严重，如继续清淤排水，抢险指挥部担心会引起第二次透水，威胁抢救人员的安全。于是，请专家组对继续排水抢险的风险性进行分析论证。专家组经过调查分析，得出结论：另外 10 名矿工已无生还可能，继续强排很有可能引起第二次透水，威胁抢救人员的安全。2005 年 8 月 6 日，地方人民政府决定停止抢救。至此，抢救工作基本结束。

4. 事故原因分析

1) 透水水源积聚的原因分析

(1) 根据调查，该区段历史老窑较多，近 20 年来，周边又开发了多个小煤矿，且永胜煤矿和前进、开发(已关闭)、永威(已关闭)及梨子树(已关闭)等矿相互贯通，现周边虽只留有前进煤矿，但老窑和采空区仍大量存在，大气降水通过地表渗透，形成老隆积水

(2) 根据《储量勘查报告》和《水文地质报告》等综合分析，永胜煤矿水文地质条件复杂。A_1 煤层底板为茅口灰岩，因地质条件变化，＋100 m 以下地层倒转，茅口灰岩变为 A_1 煤直

接顶板。该灰岩溶洞裂隙发育，连通性好，含有丰富的岩溶地下水，属强含水层，＋100 m 标高以上浅部，溶洞、裂隙均发育，突水量大；＋100 m 标高以下以裂隙为主、溶洞为次，突水量稍小，是积水的长期补给水源。

2）事故透水区域的开采状况分析

经询问早年开采永胜煤矿老一水平相关人员，永胜煤矿老一水平约在＋70 m 标高，石门穿 A_1 煤层后开掘东、西两边巷道。1997 年前后两年多时间内，将＋70 m 标高以上煤层开采完，且东西两边分别贯通现已关闭的梨子树煤矿等老窑巷道和采空区。在 2000 年后退至＋70 m 车场向西南方向掘进下山约 40 m，坡度约 30°，在约＋50 m 标高见煤，沿煤做西顺槽约 20 m，穿通梨子树煤矿老隆水，透水后淹至距主井井口约 30 m 处，所幸未发生人员伤亡。同年排水复产，因下部淤泥淤碴太多，排水困难，退至斜井＋99 m 标高处掘甩道、车场，形成现在的一水平，并在斜井＋99 m 以下砌防水密闭堵水，该密闭未安装泄水阀，且上面填埋碴石。永胜煤矿 2004 年至 2005 年主采二水平西翼 A_1 煤层（直接顶板为灰岩），该煤层倾角 30°～50°，煤层厚度 0～30 m，多为 1.6～5.0 m，开采时自大巷以上共开采三个分层，第三分层巷道标高约＋5 m，采用高落式采煤方法，因沿走向和倾向煤层厚度变化较大，三分层以上，煤层垮落高度不一。据调查，距二水平西下山以西 20～40 m 范围，沿倾向往上煤层发育较好，回采时该范围为较高垮落区，垮落高度不明。矿井转让后，新股东又复采了西边的残余煤，回采了西边大巷副巷之间的部分煤柱和西下山厚煤层。

3）直接原因分析

违法开采防水隔离煤柱，造成上部采空区积水大量下涌，在二水平作业的 15 名矿工来不及逃生而死亡，导致特大透水事故的发生。

4）间接原因分析

透水事故发生的间接原因主要有：在地方政府责令停产整顿期间，永胜煤矿无视政府监管违法恢复生产；该煤矿违法转让后，没有办理任何证照的变更手续，矿长、安全副矿长等管理人员也没有取得矿长资格证、安全资格证；煤矿擅自恢复生产前，没有进行隐患排查，没有制定安全措施；煤矿转让后，没有移交相关技术资料；曾与老窑及灰岩贯通的积水老采空区没有上图，煤矿冒险盲目开采。

5. 煤矿应承担的法律责任

(1) 永胜煤矿新老股东及技术负责人将承担刑事法律责任

(2) 永胜煤矿无视地方人民政府停产整顿指令，违法恢复生产，违法生产原煤 1 000 余吨。按违法生产原煤 1 000 t 计算，没收违法所得 15 万元，并处以违法所得 3 倍的罚款，共计 60 万元。

(3) 永胜煤矿、前进煤矿越界开采，相互贯通；违法开采存在严重水患威胁的 A1 煤层；无视停产整顿指令，擅自非法生产，由地方人民政府依法关闭。

6. 教训

(1) 煤矿严禁开采各类保安煤柱，否则将导致重特大事故的发生，后果严重。

(2) 煤矿必须依法开采，不得超层越界。

(3) 要严格依法规范煤矿采矿权转让，查处违法转让行为。

(4) 煤矿采矿权依法转让时，要同时移交煤矿的所有技术资料、安全隐患记录、重大危险源档案，否则不得转让。煤矿依法转让后，要及时变更相关证照，管理人员要依法取得矿长资格证、安全资格证，建立健全安全管理机构，建立安全生产责任制，制定安全管理制度，完善煤矿的安全设施，经有关部门验收合格后方可恢复生产。

(5) 有关部门要强化煤矿安全隐患特别是存在重大水患危险源矿井的监管，要对煤矿重大危险源进行专项评价、监测、监控，严格落实安全措施。

8.2 危险化学品行业案例分析

案例 1 某炼油厂危险因素辨识与评价

某炼油厂内建有污水回用系统，回用污水除盐装置占地面积 1 800 m^2，回用的污水用于循环补水。该污水回用系统建于炼油厂锅炉水处理车间的南侧空地，厂房的西面与南面有 6 m 宽消防通道。主厂房为两层框架结构，首层净高 4 m，二层净高 6 m，占地面积28.5 m×14.1 m。首层有配电室、废水池、反洗水池、生水提升泵、RO 高压泵、超滤反洗泵、废水提升泵、罗茨鼓风机等机泵，以及氧化剂投加装置、还原剂投加装置、阻垢剂投加装置等。反渗透装置和超滤装置布置在厂房二层。生水罐设置在厂房外东侧空地。主要建筑物为水处理厂房。构筑物为废水池、超滤取水池和设备基础。建构筑物设计在满足结构强度、刚度、耐久性和抗震要求的同时考虑了防腐要求。

污水回用工艺系统分预处理、反渗透和清洗 3 部分。预处理系统由生水泵、SFP 超滤等组成；反渗透系统由加药单元、高压泵、反渗透膜等组成；清洗系统由清洗水泵、水箱等组成，用于反渗透及超滤清洗。基本工艺：回用污水进入生水罐，经生水泵加压进入超滤装置，经过超滤装置后水中的细菌残体、胶体微粒及大分子的有机物被去除。超滤出水投加亚硫酸钠和阻垢剂，经高压泵提升进入反渗透装置。反渗透装置的产水进入中间水罐，再进入离子交换系统处理后用于锅炉补水。回用污水除盐过程中的各种罐体、超滤、反渗透、废水池设备周围或其上的构筑物高度均在 2.0 m 以上。

污水回用系统主要设备：生水泵、SFP 超滤装置、超滤反洗泵、罗茨鼓风机、氧化剂投加装置、RO 高压泵、反渗透装置、反渗透冲洗泵、阻垢剂投加装置、废水提升泵、生水罐、EDI 提升泵、空气压缩机及其储罐。配管材料主要采用普通焊接钢管，焊接连接。超滤装置出水管线采用内衬塑钢管，法兰连接。压缩空气管线采用无缝钢管，焊接连接。药液管线采用 UPVC 管材，黏合剂粘接。界区附近原有生产用水管线，生活用水管线及高压消防用水管线。在厂房东侧设 6/0.4 kV 变电所 1 座，内设 800 kV·A 变压器 2 台。低压主线主接线为单母线分段，母联手动/自动投入。低压电动机设短路，过负荷保护，3 kV 以上电动机设断相保护，373 kV 以上电动机现场设电流表。泵房和储药间动力配线采用电缆配线，局部穿钢管敷设。

污水回用系统电气设备建有 2 台 KYN-10 型高压配电柜。用电缆沿夹层引出高压配电间，沿电缆桥架至变压器。该系统设室外照明，厂房内采用广照型工厂灯，配电室等采用荧光灯，穿钢管暗配线。该系统有完善的高压消防水环状管网，管线上设置有 SS150-1.6 消火栓。在配电间、控制室等部位配置手提干粉灭火器、二氧化碳灭火器。

1. 依据《企业职工伤亡事故分类》(GB 6441—2009)划分危险、危害因素方法，辨识该企业可能存在的危险、危害因素，并指出危险、危害因素存在的部位。

危险因素辨识：

(1) 机械伤害。使用多种类型的泵，具有旋转、运动部件(如联轴节)，由于各种原因防护罩被损坏、拆除，未及时修复和补全，使得机泵旋转运动部件全部或部分暴露，可导致卷入或绞缠伤害;另外,泵检修拆除后未及时安装好防护罩,使旋转运动部件全部或部分暴露,也可造成卷入或绞缠伤害。

(2) 触电。主要包括电击电伤和雷电 2 种。

(3) 物体打击。高处作业点等处工具及其他物品的坠落。

(4) 高处坠落。罐体、超滤、反渗透等设备和废水池周围或其上的构筑物高度均在 2.0 m以上,工作人员在进行日常巡检、维修和观察等工作时均需通过登高用的固定直梯、斜梯、盘梯、活动扶梯进入这些高处作业点。

(5) 火灾。油浸变压器、生产工艺装置各种泵用电动机、供配电电气设备及线路。变电所及变配电电气设备。

(6) 淹溺。水处理储罐和水池。

(7) 灼伤。次氯酸钠、碳酸氢钠和氢氧化钠。

(8) 中毒和窒息。次氯酸钠分解或遇酸发生化学反应产生氯气。

(9) 其他伤害。搬运重物时碰伤扭伤、非机动车碰撞轧伤、滑倒(摔倒)碰伤、非高处作业跌落损伤等。

2. 以上述资料为背景针对回用污水除盐工艺过程中危险化学品进行安全评价,见表 8-1。

表 8-1　危险化学品安全预先危险性评价表

评价单元	使用的危化品	危险因素	事故原因	事故后果	可能性等级	危险等级
超滤预处理及超滤系统	次氯酸钠,氢氧化钠	次氯酸钠泄漏后分解产生氯气 氢氧化钠泄漏	自动加药系统的储罐、管道等部位出现泄漏、阀门等连接部位密封失效造成泄漏;系统温度过高,次氯酸钠量较大分解产生氯气	设备损坏;人员中毒;人员灼伤	D	3
反渗透进水	亚硫酸氢钠	亚硫酸氢钠泄漏	自动加药系统的储罐、管道等部位出现泄漏、阀门等连接部位密封失效造成泄漏	人员灼伤	D	2

危险化学品的对策措施和建议

1. 储存条件和方法符合《常用危险化学品贮存通则》(JTS/65-8-2007)的要求,储药间要保持良好通风,且内部温度不能过高。化学品的码放要注意配伍和禁忌要求。
2. 药液管线采用的 UPVC 管材,在选材上应保证其强度要求,黏合剂黏接要严密。运行中投药装置和管线要保证严密不泄漏。
3. 自动投药系统和连锁装置的选择要保证投药的稳定性;
4. 购买具有危险化学品生产或经营资质的单位的合格的危险化学品。
5. 建立完善的危险化学品管理制度,购买、报告、使用和处置危险化学品的人员均应经培训合格上岗。
6. 建立危险化学品应急预案。
7. 为危险化学品作业人员设置劳动防护设施,如洗手、清洁设施。

案例 2　某印刷机械厂危险因素辨识与评价

某厂主要生产小型胶印机、气泵、订书机。生产原料主要为型材、板材、铜材、铝材、机电配套产品、标准件、辅料、油漆、稀料类、酸等。产品主要为胶印机、订书机、气泵等成品以及少量工业废料。厂区北侧有一已开采矿坑、高压输电线路紧邻厂区外墙、周围无对环境有污染的企业等；厂区周围交通便利，适宜物料运输和员工通勤。厂区主道路宽 8 m，次要道路宽 6 m。物流口设置于厂区南门，人流出入口设置于厂区北门。厂房四周布置环形道路；道路两旁布置绿化。

厂内主要生产车间有：胶印机加工车间和装配车间、气泵生产车间、订书机生产车间及综合车间。该厂的生产工艺以钣金、机加工、装配为主。产品的主要工艺流程：零件加工（冷加工、热处理、表面处理），装配，调试，罩漆，包装出厂。

厂区内设有一个变配电室，位于厂区的中心位置，进线方式为单路电缆进线，电压等级为 10 kV，变配电室设有一台 S7 型 630 kV·A 变压器。经变压器将高压变为 0.4 kV 低压，以直埋电缆方式分送到各个车间，再送给各配电箱和用电设备。工厂的燃料煤主要用于采暖、浴室、食堂。采用一台型号为 SZL4.2-10/115/70-AⅡ的 6 t 锅炉用于采暖，有容水量 2 t 茶浴炉一台用于饮水和职工洗浴，常年使用；还有食堂燃煤大灶 3 台，全年耗煤量约为 670 t。

厂区内设有锅炉房，锅炉房一侧建有一仓库。仓库内存有油漆、稀料、汽油、煤油、机油、酸、碱纸箱和棉纱等。仓库内供电设备为白炽灯，内附办公室。该地区的地震抗震设防烈度为 8 度。

该厂的机械设备主要是金属切削机床，包括车床、铣床、钻床、刨床、磨床、镗床、滚齿机等。该厂的生产线上使用的起重设备有单梁桥式起重机、单梁悬挂起重机、电葫芦桥式起重机等。厂装配车间配有一部电梯。该地区气候条件为冬季受蒙古高压影响；夏季受海洋副热带高压控制。年平均气温为 11.6 ℃，一月最低，平均为 −3.4 ℃，7 月最高，平均为 25.1 ℃。年累积日数（最多）48 d。年平均大雾日为 9.6 天，主要出现在 11、12 月，5～6 月出现的日数最少。该地区全年主导风向为偏北风及偏南风。常年夏季主导风向：西南；常年冬季主导风向：西北。

1. 依据《企业职工伤亡事故分类》（GB6441—2009）划分危险、危害因素方法，辨识该企业可能存在的危险、危害因素，并指出危险、危害因素存在的部位。

（1）机械伤害。大型机床的移动工作台、牛头刨床的滑枕；盘、进给丝杠、旋转工件或刀杆。

（2）电气伤害

① 电击：配电室、配电线路、车间配电箱、生产工艺过程各种电气拖动生产设备、移动电气设备；

② 电伤：厂区内的变配电室、配电线路、车间配电箱；

③ 雷电：烟囱、厂区建筑物、变配电电气设备；

（3）容器爆炸。空压机储罐及各种蒸汽和压缩空气管道。

（4）锅炉爆炸。

（5）车辆伤害。厂区、车间运输通道。

（6）起重伤害。单梁桥式起重机，单梁悬挂起重机，电葫芦桥式起重机等作业区，电梯。

（7）高处坠落。正常或检修时在高于基准面 2 m（含 2 m）以上的作业点。

（8）坍塌：库房或车间物料码放不当和过高引起物料的坍塌。

（9）火灾、其他爆炸：油漆、涂料使用场所和危险化学品库。

(10) 灼伤:使用酸、碱的作业处和储存区。

(11) 物体打击:普通车床、铣床、磨床、刨床、砂轮机、手持电动打磨机。

2. 对涂装工艺单元进行危险性评价

2.1 评价内容

(1) 涂装工艺火灾爆炸重大危险源评判。

(2) 涂装工艺火灾爆炸危险性定性评价。

(3) 涂装工艺电气火灾和爆炸危险评价。

2.2 评价方法介绍

2.2.1 涂装工艺火灾爆炸重大危险源评判方法

根据涂装生产过程中危险物质的临界量确定该工艺生产过程是否是重大危险源。我国及国际劳工组织对各种危险物质的临界量均有规定,评价时即按规定衡量。

2.2.2 涂装工艺火灾和爆炸危险定性评价方法

对涂装工艺火灾爆炸危险性进行定性评价,采用的是预先危险性分析(PHA)法。后面将对这种方法给出具体介绍。

2.2.3 涂装工艺电气火灾和爆炸危险评价方法

这部分采用事故树评价法,以涂装工艺燃爆作为顶上事件,详细分析可能导致该事故的电气原因。由于事故树方法人们都比较熟悉,因此不再进一步介绍。

3. 涂装工艺火灾爆炸重大危险源评判

3.1 火灾、爆炸危险物质及其存放量

涂装工艺火灾、爆炸危险物质及其大约存放量见表 8-2。

表 8-2 危险物质及其存放量

单元	主要危险物质	存放量/t	危险因素
涂装工艺	油漆	<1	火灾、爆炸
	稀料	<1	火灾、爆炸
	苯系物	<1	火灾、爆炸

3.2 火灾、爆炸重大危险源判断

在 1993 年 6 月第 80 届国际劳工大会发布的《预防重大工业事故公约》中,将重大危险源定义为:“长期或临时性地加工、生产、运输、使用或储存一种或多种物质,且数量超过临界量的设备、设施或设施群。集中布置在一起并相互关联的多个设备或设施可看做一个较大的设备或设施群。”国外一些国家和一些组织,如欧共体、国际经合组织等,分别制定了重大危险源辨识标准。

临界量是指对于某种或某类危险物质规定的数量,若单元中的物质达到或超过该数量,则列为重大危险源。

危险物质超过其临界量包括以下两种情况:

(1) 单元内任一种危险物品的数量达到或超过临界量。

(2) 单元内多种危险物品的数量满足下面的公式:

$$\sum_{i=1}^{n}\frac{q_i}{Q_i}\geqslant 1$$

式中 q_i——单元中第 i 种危险物品的实际储存量；

Q_i——标准中规定的第 i 中危险物品的临界量；

n——单元中危险物品的种类数。

根据我国对重大危险源临界量的规定，用上式进行计算，结果表明，该厂涂装工艺不能构成重大危险源。但是，该工艺仍然存在火灾和爆炸的事故危险，应按国家有关消防、爆炸危险品管理等法规制订相应的防护措施。

4. 涂装工艺火灾爆炸危险定性评价

根据预先危险性分析方法，对涂装工艺火灾危险性进行分析和评价，其结果见表 8-3。

表 8-3　　涂装工艺火灾危险性评价

评价单元	危险因素	触发事件	事故后果	可能性等级	危险等级
涂装工艺	火灾、爆炸	涂料遇明火燃烧挥发物遇火花爆炸漆雾遇火花爆炸残留物燃烧	人员伤亡财产受损	C	2～3 级

5. 涂装工艺电气火灾和爆炸危险评价

5.1　涂装工艺燃爆事故树

用事故树评价法，以涂装工艺燃爆作为顶上事件，详细分析可能导致事故的电气原因。该事故树如图 8-1 所示。

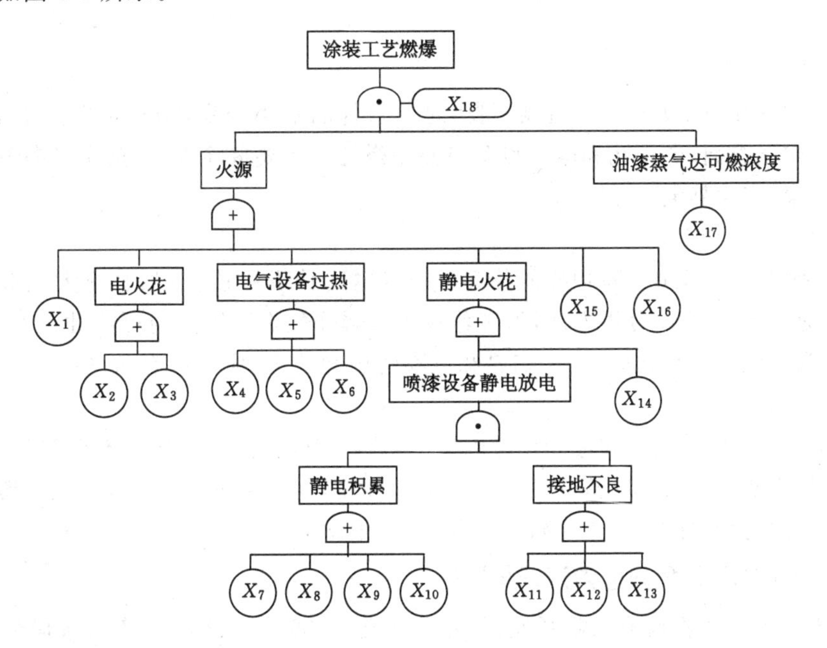

图 8-1　涂装车间燃爆事故树

图中的基本事件为：

X_1：明火　　X_{10}：飞溅油漆与空气摩擦

X_2：电器设备不防爆　　X_{11}：未设防静电装置

X_3：防爆电器损坏　　X_{12}：接地电阻不符要求

X_4:过载	X_{13}:接地线损坏
X_5:短路	X_{14}:人体静电放电
X_6:漏电	X_{15}:雷击火花
X_7:漆料流速高	X_{16}:撞击火花
X_8:管内壁粗糙	X_{17}:车间通风不良
X_9:漆料冲击被漆件	X_{18}:达爆炸极限

5.2 最小径集和结构重要系数

因该事故树的最小割集数量较多,不便于求取和分析,因此采用求最小径集的方法。原事故树的成功树的布尔代数方程如下:

$$T'=X_{18}'+X_1'X_2'X_3'X_4'X_5'X_6'X_{14}'X_{15}'X_{16}'(X_7'X_8'X_9'X_{10}'+X_{11}'X_{12}'X_{13}')+X_{17}'$$
$$=X_{18}'+X_1'X_2'X_3'X_4'X_5'X_6'X_{14}'X_{15}'X_{16}'X_7'X_8'X_9'X_{10}'+$$
$$X_1'X_2'X_3'X_4'X_5'X_6'X_{14}'X_{15}'X_{16}'X_{11}'X_{12}'X_{13}'+X_{17}'$$

根据该方程可知,最小径集有4个,为:

$\{X_1,X_2,X_3,X_4,X_5,X_6,X_{14},X_{15},X_{16},X_7,X_8,X_9,X_{10}\}$

$\{X_1,X_2,X_3,X_4,X_5,X_6,X_{14},X_{15},X_{16},X_{11}, X_{12},X_{13}\}$

$\{X_{17}\}$

$\{X_{18}\}$

其结构重要度顺序为

$X_{18}=X_{17}>X_1=X_2=X_3=X_4=X_5=X_6=X_{14}=X_{15}=X_{16}>X_{11}=X_{12}=X_{13}>X_7=X_8=X_9=X_{10}$

5.3 评价结果

X_{18}(达到爆炸极限)和X_{17}(通风不良)是单事件的最小径集,结构重要度最大,是防范的关键。在电气方面,电火花和电气设备过热是燃爆的主要危险因素,其次是静电防护不当导致静电积聚,产生静电火花。

6. 评价结论

(1) 根据生产过程中危险物质的临界量确定建设项目中无火灾爆炸重大危险源。

(2) 根据预先危险性分析方法,涂装作业火灾爆炸危险性发生的可能性是C,为偶尔发生;危险性为2级和3级之间,处于临界和危险的中间状态,应采取有效的控制措施防止其发生。

(3) 涂装工艺电气火灾和爆炸危险因素中“达到爆炸极限”和“通风不良”是单事件的最小径集,结构重要度最大是防范的关键。在电气方面,电火花和电气设备过热是燃爆的主要危险因素,其次是静电防护不当导致静电积聚,产生静电火花。

案例3 某食品化工厂危险因素辨识与评价

某维生素生产企业地处工业开发区,年产维生素350 t。该厂区平面布局分成三个部分,厂西面为厂前区,综合办公楼建在厂前区的西北角,紧邻综合办公楼南侧为空压站。厂址中部为主生产区,各主要生产工序设置在联合厂房内;主生产区的北侧和东侧为工厂辅助设施区,主要有原料库、化学品库、乙醇回收装置、循环水站、水泵房、污水处理站等设施。主要原料及辅料:DD油,色拉油,乙醇,硫酸,烧碱,明胶和甘油。其中乙醇储量最大,日常储量为25 t。其余物品储存量小。进出厂的货物运输,主要以汽车做短距离搬运,厂区设二人口,一处为东大门,入厂后与厂内主干道相连,厂内主干道宽6 m,次道宽4 m,出厂后与工业开发区内干道连通；另一为西大门，主要为人流口，一般不进出货物车辆。

该生产工艺主要为：采用分子蒸馏工艺对DD油进行预处理、提浓原料中的维生素E含量，原料进入酯化、冷析分离、脱水脱气、分子蒸馏和乙醇回收及对初产品维生素E和副产品植物甾醇进行超临界萃取等工序所组成。然后将维生素E的大部分产品送入产品后加工工段，经先进的制丸加工过程，得到可直接进入市场消费的精制维生素E胶丸。生产工艺所需生产设备主要有搪瓷反应釜、热交换器、离心机、蒸馏塔、真空泵、冷水机组、分子蒸馏设备、超临界萃取设备、二氧化碳液体高压输送泵以及维生素E制丸包装设备等。车间有电梯1部、电动葫芦1台。该厂为二级用电负荷，总用电量为 850×10^4 kV·h/a，厂内设计有1 500 kW的总配电室，双回路统一供电。生产装置的用电为Ⅱ类负荷。该厂正常生产时，总用水量约为20 t/h。厂内生产用水和生活用水分管网各设回路总管向用水处供水。生产工艺中采用了循环冷却水系统。厂区给水包括以下系统：循环冷却水系统；生活用水系统；消防用水和生产用水系统。生产过程中，使用0.6 MPa(饱和)蒸汽加热，厂区、生活办公冬季取暖用汽，由工业开发区热力站负责供汽，通过蒸汽管道输送至各用汽点。生产工艺需用氮气作保护或置换系统，采用钢瓶氮气接入氮气总管，分送至各用氮气岗位和设备。生产中需用压缩空气和仪表空气，由附设于联合厂房内的空压站统一提供。建(构)筑物一般采用砖混结构，主生产装置采用钢筋混凝土框架结构；建筑物抗震设防烈度按8度设计。

1. 依据《企业职工伤亡事故分类》(GB 6441—2009)划分危险、危害因素方法，辨识该企业可能存在的危险、危害因素，并指出危险、危害因素存在的部位。

(1) 其他爆炸：D.D油油库、蒸馏及酯化工段、乙醇回收、乙醇装卸过程。

(2) 火灾：油库，生产工艺各过程、乙醇回收装置。

(3) 起重伤害：电动葫芦、电梯。

(4) 高处坠落：高于基准面2 m(含2 m)以上的操作部位。

(5) 触电(电伤，电击)：供电设备线路；照明，系统、电动工具、移动设备电源等；雷电：烟囱；厂房等建筑物。

(6) 坍塌：堆置零部件的部位、货架。

(7) 机械伤害：各可动外露部件、作业场所狭窄。

(8) 车辆伤害：车间和厂区运输道路，运输车辆。

(9) 物体打击：车间旋转或运动设备、维修作业区、高处作业点下部工具或物件掉落。

(10) 容器爆炸：蒸汽管道，空气压缩机分汽缸以及气瓶等压力容器。

(11) 灼伤：硫酸、烧碱的使用过程中对人的灼伤。

乙醇为属于闪点小于28 ℃的易燃液体，储存区临界储存量为20 t，最大储存量为25 t，因此构成重大危险源。

2. 火灾、爆炸、泄漏危险评价

2.1 评价单元及其划分

因生产工艺相对独立，且除储罐外，一个生产单元发生火灾、爆炸事故，对另一个生产单元不会产生很大影响，所以基本按生产单元划分评价单元，共分为7个评价单元。

2.1.1 DD油库单元

建筑面积453 m^2，存储物料为DD油。存储量按1个月计算为300 t。

该单元的危险因素主要是物料泄漏和火灾。发生泄漏、火灾的设备和设施是DD油储槽。造成泄漏的原因有：DD油储槽的质量不合格或存在缺陷、违章作业、作业程序不合理等。造成火灾的原因主要有:DD油泄漏后不能及时处理或处理程序不合理,防爆电气设备不合格或未采用防爆设备等。

2.1.2 产品主生产工艺单元

单元包括:异段分子蒸馏、酯化工段、中二段分子蒸馏、超临界萃取等生产工艺。泄漏、火灾、爆炸物料有:乙醇、硫酸、碱液、DD油、中间产品等。

单元的危险因素主要是泄漏、火灾、爆炸。容易发生泄漏、火灾或爆炸的设备和设施有:各类槽、罐、泵、管道、过滤器等。造成泄漏的原因有:设备或设施的质量不合格、违章作业、作业程序不合理等。造成火灾或爆炸的原因有:泄漏后没有及时处理或处理程序不合理,防爆电气设备不合格或没有采用防爆设备,违章动火作业等。

2.1.3 乙醇回收单元

单元包括:乙醇回收工段。泄漏、火灾、爆炸物料有:乙醇、混合尾气等。

单元的危险因素主要是泄漏、火灾、爆炸。容易发生泄漏、火灾或爆炸的设备和设施有:各类回收塔、冷却塔、泵、管道、过滤器等。造成泄漏的原因有:设备或设施的质量不合格、违章作业、作业程序不合理等。造成火灾或爆炸的原因有:泄漏后没有及时处理或处理程序不合理、防爆电气设备不合格、防雷设施不合格或无防雷设施、违章动火作业等。

2.1.4 产品包装单元

单元包括:精制VE胶丸工段和精制甾醇工段。可能的火灾燃烧物主要为维生素E产品和包装物。

单元的危险因素主要是火灾。由于该单元不存在泄漏危险源,且产品属于固体物料,因此发生火灾的可能性较小。

2.1.5 污水处理及地沟单元

单元包括:污水处理系统、厂区内的地沟等。泄漏、火灾、爆炸物质有:乙醇、混合尾气、含油或乙醇的废水等。

单元的危险因素主要是火灾和爆炸。容易发生泄漏、火灾或爆炸的设备和设施有:污水处理设备、地沟、与地沟连接的管道等。造成火灾或爆炸的原因有:物料泄漏后没有及时处理或处理程序不合理使物料进入地沟,防爆电气设备不合格或没有采用防爆设备,违章动火作业等。

2.1.6 乙醇卸料单元

单元包括:桶或槽车装的乙醇卸料工艺过程。泄漏、火灾、爆炸物料是乙醇。

单元的危险因素主要是泄漏、火灾、爆炸。容易发生泄漏、火灾或爆炸的设备和设施有:桶或槽车、泵、管道、控制阀等。造成泄漏的原因有:设备或设施的质量不合格、违章作业、作业程序不合理等。造成火灾或爆炸原因有:泄漏后没有及时处理或处理程序不合理,卸料时运输车未戴防火安全帽,卸料环境中防爆电气设备不合格或使用非防爆设备,违章作业等。

2.1.7 室外物料储罐单元

单元包括:24.6 m^3粗乙醇储槽1个,24.6 m^3新鲜乙醇储槽1个,10 m^3乙醇储槽1个,7.2 m^3硫酸储槽1个,11.4 m^3碱液储槽1个。可能发生泄漏的物料主要为:乙醇、硫酸、碱液;发生火灾、爆炸危险的燃料为乙醇。

单元的危险因素主要是泄漏、火灾、爆炸。易发生泄漏、火灾或爆炸的设备和设施主要是储槽。造成泄漏的原因有:储槽的质量不合格或有缺陷、违章作业、作业程序不合理等。造成火灾或爆炸的原因有:乙醇泄漏后未及时处理或处理程序不合理,违章动火或其他违章作业等。

2.2 危险分析与评价

根据可行性研究报告，采用直接评价法评价各车间的安全防火等级；在进行重大危险源分析的基础上，选择厂区火灾爆炸危险性大、危害严重的单元进行火灾爆炸危险（危害）范围评价。

2.2.1 防火等级

根据生产工艺中物料的量和物理化学性质，划分火灾危险等级，见表8-4。

表8-4 火灾危险等级

序号	生产工艺（单元）	生产的火灾危险性分类
1	一级分子蒸馏工段	甲类
2	酯化工段	甲类
3	二级分子蒸馏工段	甲类
4	乙醇回收工段	甲类
5	超临界萃取工段	甲类
6	DD油库	丙类存储物品
7	联合厂房（指制丸和包装工段）	丙类

2.2.2 乙醇储槽蒸汽云爆炸事故危险评价

根据各单元的生产情况和物料存储量可知，相对而言，室外物料储罐单元的物料量最多，因此对室外物料储罐单元的火灾爆炸危险性进行定量评价。

采用蒸汽云爆炸模型，对室外物料储罐单元的火灾爆炸危险性进行评价，给出沸腾液体扩展为蒸汽云爆炸时，对人员的伤害、设施和设备的破坏范围。

1）评价内容

对于室外物料储罐单元发生火灾、爆炸的物料为乙醇。储罐的乙醇泄漏后，经过蒸发、扩散和与空气混合，有可能在一定范围内形成爆炸性蒸汽云，一旦遇到着火源，将会发生爆炸。蒸汽云爆炸不仅对处于爆源（蒸汽云）中的人员、建筑物及设备等造成严重伤害和破坏，爆炸发生时所形成的冲击波，也将威胁爆源周围人员的生命安全，破坏建筑物、设备和设施。

鉴于上述原因，选取室外乙醇储槽作为重点评价对象，针对该重点危险源的乙醇蒸气云爆炸事故对周围人员的伤害与建筑物的破坏进行评价，具体内容包括：

（1）计算蒸汽云爆炸波的特性参数。

（2）评价爆炸波对建筑物的破坏。

（3）评价爆炸波对人体的伤害。

2）评价方法

（1）冲击波超压

在蒸汽云爆轰时，其冲击波参数可以用下式计算：

$$\begin{cases}\ln(p_s/p_a) = -0.9126 - 1.5058\ln(R) + 0.1675\ln^2(R') - 0.0320\ln^3(R') \\ 0.3 \leqslant R' \leqslant 12\end{cases} \tag{8-1}$$

式中 p_s——冲击波正相最大超压，Pa；

p_a——大气压力，取 1.01325×10^5 Pa；

R——无量纲距离。

$$R' = R/(E_0 p_a)^{1/3} \tag{8-2}$$

式中　R——目标到蒸气云中心的距离，m；

E_0——爆源总能量，J。

$$E_0 = \beta \alpha W Q_c \tag{8-3}$$

式中　β——地面爆炸系数，取 1.8；

α——蒸气云当量系数，取 0.04；

W——蒸气云对爆炸冲击波有实际贡献的燃料质量，kg；

W_c——燃料的燃烧热，J/kg。

(2) 爆炸的伤害区

① 人员伤害区。为了估计爆炸可能造成的人员伤亡情况，一种简单但也较为合理的预测方法是将伤害区域分为死亡区、重伤区、轻伤区和安全区。根据人员因爆炸而死亡概率的不同，将爆炸危险源周围由里向外依次划分为以下 4 个区域：

a. 死亡区。该区内人员如缺少防护，则将无例外地蒙受严重伤害或死亡，其内径为零，外径记为 $R_{0.5}$，表示外圆周处人员因冲击波作用导致肺出血而死亡的概率为 50%，它与爆炸量间的关系为：

$$R_{0.5} = 13.6(W_{TNT}/1\,000)^{0.37} \tag{8-4}$$

式中　W_{TNT}——爆源的 TNT 当量，kg。

$$W_{TNT} = \beta \alpha W Q_c / Q_{TNT} \tag{8-5}$$

式中　Q_{TNT}——TNT 爆热，可取为 4.52×10^6 J/kg。

b. 重伤区。该区内的人员如缺少防护，绝大多数人员将遭受严重伤害，极少数人可能死亡或受轻伤。其内径就是死亡半径 $R_{0.5}$，外径记为 $R_{e0.5}$，代表该处人员因冲击波作用而耳膜破裂的概率为 50%，用超压值由式(1)即可计算出重伤区外径 $R_{e0.5}$。

表 8-5　冲压力及其效应

$p_s/10^5$ Pa	冲击波破坏效应	$p_s/10^5$ Pa	冲击波破坏效应
0.002	某些大的椭圆形玻璃破裂	0.08	树木折枝，房屋需修理方能居住
0.003	产生喷气式飞机样的冲击声	0.10	承重墙损坏，屋基向上错动
0.007	某些小的椭圆形玻璃破裂	0.15	屋基破坏，30%树木倾倒，动物耳膜破坏
0.01	窗玻璃全部破裂	*0.2	90%树木倾倒，钢筋混凝土柱扭曲
0.02	有冲击碎片飞出	*0.3	油罐开裂，钢柱倒塌，木柱折断
0.03	民用住房轻微损坏	*0.5	货车倾覆，民用建筑物全部损坏，人肺部受伤
0.05	窗户外框损坏	*0.7	砖墙全部破坏
0.06	屋基受到损坏	*1.0	油罐压坏

c. 轻伤区。该区内的人员如缺少保护，绝大多数人员将遭受轻微伤害，少数人将受重伤或平安无事，死亡的可能性极小。该区内径为 $R_{e0.5}$，外径记为 $R_{e0.01}$，表示外边界处耳膜因冲击波作用而破裂的概率为 1%，用超压值由式(8-1)即可计算出轻伤区外径 $R_{e0.01}$。

d. 安全区。该区内的人员即使无防护，绝大多数人也不会受伤，死亡的概率则几乎为零。该区内径为 $R_{e0.01}$，外径为无穷大。

② 建筑物及设施的破坏区。爆炸能不同程度地破坏周围的建筑物和设施，造成直接经济损失。根据爆炸破坏模型，可估计建筑物和设施的不同破坏程度，据此可将危险源周围分为几个不同的区域，表 8-6 是不同的冲击波压力及其危害效应表。

选取表 8-6 中后 5 项作为冲击波对建筑物和设施的破坏标准，将超压值代入式(8-5)，即可求出不同超压值下的破坏半径。

3）乙醇蒸气云爆炸波危害评价及结果分析

（1）基础数据的选取

① 乙醇燃烧热。由于厂家没有提供乙醇燃烧热的数据，根据有关资料近似选取乙醇的燃烧热为 30 991 kJ/kg，则：

$$Q_c = 3.099 \times 10^7 \text{ J/kg}$$

② 参与爆炸的乙醇质量。由于室外物料储罐单元有 3 个乙醇储槽，为多罐存储形式，因此火球中消耗的乙醇质量取最大单储槽质量的 90%，取储槽的罐装系数为 0.85、乙醇的密度为 1 000 kg/m³，而储罐的容积为 24.6 m³，所以参与爆炸的乙醇质量为：

$$W = 24.6 \times 1\,000 \times 0.9 \times 0.85 = 1.88 \times 10^4 (\text{kg})$$

（2）冲击波超压

依据式(8-1)～式(8-3)，可得到乙醇储槽发生原酒蒸气云爆炸时冲击波超压值随距离的分布函数：

$$\ln(p_s) = 10.613\,2 - 1.505\,8\ln\left(\frac{R}{74.53}\right) + 0.1675\ln^2\left(\frac{R}{74.53}\right) - 0.032\,0\ln^3\left(\frac{R}{74.53}\right) \tag{8-6}$$

（3）蒸气云雾爆炸冲击波超压对人体的伤害

根据式(8-4)～式(8-6)以及重伤区和轻伤区的冲击波超压值，可确定蒸气云爆炸冲击波超压对人体的伤害情况，计算结果列于表 8-6 中。

（4）蒸气云爆炸冲击波超压对周围设施破坏的评价

根据式(8-6)和表 8-5 中不同冲击波破坏效应下的冲击波超压值，即可计算出不同超压值的破坏半径，结果列于表 8-7 中。

表 8-6　蒸汽云爆炸冲击波超压的伤害评价结果

序号	区域	半径/m	范围/m
1	死亡区	31.0	0～31.0
2	重伤区	70.8	31.0～70.8
3	轻伤区	138.1	70.8～138.1
4	安全区	+∞	138.1～+∞

表 8-7　蒸汽云雾爆炸冲击波超压对周围设施的破坏评价结果

超压 p_s/p_0	0.2	0.3	0.5	0.7	1.0
破坏半径/m	121.2	90.8	64.6	52.3	42.3

(5) 评价结果及分析

当室外的乙醇储槽发生蒸汽云爆炸时，可以得到如下结论：

① 当乙醇储槽发生蒸气云爆炸事故时，距储槽爆炸中心 31.0 m 内的人员将大部分死亡；距中心 31.0～70.8 m 的暴露人员内脏将严重挫伤，可引起死亡；距中心 70.8～138.1 m 内的暴露人员将会出现轻度或中度损伤。其人员伤害区域覆盖了整个厂区和相邻其他厂区。

② 爆炸冲击波的超压危害不仅造成人员伤亡，而且破坏周围的建筑物、构筑物、设备和设施。距乙醇储槽爆炸中心 42.3 m 以内的建筑物、构筑物、设备和设施将遭到严重的破坏，即室外物料存储单元的设备、设施等将遭到严重的破坏。距爆炸中心 42.3～52.3 m 内的砖墙将全部破坏，联合厂房全部被破坏。距爆炸中心 52.3～64.6 m 内的民用建筑物全部损坏，货车倾覆。距爆炸中心位置 64.6～90.8 m 内的储槽开裂、钢柱倒塌、木柱折断。距爆炸中心位置 90.8～121.2 m 内的钢筋混凝土柱扭曲。可见，其破坏范围也覆盖了整个厂区，即一旦发生乙醇储槽的蒸气云爆炸事故，厂内所有设备、设施都将遭到不同程度的损坏，而且相邻公司的部分设备、设备会遭到一定程度的破坏。

8.3 建筑施工行业案例分析

案例 1 脚手架坍塌事故

1. 事故经过

2011 年 9 月 10 日上午 8 时 30 分许，在西安市玄武路西口北侧凯旋大厦在建工地，正在该楼东侧外墙作业的附着式脚手架突然从 20 层高处坠落地面，导致正在脚手架上作业的 12 名职工从高处坠落地面。经过抢救，12 名被压工人全部被救出，其中 7 人当场死亡，5 人受伤。在救治过程中，又有 3 名伤员因伤势过重抢救无效死亡。经调查，伤者均属从高处坠落，颅脑损伤严重，胸、腹部多处骨折。事故共造成 10 人死亡、2 人受伤。

2. 事故原因分析

根据初步了解和分析，作业人员违规、违章作业是造成该起事故发生的主要原因。

一是严重违规：按照规定，附着式脚手架在准备下降时，应先悬挂电葫芦，然后撤离架体上的人员，最后拆除定位承力构件，方可进行下降。但在这次事故中，作业人员在没有先悬挂电葫芦、撤离架体上人员的情况下，就直接进行脚手架下降作业，导致坠落，是造成这次事故的主要原因。

二是严重违章：按照附着式脚手架操作相关规定，脚手架在进行升降时一律不准站人。而在这次事故中，脚手架在下降时站有 12 人。

案例 2 某大酒店工程施工升降机吊笼坠落事故

1. 事故概况

某大酒店工程地下 1 层、地上 20 层，为现浇框筒结构，建筑面积 3.6 万 m^2，事故发生时已完成 9 层结构施工。因施工需要，该大酒店工程项目部向某建筑总公司建筑机械租赁公司租赁了 1 台 SCD200/200A 型双笼施工升降机，由具有安装资质的租赁公司(下称安装单位)自行安装。2003 年 9 月 20 日，租赁公司、设备生产厂家派出技术人员、安装工人到场安装。至 11 月 15 日，该施工升降机导轨架安装到 28.8 m(19 节标准节)高度，并在建筑结构

2层、5层楼板面分别设置两道附着装置，但上行程开关曲臂未固定，上极限限位撞块、天轮架、天轮、对重均未安装，安装单位未对施工升降机进行全面检查，亦未办理验收手续，即于11月16日向工程项目部出具了工作联系单，申明“安装验收完毕，交付贵项目使用，并于即日起开始收取租赁费”。2003年11月20日6时05分，由无证上岗操作的女司机开动该施工升降机的一个吊笼载2名工人驶向6楼，吊笼运行超出导轨架顶后从高空倾翻坠落，吊笼内3人当场死亡。

注：设备安装单位应严格按照标准、规范安装机械设备，才能保证设备的安全使用施工升降机是用于高层建筑施工的垂直运输设备，可运载施工材料与施工人员。该设备高度高、机械结构及电气装置较复杂，装备有防坠落安全锁、上下极限开关、上极限限位撞块、重量限制器、进出料门安全联锁装置、底座缓冲装置等多项安全保护装置。安装单位应按规范要求安装施工升降机，并检查导轨架的垂直度是否符合要求。使用前安装单位应对设备进行试运行、调试，并检验上述各种安全保护装置是否灵敏、可靠。确认安装、调试合格后，由具有合法专项资质的起重机械检测机构进行检测，检测合格后，再由安装单位、使用单位组织有关技术人员验收并办理验收手续后，方可交付使用。应严格按照程序办事，才可以避免事故的发生。

2. 原因分析

1）事故直接原因

使用时施工升降机上极限开关曲臂未固定，使高度电气限位功能失效，上极限限位撞块、天轮架未安装，使高度机械限位功能失效；无证上岗司机违章操作，将吊笼开出导轨架，此时无任何安全保护装置对吊笼起限位保护作用，导致吊笼冒顶倾翻坠落，笼内人员当场死亡。

2）事故主要原因

（1）管理混乱：安装单位未制定施工升降机安装的技术监管措施和组织措施，未落实严格的安装验收手续，施工升降机尚未安装结束就交付使用；安排无证人员安装设备、无证人员担任司机。

（2）设备使用单位未履行施工升降机交接验收手续，就安排工人搭乘施工升降机，默许无证人员操作施工升降机。

（3）施工升降机生产厂家未按订货合同完全履行相应的安装技术指导、设备调试职责，技术人员在施工升降机未安装结束的情况下就撤离现场。

（4）监理单位对尚未安装结束的施工升降机投入使用的情况失察。

8.4 交通运输行业案例分析

案例1 广州东南西环高速公路刹车痕实例

1. 案例概况

广州东南西环高速公路全线长37.74 km，共设置11个收费站，主线上平均4.2 km开设一个出口匝道。主线设计车速100 km/h，匝道设计车速40 km/h。2004年2月，路政部门对东南西环高速公路全线主要出口路段进行了一次全面的调查，发现司机经常在主线出匝道位置急刹车并留下刹车痕，表明在多个出口匝道存在比较严重的不安全因素，并由此推定该路段存在交通事故的危险源。通过调查发现刹车痕迹较多的出口有12个，主要分布在匝道口位置。

2. 危险源辨识

路政部门根据《2004 年度东南西环高速公路交通行车安全统计分析——危险源专题报告》中得出的结论，主线 12 处事故多发路段中，有 9 个路段在各站出入口匝道处，且出口匝道占了 7 个。交通事故发生路段与出现较多刹车痕迹的路段紧密相关。通过对这些位置的现场排查分析，得出司机在该处紧急刹车的主要原因，从中识别存在交通事故的危险源有如下 8 个：① 全线出口标牌不明显，除了出口前 2 km、1 km、500 m、出口位置设置的标志牌外，没有其他明显的标志，分岔口岛头标志普遍缺失，龙门架颜色灰暗，特别在晚上，不容易辨认；② 内线为内弯，内弯视线受阻，看不到出口位置，容易疏漏错过位置；③ 收费站出口标牌站名普遍较小，不突出，影响司机判断；④ 刹车痕迹主要集中在超车道和主车道，表明司机没有提前变道，发现错过出口时才急刹车；⑤ 车流量大的收费站，司机视线容易被其他车辆遮挡，错过出口，导致刹车痕多；⑥ 分岔路口的岛头标志牌缺失，或使用时间过长，颜色陈旧褪色；⑦ 主线上地面标线磨损褪色，司机难以分辨车道行驶，容易错过出口；⑧ 主线出匝道口的标牌内容过多，影响司机快速判断。

3. 整改措施

按照 OHSMS18000 的要求，高速公路相关部门专门组织开展了以降低各出口匝道的危险性的安全评价，针对刹车痕迹产生的原因进行逐一分析研究，制订出全线具有严重刹车痕迹路段的治理方案，其主要的整改措施如下：① 全线岛头更新补充贴反光膜标志；② 清洗龙门架的标志牌；③ 全线出口龙门架贴黄色高强级反光膜；④ 在出口前地面提前 200 m 画分道行驶标线；⑤ 加大出口标志牌出口站名字体；⑥ 在事故多发的匝道前 200 m 地面增画减速带；⑦ 主线车道的地面标线重新画线；⑧ 增大主线出口匝道前 150 m 的龙门架出口提示字体，附注出口 150 m 的提示；⑨ 对标牌内容重新优化组合，提炼和减少标牌内空。

案例 2 京珠高速湖南耒宜段“2·18”重大道路交通事故

1. 事故发生经过

2008 年 2 月 18 日 12:20，黑 B·54281 半挂车在 K470 km＋650 m 处爆胎后车上货物倾斜，不能继续行驶，停在超车道上等待救援。高速交警耒宜大队苏仙中队接报后，及时组织施救。施救期间，留下路肩供车辆缓慢通行。现场转货施救工作 18 点 50 分结束。

18 点 50 分，在 K471 km＋250 m 处，粤 B·62331 大客车与鄂 D·42497 大客车，鄂 D·42497 大客车与豫 P 牌照大客车追尾，导致车辆通行非常困难。据调查，当时超车道、行车道、路肩全是车，车辆只能停停走走。

19 时，在 K471 km＋300 m 处，湘 H·91199 大客车与豫 R·16273 重型罐式半挂车追尾，导致豫 R·16273 车装载的苯泄漏，引发大火，湘 H·91199 大客车立即起火燃烧；泄漏的苯和大火沿着高速公路迅速蔓延，立即将豫 K·33701 半挂车、粤 B·62331 大客车引燃，造成 4 车剧烈燃烧。事故最终造成 15 人死亡，2 人失踪，18 人受伤，直接经济损失587.7 万元。

2. 道路交通危险源辨识

1）道路交通运输的主要危险源

(1) 驾驶员性格、心理缺陷。主要表现为驾驶员性格存在缺点，如易激动、急躁、懒惰、侥幸心理、自负、自卑、马虎大意等，这些因素容易使驾驶员出现危险的驾驶行为，酿成事故。

驾驶员许多违规驾驶、操作错误、注意力分散等不安全行为都与其本身的个性缺陷有着或多或少的联系。

② 驾驶员生理异常，主要表现为疾病、药物不良反应、疲劳、饮酒后不适等，每年因驾驶员生理异常引发的交通事故时有发生。

③ 驾驶员违规驾驶。驾驶员违规驾驶是指驾驶员违反《道路交通安全法》及相关法律法规规定，选择有潜在风险的驾驶行为，主要特征为一般性违规和攻击性、报复性违规。

④ 驾驶员操作错误，主要包括危险性错误和无危害性错误。危险性错误是指容易直接造成交通事故的行为，无危害性错误是指错误行为在当前一般不会直接导致交通事故的行为。

⑤ 其他交通参与者的不安全行为。

⑥ 车辆、行李物品及货物的不安全因素。

⑦ 道路的不安全因素。道路的不安全因素主要包括典型道路的不安全因素、特殊道路的不安全因素及路面通行条件不良。

⑧ 夜间、特殊天气及自然灾害的不安全因素。

⑨ 其他深层次不安全因素。

2）该事故发生的直接原因

(1) 事故路段通行条件差。从南往北连续下坡、弯道；雨天使路面摩擦系数减小，刹车距离增大；黑 B・54281 半挂货车长时间施救导致交通拥堵。

(2) 豫 R・16273 半挂车驾驶人鲁某在与前方同车道车辆缓慢行驶时未开启警示灯；湘 H・91199 大客车驾驶人曹某没有控制好车速，没有保证大客车与前车保持足以采取紧急制动措施的安全距离，导致湘 H・91199 大客车与豫 R・16273 的挂车追尾。

(3) 两车追尾时，豫 R・16273 挂车的后防护装置向前挤压，使紧固螺栓剪断，造成苯泄漏；追尾撞击产生的火花和追尾时湘 H・91199 大客车前部电路短路、断路产生的电火花引燃苯，造成现场 4 台车剧烈燃烧。其中，湘 H・91199 大客车上 33 人中 15 人被大火烧死(另有 2 人失踪)，扩大了事故。

3）该事故发生的间接原因

(1) 黑 B・54281 半挂车的施救组织工作不力。

(2) 事故多发路段的整治、隐患处置工作没有及时跟上。

(3) 危险化学品运输车辆通过收费站时，未按照《收费公路管理条例》规定，及时报告公安机关依法处理。

(4) 运输管理部门对路上运行车辆没有安全监控手段，对驾驶人的安全教育培训不到位。

3. 事故防范和整改措施

(1) 高速公路管理局，要加强对高速公路事故多发路段的整治工作。按照法律、法规和文件的要求，认真组织路况调查、评价、预测。要高度重视在事故多发路段增设警示标志牌等建议，限期整改事故隐患。

(2) 完善高速公路施救体制，强化施救队员的技能培训和演练，提高快速救援能力。

(3) 各级运管部门，要认真总结事故教训，加强公路运输管理，特别要加强客运车辆、危险品运输车辆的管理；通过安装 GPS 定位监控系统，对车辆运行状况实施动态安全管理。

(4) 进一步加强危险化学品的运输监管,严防超运危险化学品的车辆上高速。

8.5 公共场所案例分析

案例1 吉林中百商厦火灾事故

1) 事故基本情况

2004年2月15日11时许,吉林省吉林市中百商厦发生特大火灾,大火于当日15:30时被扑灭。火灾造成54人死亡,70人受伤,直接经济损失426万元。

中百商厦位于吉林市船营区长春路53号,隶属市商业委员会,属国有商业企业,1995年投入使用,建筑高度20.65 m,长53.3 m,宽20.4 m,总建筑面积4 328 m^2,耐火等级为二级。商厦建筑设计为4层,一、二层为商场,主要经营食品、日杂、五金、家电、钟表、鞋帽、文体用品等,三层为浴池,四层为歌舞厅和台球厅,由146家个体商户承租经营。商厦东西两面均为建筑工地,北面为贴邻搭建的高度2.7 m、长42 m的仓房和锅炉房,南面15 m为长春路。该建筑内东西两侧各设一部宽3.3 m的疏散楼梯,总疏散宽度为6.6 m,一层有直通室外的安全出口3个。该商厦按国家消防技术规范要求,设有8个室内墙壁消火栓,一个90立方米的消防池,配置ABC干粉灭火器36具,设置了安全疏散指示标志21个,应急照明灯具17个。

2月15日11时许,中百商厦浴池锅炉工发现毗邻中百商厦北墙搭建的3号仓库有烟冒出,找来该库房的租用人中百商厦伟业电器行雇工打开仓库,发现库内着火,即进行扑救,但未能控制火势。火灾发生时,商厦一、二层有从业人员和顾客350余人,三层有浴池工作人员及顾客约30人,四层有舞厅工作人员及顾客60余人,台球厅工作人员及顾客近10人,总计450余人。据吉林市消防调度指挥中心计算机记录,直到11时28分,消防支队才接到路过商厦的吉林市勘测设计院员工用手机报警。支队立即命令市区所有11个消防执勤中队和支队机关全体官兵以及吉化集团公司消防支队赶赴火场,并同时报告市公安局指挥中心和120急救中心。经各方全力奋战,于15时30分将火灾彻底扑灭,抢救被困群众190人(其中未受伤66人)。火灾共造成54人死亡,70人受伤,过火建筑面积2 040 m^2,直接财产损失426万余元。

2) 火灾危险源辨识

(1) 建筑本身存在的可能发生意外释放的能量或危险物质

① 给建筑供给能量一旦出现故障容易造成火灾的装备、设施等,如电气线路、燃气管道等。

② 自身可产生能量,失控时会产生巨大能量引起火灾的装置、设备,如电气设备、发电设备等。

③ 着火后所产生大量能量的危险物质,如商场中销售的各类可燃商品,储存危险物质的场所,如仓库等。

(2) 对危险物质的约束、限制措施失效的因素:人、物、环境。

① 电气线路老化,漏电、短路等情况都可能成为引发火灾的危险源。

② 发电机组作为应急消防供电设施的发电机组,其储油罐内通常会保持一定油量,柴油属于易燃易爆易挥发液体,若发生火灾火势难于控制,一旦发生火灾可能影响消防联动系统,属于重大危险源。

③ 商厦一层(含回廊)经营百货,食品供应区通常使用电器对食品进行加工,这类电器功率高,使用频率也较高,容易引发火灾。

④ 二层经营服装、布匹,一般为方便顾客提供服装熨烫等服务,而通电的电熨斗在无人看管的情况,极易成为危险源。

⑤ 商场内大部分铺位属于租赁性质,租户经常会发生变化,店铺经常进行重新装修,装修过程中可能会使用电气焊等工具,操作不规范可能引发火灾。

⑥ 装饰墙是为了外貌美观,外墙立面采用玻璃幕墙,而玻璃幕墙与楼板之间如果防火封堵不严密,火灾中易成为风道,加速火势蔓延。

⑦ 办公设备商场办公区域使用计算机、饮水机、打印机、复印机等,在出现某些故障的情况下,会产生火花,有引起火灾的可能。

⑧ 三层为浴池,四层为舞厅和台球厅,人员密集,电气设备较多,也容易引发火灾。

(3) 火灾发展事件树分析(图 8-2)

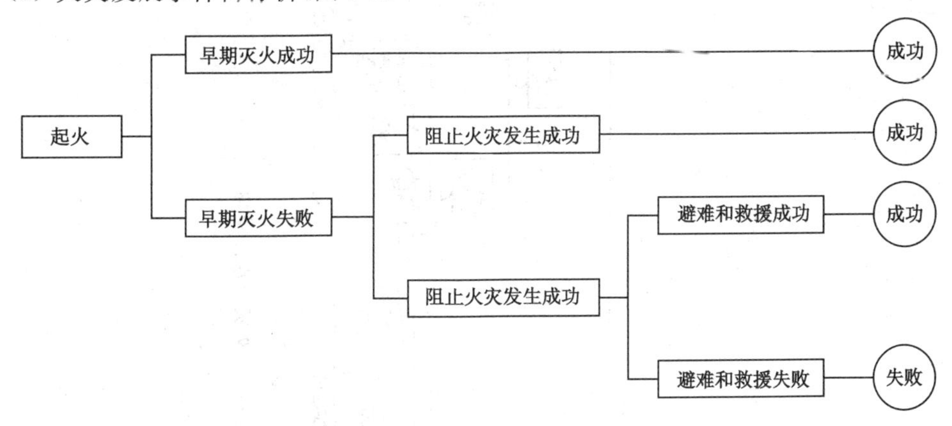

图 8-2 火灾发展事件树

(4) 火灾发展故障树分析

以下是分别对导致火灾事故的起火初期、早期灭火失败、火灾充分发展以及避难和救援失败 4 个方面进行故障树分析,如图 8-3 所示。

①起火(点燃)故障树(图 8-4,表 8-8)。

表 8-8　起火故障树基本事件

事件符号	基本事件	事件符号	基本事件
X_{11}	建设工程消防验收不力	X_{41}	电气引火
X_{12}	建设工程消防设计审核不力	X_{42}	用电器过热引火
X_{13}	常规消防检查不力	X_{43}	吸烟
X_{21}	消防安全规章制度执行不力	X_{44}	纵火或纵火嫌疑
X_{22}	消防安全责任不明确	X_{45}	违章操作
X_{23}	内部消防安全检查不力	X_{46}	用火不慎
X_{24}	未按消防设计建设	X_{47}	其他
X_{31}	存在易燃易爆危险源		

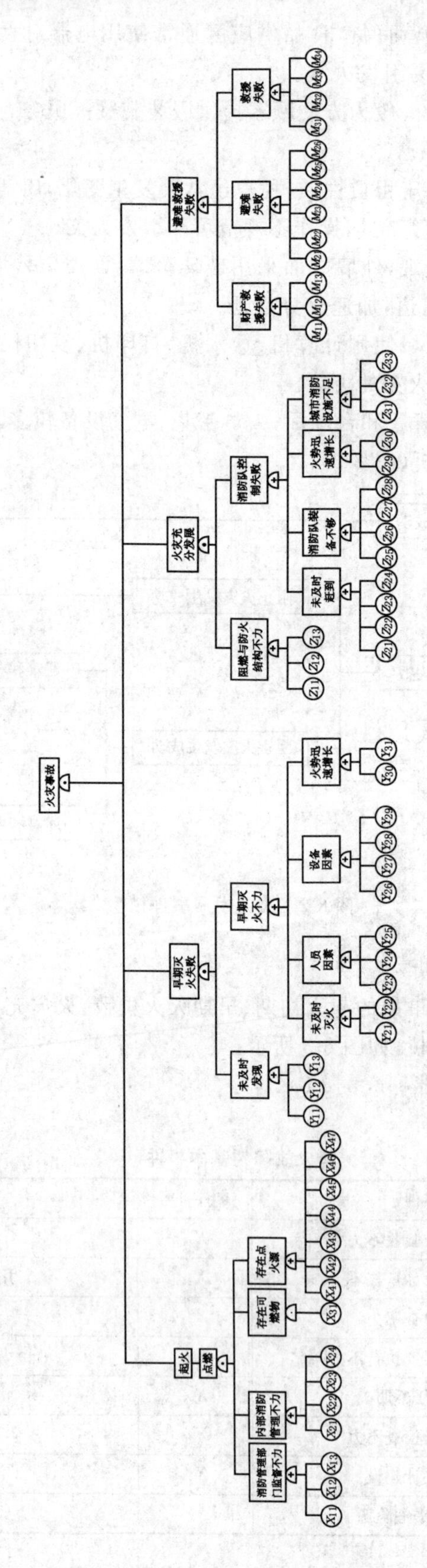
火灾事故
着火
点燃
早期灭火失败
火灾充分发展
避难救援失败
消防管理部门监督不力
内部消防管理不力
存在可燃物
存在点火源
未及时发现
早期灭火不力
未及时灭火
人员因素
设备因素
火势迅速增长
阻燃与防火结构不力
消防队控制失败
未及时赶到
消防队装备不够
火势迅速增长
城市消防设施不足
财产救援失败
避难失败
救援失败

图 8-3 火灾发展故障树

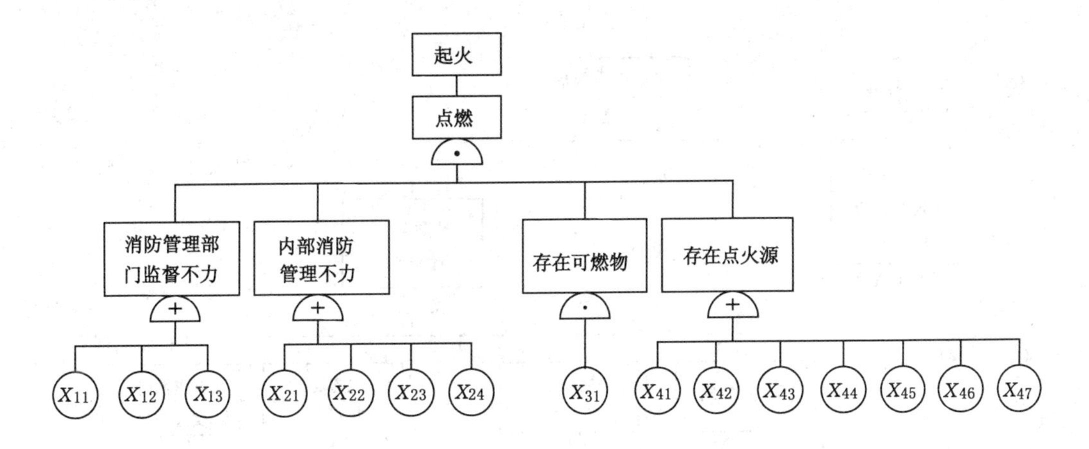

图 8-4 起火故障树

② 早期灭火失败故障树(图 8-5,表 8-9)。

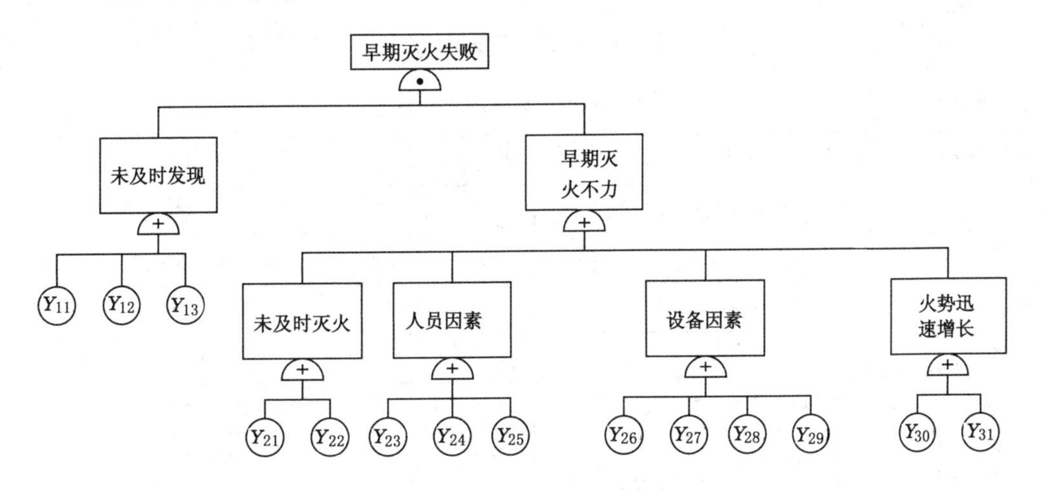

图 8-5 早期灭火失败故障树

表 8-9 早期灭火失败故障树基本事件

事件符号	基本事件	事件符号	基本事件
Y_{11}	火灾自动报警系统不力	Y_{25}	组织不到位
Y_{12}	值班人员未发现	Y_{26}	自动灭火系统不力
Y_{13}	巡逻不到位	Y_{27}	室内消防栓不力
Y_{21}	未及时采取行动	Y_{28}	内部消防供水不足
Y_{22}	人员逃离现场	Y_{29}	灭火器不足或故障
Y_{23}	内部消防培训不到位	Y_{30}	易燃易爆物充足
Y_{24}	内部消防人员不足	Y_{31}	外界环境助燃

③ 火灾充分发展故障树(图 8-6,表 8-10)。

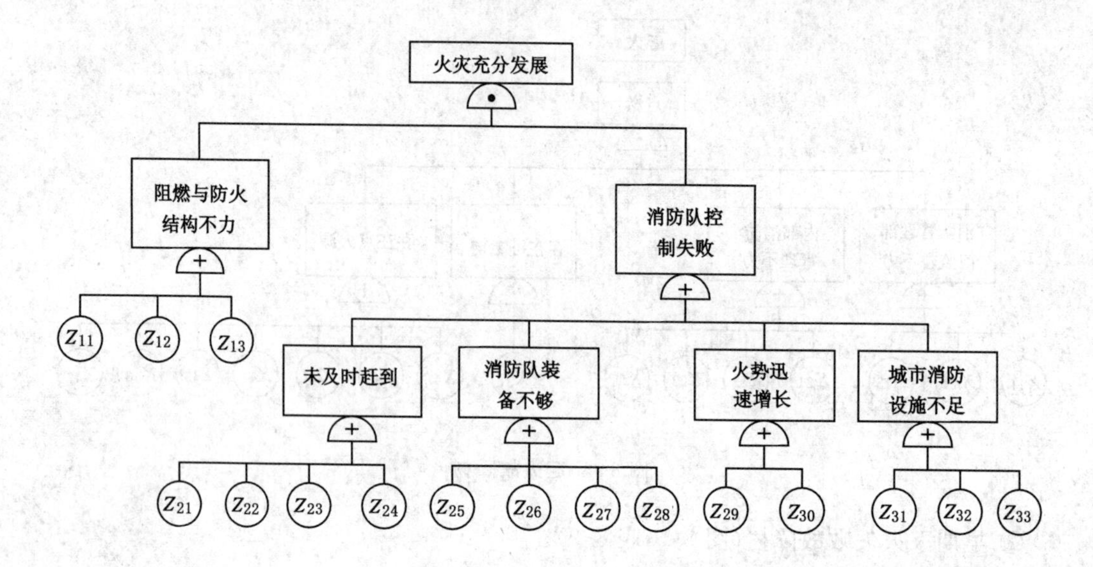

图 8-6　火灾充分发展故障树

表 8-10　　火灾充分发展故障树基本事件

事件符号	基本事件	事件符号	基本事件
Z_{11}	火灾载荷大	Z_{26}	增援缓慢
Z_{12}	防火分区不合理	Z_{27}	消防训练技术不到位
Z_{13}	防火结构不力	Z_{28}	消防队员不足
Z_{21}	未及时报警	Z_{29}	火灾荷载大
Z_{22}	消防车道不足或被堵	Z_{30}	外界环境助燃
Z_{23}	道路不畅	Z_{31}	公共消防设施不合理
Z_{24}	距离较远	Z_{32}	消防水源不足
Z_{25}	消防设备不足		

④ 避难和救援失败故障树(图 8-7,表 8-11)。

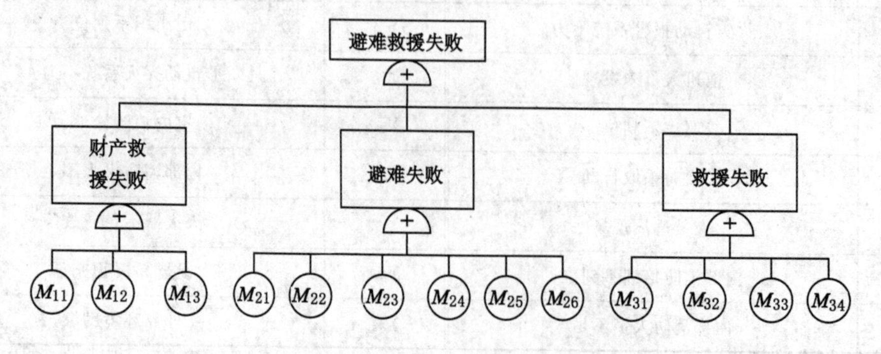

图 8-7　避难和救援失败故障树

表 8-11 避难和救援失败故障树基本事件

事件符号	基本事件	事件符号	基本事件
M_{11}	火灾载荷大	M_{25}	疏散应急设施不力
M_{12}	救援通道不畅	M_{26}	人员密度较大
M_{13}	财产分布不合理	M_{31}	救护设备不足
M_{21}	公众自救意识淡薄	M_{32}	救援演习不够
M_{22}	疏散通道不畅或不够	M_{33}	未及时救援
M_{23}	疏散出口不够或被堵	M_{34}	医疗机构不足或较远
M_{24}	通风和排烟系统不力		

经过分析，火灾载荷大、存在易燃易爆危险源、消防安全规章制度执行不力、消防安全责任不明确、内部消防安全检查不力、未及时报警、内部消防培训不到位等基本事件在火灾故障树中占有相当大的比例。

3）火灾危险源评价

（1）可能性评估，列出可能性等级

该商场电器设备多，可燃物多，发生火灾的可能性很大，故可能性等级为：可能。

（2）严重性评估，列出严重性等级

该商场共有 450 余人，一旦发生火灾事故，伤亡将非常严重。故严重性等级为：灾难的。

（3）评估风险等级

可能性：可能，严重性等级：灾难的，根据表 8-3、表 8-4 可得出风险等级为 A，即为不可忍受风险。必须立即采取措施消除，不管代价多大。

4）事故调查结果

经国务院调查组技术专家组勘察确定，火灾系中百商厦伟业电器行雇工于当日 9 时许向 3 号库房送包装纸板时，将嘴上叼着的香烟掉落在仓库中，引燃地面上的纸屑纸板等可燃物引发的。

（1）中百商厦

① 没有按照《消防法》规定和《机关、团体、企业、事业单位消防安全管理规定》（公安部令第 61 号）要求，认真落实自身消防安全责任制，消防安全法律责任主体意识不强，没有依法履行消防安全管理职责。火灾发生后，没有及时报警，也没有在第一时间组织人员疏散。

② 没有认真履行《消防法》第十四条明确的组织防火检查、及时消除火灾隐患等消防安全职责。对于当地公安部门指出的违章搭建仓房造成的火灾隐患，没有按照要求认真整改消除。对仓库与商场之间相通的 10 个窗户，仅用砖头堵住了东西两侧 6 个，中间 4 个用装修物掩盖了事。

③ 没有按照《消防法》有关规定，认真组织开展对从业人员的消防安全宣传教育和培训，员工消防法治观念淡薄，消防安全意识较差，缺乏防火、灭火常识和自防自救基本技能，致使符合规范标准的消防设施配备没有充分发挥作用。

④ 虽有灭火和应急疏散预案，但没按《消防法》规定组织开展灭火和应急疏散演练，以致火灾发生后，员工惊慌失措。

（2）公安消防部门

① 督促整改不到位。该商厦和其仓库相通的 10 扇窗户有 4 扇尚未封堵，当地公安消

防部门进行复查时,因仓库内货物遮挡没能发现,检查不细。

② 对依法履行消防安全监督职责、落实消防安全责任制等检查指导不力。

③ 当地公安消防部门文书档案资料管理不规范,基础工作薄弱。

5）经验教训

① 推进全社会牢固树立消防安全责任主体意识的工作力度不够。没有广泛深入和扎实有效地开展《消防法》《吉林省消防条例》和《机关、团体、企业、事业单位消防安全管理规定》的宣传贯彻工作,致使有些消防安全管理责任在有些地方不明晰、不落实。

② 整合社会资源不够,推进消防工作社会化力度不大。公安机关"单打独斗"多,组织发动和依靠调动各方面力量齐抓共管少;开展宣传教育活动的形式多,解决实际问题的有效措施少;注重总结和推广本地经验多,学习国内外先进的理念和管理办法少。

③ 没有建立和完善长效动态监督管理的工作机制,缺乏严、细、实的工作作风,执法监督不到位,隐患整改不及时不彻底。消防监督中,抓重点工作用的精力较多,解决薄弱环节的力度不够;抓面上宣传、检查较多,解决隐性问题的力度不够;抓阶段性工作的精力投入较多,抓长远规划不够;静态的被动管理较多,动态的跟踪服务不够。

④ 在改善消防设施和装备上缺乏主动性和紧迫感。一些地方消防基础设施陈旧落后、数量不足,消防员防护装备严重短缺,消防特勤装备缺乏。

案例2　北京密云拥挤踩踏事故

1）事故基本情况

密云彩虹桥始建于2002年,位于密云县西南,横跨白河,是一座弧形桥。桥体顶部高出河岸30 m,桥宽3 m,桥体跨度约100 m。沿桥护栏均为不锈钢制成,桥的西北方向有一座仿古建筑,体育馆在桥的东部,密虹公园在桥的西岸。2003年,密云县成功地举办了第一届灯展,获得群众好评。

2004年2月5日,北京市密云县密虹公园举办了密云县第二届迎春灯展。自1月31日开幕的前2天,每天有2 000～3 000名游人自发到现场观灯。2月5日晚7点30分左右,游人剧增,公园地区游人达到3万至4万人,公园内观灯游人达到4 000～5 000人。据现场群众反映,当时,潮白河西岸的居民区内有人燃放烟花,群众中也有正月十五要放礼花的传言,不少游人误认为是在放礼花,因此河东岸的大量游人涌上云虹桥。

18:10—19:10,公园里已经人满为患,人流还在不断地涌入。由于彩虹桥上是观灯的一个最佳地点,所以很多人登上桥后不愿意下来。桥面逐渐越堵越死。

19:10—19:35,桥上已经被人群塞住,人们从桥的东、西两面上桥,挤在桥面中间的人群已经不能运动。由于维持秩序的警察和管理人员明显不足,致使拥挤压力继续增大,人呼吸困难,压力使人产生痛苦。事后发现:西桥面中段原本竖直的不锈钢钢管桥栏杆向外侧歪斜成120°,桥栏上3～4 cm粗的钢管,有的变扭曲,有的折断。

晚7点45分左右,云虹桥西侧下坡处一游人跌倒,其身后游人向前拥挤,造成这起特别重大突发伤亡事件的发生。此外,灯展安全保卫方案没有落实,负责云虹桥安全保卫的值勤人员没有到岗,现场缺乏对人流的疏导控制。

20:00左右,在警察的指挥下,人流疏散完毕。事故中,死伤者大多为妇女和孩子。

2）危险源辨识

(1) 人为灾难(火灾、爆炸、恐怖袭击、暴力行为)。

(2) 自然灾难(飓风、暴雪等)。

(3) 结构失效(桥面坍塌、电力设施失效等)。

(4) 当人群处于高密度状态,高度恐慌且保持快速无序的运动状态时,一旦拥挤的程度超过某一限度,或者拥挤的时间超过某一范围,人群中承受能力差的个体就会出现窒息、虚脱,或者在拥挤人群中摔倒的行为;如果人群处于过度拥挤状态,这些行为将直接酿成拥挤踩踏事故。此时,如果有火灾、爆炸等意外事故,将会引发更大的灾难性事故。

(5) 管理行为失当、人群内部、管理人员间、管理人员与人群之间的信息传播错误也会导致过度拥挤。

3) 踩踏事故安全检查表

具体见表 8-12 和表 8-13。

表 8-12　　踩踏事故安全评价指标体系

一级指标	二级指标
性能优化设计 B_1	建筑物材料牢固性 B_{11}
	建筑物内部结构设计 B_{12}
群集特征 B_2	人流密度 B_{21}
	人群结构 B_{22}
	人群安全意识 B_{23}
人群的信息交流 B_3	工作人员指挥 B_{31}
	应急广播 B_{32}
	现场信息传递系统 B_{33}
管理和控制 B_4	组织者的管理水平 B_{41}
	管理人员的培训 B_{42}
	制订应急机制和预案 B_{43}

表 8-13　　踩踏事故安全检查表

序号	检查项目	检查情况						
1	建筑物材料牢固性	等级	1	2	3	4	5	该项得分
		指标描述	很好	好	一般	差	很大	
		指标	≥95	90～95	85～90	80～85	≤80	
		评分标准	90～100	80～90	70～80	60～70	≤60	
2	建筑物内部结构设计合理程度/%	等级	1	2	3	4	5	该项得分
		指标描述	分布很合理	分布合理	比较合理	一般	分布理不合	
		指标	100	95～100	90～95	85～90	≤85	
		评分标准	90～100	80～90	70～80	60～70	≤60	
3	人流密度/(人·m^{-2})	等级	1	2	3	4	5	该项得分
		指标描述	比较小	一般	比较大	大	很大	
		指标	≤0.05	0.05～0.1	0.1～0.5	0.5～1	≥1	
		评分标准	90～100	80～90	70～80	60～70	≤60	

续表 8-13

序号	检查项目	检查情况						
4	人群结构	等级	1	2	3	4	5	该项得分
		指标描述	很好	好	一般	差	很差	
		指标	≥95	90～95	85～90	80～85	≤80	
		评分标准	90～100	80～90	70～80	60～70	≤60	
5	人群安全意识	等级	1	2	3	4	5	该项得分
		指标描述	意识很强	安全意识高	意识比较高	一般	安全低意识	
		指标	≥80	70～80	60～70	50～60	≤50	
		评分标准	90～100	80～90	70～80	60～70	≤60	
6	工作人员指挥	等级	1	2	3	4	5	该项得分
		指标描述	很好	好	一般	较差	很差	
		6 指标	≥80	70～80	60～70	50～60	≤50	
		评分标准	90～100	80～90	70～80	60～70	≤60	
7	应急广播可使用率/%	等级	1	2	3	4	5	该项得分
		指标描述	很好	好	一般	较差	很差	
		指标	≥95	90～95	85～90	80～85	≤80	
		评分标准	90～100	80～90	70～80	60～70	≤60	
8	现场信息传递系统可使用率/%	等级	1	2	3	4	5	该项得分
		指标描述	很好	好	一般	较差	很差	
		指标	≥95	90～95	85～90	80～85	≤80	
		评分标准	90～100	80～90	70～80	60～70	≤60	
9	组织者的管理水平	等级	1	2	3	4	5	该项得分
		指标描述	很好	好	一般	较差	很差	
		指标	≥80	70～80	60～70	50～60	≤50	
		评分标准	90～100	80～90	70～80	60～70	≤60	
10	管理人员的培训/(次·年$^{-1}$)	等级	1	2	3	4	5	该项得分
		指标描述	很多	多	比较多	一般	比较少	
		指标	≥6	5	4	1～3	≤1	
		评分标准	90～100	80～90	70～80	60～70	≤60	
11	制定应急机制和预案(与规范的符合程度)	等级	1	2	3	4	5	该项得分
		指标描述	很好	好	一般	差	很差	
		指标	≥95	90～95	85～90	80～85	≤80	
		评分标准	90～100	80～90	70～80	60～70	≤60	

4）事件树分析

具体见图 8-8。

5）事故原因分析

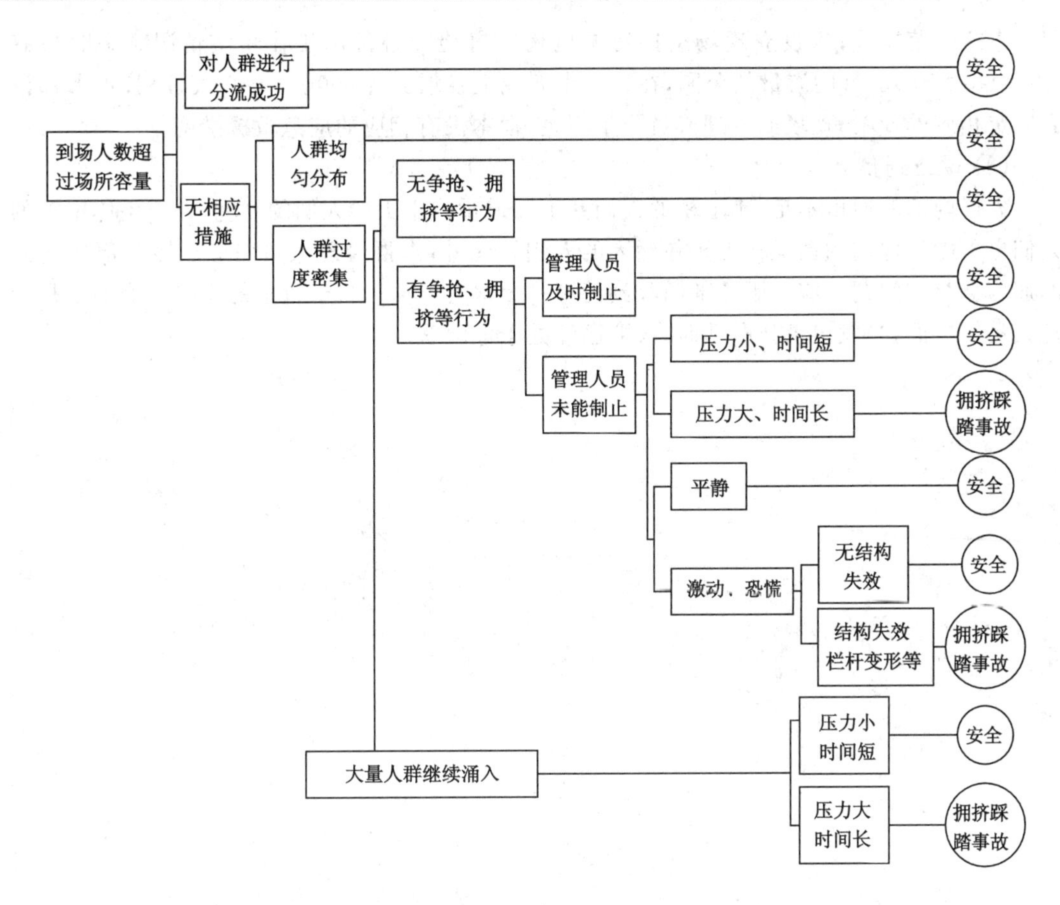

图 8-8 人群拥挤踩踏事故事件树(无原发事故)

在密云事故中,导致事故发生的主要因素为桥体设计缺陷、管理人员玩忽职守和通讯缺乏。

(1) 桥梁设计缺陷

桥体的设计存在着缺陷,彩虹桥为拱桥,桥的两侧护栏高度仅为 1 m,桥的宽度仅有 3 m,而长度却达 80 m,两面向下设有 46 级台阶,台阶非常陡峭,与地面的坡度接近 30°,当身后有推力时人们很难站稳。灾难发生时,约有 1 300 人在桥面上。在桥体的某些部分,人们处于被挤压状态,很难运动,紧急情况下人群主要沿着台阶向下疏散,由于不能精确地站到台阶上,使得人们很容易摔倒。

密虹桥的设计者没有考虑人群聚集的问题,没有充分考虑桥上的人群疏散过程。当恐慌的人群从桥体的最高台阶处开始疏散,很难避免拥挤踩踏事故的发生。

(2) 管理者玩忽职守

灯展安全保卫方案没有落实,负责云虹桥安全保卫的值勤人员没有到岗,未安排专人在桥的入口处限制人流,现场缺乏对人流的疏导控制。

① 担任重点部位云虹桥保卫工作的密云县城关派出所没有履行安全保卫职责,有关人员擅自压缩值勤人员、推迟上岗时间,工作失职渎职。

② 灯展主办单位、承办单位安全保卫方案不落实,有关部门职责落实不到位。

③ 灯展活动安全保卫小组没有要求负有安全工作责任的成员单位制定细化的安全保

卫方案或防范措施;未设立现场指挥协调机构监督检查各部门工作落实情况。平时只有2 000～3 000人/日的游量的公园,在正月十五晚上猛增到4 000～5 000人,而管理者却没有制定相应的预案,现场的管理人员严重不足,根本没有相应的应急救援措施。

(3) 缺乏通信

人群内部的通讯不足,刚上桥的人们并不知道桥体中央的人们的处境,处于桥体中央的人们也不能把他们的情况告诉正在涌入的人们。此外,人群管理人员与应急服务部门之间的通信也存在问题。应急服务部门收到的第一个报警电话来自于桥上的拥挤人群而不是管理人员。然而,当发出求救电话时,人群已经处于危险状态。

参考文献

[1] 吴宗之.论重大危险源辨识、评价与控制[J].劳动保护科学技术,1997(3):17-19.
[2] 高士军.对危险源辨识与风险评价的再认识[J].石油化工安全环保技术,2007,23(5):17-18.
[3] 董继红.重大危险源辨识与评价技术的研究[D].西安:西安建筑科技大学,2004.
[4] 王洪德,石剑云,潘科.安全管理与安全评价[M].北京:清华大学出版社,2010.
[5] 李美庆.安全评价员实用手册[M].北京:化学工业出版社,2007.
[6] 中国就业培训技术指导中心.安全评价师:基础知识[M].北京:中国劳动社会保障出版社,2010.
[7] 张易炜.基于执行力理论的铁路工程应急管理体系研究[D].长沙:中南大学,2010:17-20.
[8] 陈威威.建筑施工企业突发安全事件应急管理研究[D].南京:南京林业大学,2008:7-9.
[9] 史波.煤矿企业应急管理系统构建与应急能力评价研究[D].哈尔滨:哈尔滨工程大学,2008:16-18.
[10] 李小娟.突发事件下道路运输应急管理系统研究[D].西安:长安大学,2010:8-10.
[11] 耿亚杰.建筑工程安全事故预防与控制[D].郑州:郑州大学,2009:15-19.
[12] 钟盛林,阎兰芝,张家称.成都市机动车交通事故流行病学调查[J].中华创伤杂志,1990(4):227-229.
[13] 佐藤武,吴关昌,陈倩. 汽车的安全[M]. 3版.北京:机械工业出版社,2001.
[14] 裴玉龙,王炜.道路交通事故成因及预防对策[M].北京:科学出版社,2004.
[15] 原培胜,张永,朱大林,等.汽车尾气污染控制方法探讨[J].中国环保产业,2009(2):52-55.
[16] 安全管理网 http://www.safehoo.com.
[17] 牛晓霞,朱坦,刘茂.人群聚集场所的风险评价技术研究[J].环境科学与技术,2005,28(3):85-86.
[18] 张莲.高校图书馆危险源辨识与屏蔽[J].科技情报开发与经济,2005(24):11-13.
[19] 林真.大型商场、超市的火灾危险性及防治对策[J].消防技术与产品信息,2008,5:45-47.
[20] 郑双忠,常蕴玉,程瑶,陈宝智.商场火灾危险性的评价方法[J].东北大学学报,2003,24(2):162-165.
[21] 李桂芳,王军,李宏伟.现代商场火灾隐患及消防安全对策的探讨[J].消防科学与技术,2005,24(S1):109-112.

[22] 牛晓霞,刘茂,朱坦.车站、机场、码头火灾风险管理定量方法的研究[J].安全与环境学报,2003,3(1):75-77.

[23] 常保卫.大型商场火灾危险源辨识和电气火灾危险分析[J].中国公共安全(学术版),2010(2):88-91.

[24] 陈志芬.大型公共场所火灾事故分析及危险源评价指标体系研究[R].[其他不详]

[25] 周潇雨,胡小芳.浅谈星级酒店危险源辨识[J].科技资讯,2009,7(28):188-189.

[26] 王起全,金龙哲,向衍荪.大型公共活动风险控制研究与分析[J].中国安全科学学报,2007,17(1):141-147.

[27] 王起全,郑乐.大型活动拥挤踩踏事故 BP 神经网络安全评估方法应用分析[J].中国安全科学学报,2009,19(4):127-133.

[28] 白锐.室外大型社会活动拥挤踩踏事故机理研究[D].沈阳:沈阳航空工业学院,2009.

[29] 王振.城市公共场所人群聚集风险理论及应用研究[D].天津:南开大学,2007.

[30] 胡坤.大型商场安全评价体系研究[D].赣州:江西理工大学,2009.

[31] 张青松.北京体育馆风险分析与管理[D]天津:南开大学,2004.